高等学校
测绘工程专业核心课程规划教材

地图制图基础

主　编　高　俊
副主编　王光霞　庞小平　王明常　宋国民

WUHAN UNIVERSITY PRESS
武汉大学出版社

图书在版编目(CIP)数据

地图制图基础/高俊主编 . —武汉:武汉大学出版社,2014.9(2022.8 重印)

高等学校测绘工程专业核心课程规划教材

ISBN 978-7-307-13855-1

Ⅰ.地… Ⅱ.高… Ⅲ. 地图制图学—高等学校—教材 Ⅳ.P282

中国版本图书馆 CIP 数据核字(2014)第 167663 号

责任编辑:鲍 玲　　责任校对:鄢春梅　　版式设计:马 佳

出版发行:**武汉大学出版社**　　(430072　武昌　珞珈山)

(电子邮箱:cbs22@ whu.edu.cn 网址:www.wdp.com.cn)

印刷:湖北金海印务有限公司

开本:787×1092　1/16　印张:16. 25　字数:391 千字　插页:1

版次:2014 年 9 月第 1 版　　2022 年 8 月第 4 次印刷

ISBN 978-7-307-13855-1　　定价:33. 00 元

高等学校测绘工程专业核心课程规划教材
编审委员会

序

　　根据《教育部财政部关于实施"高等学校本科教学质量与教学改革工程"的意见》中"专业结构调整与专业认证"项目的安排，教育部高教司委托有关科类教学指导委员会开展各专业参考规范的研制工作。我们测绘学科教学指导委员会受委托研制测绘工程专业参考规范。

　　专业规范是国家教学质量标准的一种表现形式，并是国家对本科教学质量的最低要求，它规定了本科学生应该学习的基本理论、基本知识、基本技能。为此，测绘学科教学指导委员会从2007年开始，组织12所有测绘工程专业的高校建立了专门的课题组开展"测绘工程专业规范及基础课程教学基本要求"的研制工作。课题组首先根据教育部开展专业规范研制工作的基本要求和当代测绘学科正向信息化测绘与地理空间信息学跨越发展的趋势以及经济社会的需求，综合各高校测绘工程专业的办学特点，确定了专业规范的基本内容，并落实由武汉大学测绘学院组织教师对专业规范进行细化，形成初稿。然后多次提交给教指委全体委员会、各高校测绘学院院长论坛以及相关行业代表广泛征求意见，最后定稿。测绘工程专业规范对专业的培养目标和规格、专业教育内容和课程体系设置、专业的教学条件进行了详尽的论述，并提出了基本要求。与此同时，测绘学科教学指导委员会以专业规范研制工作作为推动教学内容和课程体系改革的切入点，在测绘工程专业规范定稿的基础上，对测绘工程专业9门核心专业基础课程和8门专业课程的教材进行规划，并确定为"教育部高等学校测绘学科教学指导委员会规划教材"。目的是科学统一规划，整合优秀教学资源，避免重复建设。

　　2009年，教指委成立"测绘学科专业规范核心课程规划教材编审委员会"，制订《测绘学科专业规范核心课程规划教材建设实施办法》，组织遴选"高等学校测绘工程专业核心课程规划教材"主编单位和人员，审定规划教材的编写大纲和编写计划。教材的编写过程实行主编负责制。对主编要求至少讲授该课程5年以上，并具备一定的科研能力和教材编写经验，原则上要具有教授职称。教材的内容除要求符合"测绘工程专业规范"对人才培养的基本要求外，还要充分体现测绘学科的新发展、新技术、新要求，要考虑学科之间的交叉与融合，减少陈旧的内容。根据课程的教学需要，适当增加实践教学内容。经过一年的认真研讨和交流，最终确定了这17本教材的基本教学内容和编写大纲。

　　为保证教材的顺利出版和出版质量，测绘学科教学指导委员会委托武汉大学出版社全权负责本次规划教材的出版和发行，使用统一的丛书名、封面和版式设计。武汉大学出版社对教材编写与评审工作提供必要的经费资助，对本次规划教材实行选题优先的原则，并根据教学需要在出版周期及出版质量上予以保证。广州中海达卫星导航技术股份有限公司对教材的出版给予了一定的支持。

　　目前，"高等学校测绘工程专业核心课程规划教材"编写工作已经陆续完成，经审查合格将由武汉大学出版社相继出版。相信这批教材的出版应用必将提升我国测绘工程专业的整体教学质量，极大地满足测绘本科专业人才培养的实际要求，为各高校培养测绘领域创新性基础理论研究和专业化工程技术人才奠定坚实的基础。

二〇一二年五月十八日

前　　言

　　地图由于它的综合信息承载和空间存在显示功能，从古至今都是人们认知生存环境的重要工具。地图能将值得关注的一段时间内或瞬间发生的事件固化在纸上，为读者提供一个分析、研究事物与现象的历史背景、当前态势、地理相关和属性相关，并进而发现存在与进化规律的视场，激发大脑的联想与认识功能。这是地图历史性地长期存在的主要原因。除文字以外，没有任何别的什么能像地图这样在人类文化传承上有如此突出的作用。可以说，地图与文字一样都是人类文明的标志。在我国文图同源的特点也引起世界学者们的关注和兴趣。有人曾问过，如果世界没有地图，人类将会怎样？回答这一问题最好是用对比法，即如果没有文字，世界将会怎样？因此，无论当今电子设备怎样花样翻新，网络传输能力有多么强大，在人机交互当中地图这个"界面"总是难以跨越的。

　　地图不能没有，但现在的地图已不是过去的地图。无论是形式、内容和功能，还是描述对象都有了巨大的变化或说是进步。地图表达的内容从陆地到海洋、从地下到空中再到太空，并已经扩展到其他星球；地图不再将用地图符号表示事物作为唯一方法，而可用影像、数字的形式；纸质地图不再是唯一形式，出现了数字地图、电子地图（显示在屏幕、网络、移动等计算机辅助设备上的地图）和影像表示的地图；地图不再只是二维的、静态的，现在出现了多维、动态地图和"可进入"的仿真地图等。下一步的走向尚难预料，至少电子纸的发明可能为地图提供一个新的生存介质。到那时，看似一张最便于阅读携带的纸印地图其功能却和电子地图一样是动态的，可调内容和可变尺度的，非常便捷，读者也可以在上面根据自己的需求和爱好，依托网络取得数据自制地图。

　　面对成熟多彩的传统地图和变化多端的电子地图，我们只能抓住地图最本质的要素，掌握地图制图的基本原理和规律来探讨地图制图的方法论。

　　全书共包括 8 章。第 1 章地图，介绍地图的特征、分类和功能；第 2 章地图学，描述地图学的形成发展、体系结构和研究内容；第 3 章地图制图数学基础，包括空间参考系、地图比例尺、地图定向与导航、地图投影知识；第 4 章地图符号，包括地图类型和功能、地图视觉变量、地图符号设计原则方法；第 5 章地图表示法，包括点、线、面、体要素表示法以及地理信息动态表示法；第 6 章地图综合，包括地图数据分类分级模型方法、地理数据和视觉效果综合以及人机协同综合方法原理；第 7 章地图的编辑与出版一体化，包括地图编辑设计过程、地图制图工艺流程和地图制图出版一体化技术；第 8 章地图分析与可视化方法，包括地图目视分析法和地图分析的数学方法。

　　本书由解放军信息工程大学地理空间信息学院高俊院士设计全书结构及内容并负责统稿。解放军信息工程大学地理空间信息学院王光霞负责本书的第 4 章、第 5 章、第 6 章内容的编写工作，宋国民负责本书的第 8 章内容的编写工作。武汉大学资环学院庞小平负责本书的第 7 章内容编写工作。吉林大学王明常负责本书第 3 章内容的编写工作。

於建峰和刘芳提供第1、2、5章相关文字资料；刘芳、於建峰、齐晓飞、游天、张兰承担了书稿编排、文字审校及插图绘制工作。上述老师和同学为本书的出版付出了辛勤劳动，在此对他们表示衷心感谢！

本书在编写过程中参考了大量国内外相关文献及地图（集）作品，感谢参考文献中的所有专家学者，是他们前期的研究工作，给了我们启迪和帮助。

本书在撰写过程中，力图将地图制图已有理论成果和技术方法进行总结，并将新的研究成果融入教材，体现教材的全面性、科学性和创新性。但由于地图制图本身还有许多值得进一步探讨和研究的问题，加之作者水平有限，书中难免有错误和不当之处，恳请读者批评指正。

编 者

2014年5月10日

目　　录

第1章　地图 ··· 1

1.1　地图 ·· 1

1.1.1　地图的定义和基本特性 ··· 1

1.1.2　地图分类 ··· 4

1.1.3　地图的功能 ··· 6

1.1.4　地图的演变 ··· 7

1.1.5　现代地图的特征 ··· 7

1.2　地形图 ·· 9

1.2.1　地形图的定义和特点 ·· 9

1.2.2　地形图的分类 ··· 10

1.3　数字地图 ··· 10

1.3.1　数字地图的定义和特点 ··· 10

1.3.2　数字地图分类 ··· 11

1.3.3　数字地图的应用功能 ·· 11

1.4　电子地图 ··· 12

1.4.1　电子地图的定义和特点 ··· 12

1.4.2　电子地图系统构成 ··· 13

1.4.3　电子地图的功能与应用 ··· 14

1.4.4　网络电子地图及其特点 ··· 15

1.4.5　移动电子地图及其特点 ··· 16

1.5　三维视觉立体地图 ·· 17

1.5.1　三维视觉立体地图的定义和特点 ·· 17

1.5.2　三维视觉立体地图的功能与应用 ·· 17

1.6　影像地图 ··· 18

1.6.1　影像地图的定义和特点 ··· 18

1.6.2　影像地图的功能 ··· 20

1.6.3　影像地图的应用 ··· 20

1.7　地图的派生产品 ··· 21

1.7.1　地理空间数据库 ··· 21

1.7.2　地理信息系统 ··· 22

1.7.3　虚拟环境系统 ··· 23

思考题 ··· 25

第2章 地图学 ·· 26

2.1 地图学的概念 ··· 26

  2.1.1 传统地图学概念 ·· 26

  2.1.2 现代地图学概念 ·· 26

2.2 地图学发展历史 ·· 27

  2.2.1 传统地图学的形成过程 ··· 27

  2.2.2 现代地图学的形成与发展 ····································· 28

2.3 地图学科体系结构 ·· 30

  2.3.1 地图制图学体系结构 ··· 30

  2.3.2 地图科学体系结构 ·· 33

2.4 地图学研究内容 ·· 36

  2.4.1 传统地图学研究内容——地图学三角形 ·············· 37

  2.4.2 现代地图学研究内容——地图学四面体 ·············· 37

  2.4.3 现代地图学研究的六个关系 ·································· 38

2.5 地图学跨学科特征 ·· 42

  2.5.1 地图学与认知科学(视觉领域) ···························· 43

  2.5.2 地图学与心理学(视觉感受) ······························ 43

  2.5.3 地图学与数学(建模) ·· 44

  2.5.4 地图学与艺术 ·· 44

思考题 ·· 45

第3章 地图制图数学基础 ·· 46

3.1 地球形状 ·· 46

  3.1.1 地球体 ·· 46

  3.1.2 大地椭球体 ·· 46

  3.1.3 旋转椭球体 ·· 47

3.2 空间参照系 ··· 48

  3.2.1 参心坐标系 ·· 48

  3.2.2 地心坐标系 ·· 49

  3.2.3 高程系 ·· 50

  3.2.4 平面坐标系 ·· 50

  3.2.5 WGS-84 坐标系 ·· 51

3.3 地图比例尺 ··· 51

  3.3.1 比例尺、分辨率、尺度概念及其相互关系 ············ 51

  3.3.2 多尺度表达概念 ·· 53

  3.3.3 地图比例尺的表示 ·· 53

3.4 地图定向与导航 ·· 54

  3.4.1 地图定向的概念 ·· 54

  3.4.2 地图上的方向 ·· 54

　　　3.4.3　地图导航的概念 ……………………………………………………… 55
　　　3.4.4　地图在位置服务(LBS)中的作用 ……………………………………… 56
　　3.5　地图投影 ………………………………………………………………………… 58
　　　3.5.1　地图投影的概念 …………………………………………………………… 58
　　　3.5.2　地图投影的方法 …………………………………………………………… 63
　　　3.5.3　地图投影的种类 …………………………………………………………… 64
　　　3.5.4　常用地图投影 ……………………………………………………………… 65
　　思考题 ……………………………………………………………………………………… 92

第4章　地图符号 …………………………………………………………………………… 93
　　4.1　地图符号概述 …………………………………………………………………… 93
　　　4.1.1　地图符号概念 ……………………………………………………………… 93
　　　4.1.2　地图符号功能 ……………………………………………………………… 94
　　　4.1.3　地图符号分类 ……………………………………………………………… 97
　　4.2　地图符号的视觉变量及视觉感受 …………………………………………… 101
　　　4.2.1　地图符号的视觉变量 …………………………………………………… 101
　　　4.2.2　动态地图(动画地图)的视觉变量 …………………………………… 105
　　　4.2.3　视觉变量的视觉感受效果 ……………………………………………… 106
　　4.3　地图符号设计 ………………………………………………………………… 110
　　　4.3.1　地图符号的设计原则 …………………………………………………… 110
　　　4.3.2　地图符号设计的一般方法 ……………………………………………… 113
　　　4.3.3　电子地图符号的特殊性 ………………………………………………… 113
　　4.4　地图色彩 ……………………………………………………………………… 115
　　　4.4.1　色彩的基本概念 ………………………………………………………… 115
　　　4.4.2　色彩的视觉感受 ………………………………………………………… 118
　　　4.4.3　地图符号色彩设计 ……………………………………………………… 119
　　4.5　地图注记 ……………………………………………………………………… 122
　　　4.5.1　地图注记的作用和种类 ………………………………………………… 122
　　　4.5.2　地图注记字体及选择 …………………………………………………… 123
　　　4.5.3　地图注记的配置 ………………………………………………………… 125
　　　4.5.4　地名注记的导航作用 …………………………………………………… 128
　　思考题 …………………………………………………………………………………… 129

第5章　地图表示法 ……………………………………………………………………… 130
　　5.1　地图要素空间分布特征 ……………………………………………………… 130
　　　5.1.1　点状要素分布特征 ……………………………………………………… 130
　　　5.1.2　线状要素分布特征 ……………………………………………………… 130
　　　5.1.3　面状要素分布特征 ……………………………………………………… 130
　　　5.1.4　体状要素分布特征 ……………………………………………………… 131

5.2 点状要素制图表示 ……………………………………………………………… 131
　5.2.1 精确点状要素的表示 ……………………………………………………… 131
　5.2.2 非精确点状要素的表示 …………………………………………………… 132
5.3 线状要素制图表示 ……………………………………………………………… 133
　5.3.1 精确线状要素的表示 ……………………………………………………… 133
　5.3.2 非精确线状要素的表示 …………………………………………………… 134
5.4 面状要素制图表示 ……………………………………………………………… 136
　5.4.1 不连续分布面状要素的表示 ……………………………………………… 136
　5.4.2 连续分布面状要素的表示 ………………………………………………… 138
5.5 体状要素制图表示 ……………………………………………………………… 138
　5.5.1 等值线法与等值区域法 …………………………………………………… 139
　5.5.2 剖面法 ……………………………………………………………………… 140
　5.5.3 等高线法、分层设色法、晕渲法 ………………………………………… 142
5.6 地理信息动态表示 ……………………………………………………………… 145
　5.6.1 动态表示法的概念 ………………………………………………………… 145
　5.6.2 动态表示法的种类及特点 ………………………………………………… 145
　5.6.3 动画法 ……………………………………………………………………… 149
　5.6.4 虚拟地形表示法 …………………………………………………………… 149
5.7 屏幕电子地图和纸质地图表示方法比较 ……………………………………… 152
　5.7.1 屏幕电子地图表示方法的特点 …………………………………………… 152
　5.7.2 纸质地图表示方法的特点 ………………………………………………… 153
　5.7.3 两种地图在表示方法上的差异 …………………………………………… 153
思考题 …………………………………………………………………………………… 154

第6章 地图综合 …………………………………………………………………………… 155
6.1 地图综合概述 …………………………………………………………………… 155
　6.1.1 传统制图综合的概念 ……………………………………………………… 155
　6.1.2 地理信息综合的概念 ……………………………………………………… 156
6.2 地图数据的分类分级 …………………………………………………………… 157
　6.2.1 分类分级的要求 …………………………………………………………… 157
　6.2.2 分类分级的模型与方法 …………………………………………………… 158
　6.2.3 地图量表技术 ……………………………………………………………… 158
6.3 地理数据综合 …………………………………………………………………… 161
　6.3.1 数据综合的制约因素 ……………………………………………………… 161
　6.3.2 数据源及数据处理 ………………………………………………………… 161
6.4 视觉效果综合 …………………………………………………………………… 164
　6.4.1 视觉效果综合的制约因素 ………………………………………………… 164
　6.4.2 视觉效果综合的方法 ……………………………………………………… 169
6.5 地图综合的人机协同方法 ……………………………………………………… 184

6.5.1　人机协同地图综合系统 ………………………………………………… 184

6.5.2　人机协同地图综合过程和方法 ………………………………………… 185

思考题 …………………………………………………………………………………… 187

第7章　地图的编辑与出版一体化 ………………………………………………… 188

7.1　地图编辑设计一般过程 …………………………………………………………… 188

7.1.1　总体设计 …………………………………………………………………… 188

7.1.2　内容设计 …………………………………………………………………… 190

7.1.3　表示方法设计 ……………………………………………………………… 190

7.1.4　图面效果及整饰设计 ……………………………………………………… 193

7.2　地图制图工艺流程 ………………………………………………………………… 196

7.2.1　传统地图生产工艺流程 …………………………………………………… 196

7.2.2　数字化地图生产工艺流程 ………………………………………………… 196

7.3　地图制图与出版一体化技术 ……………………………………………………… 198

7.3.1　数字地图制图技术 ………………………………………………………… 198

7.3.2　电子出版印前系统 ………………………………………………………… 199

7.3.3　计算机直接制版技术 ……………………………………………………… 199

7.3.4　数字印刷工艺 ……………………………………………………………… 199

7.3.5　地图制图与出版一体化技术 ……………………………………………… 200

思考题 …………………………………………………………………………………… 202

第8章　地图分析与可视化方法 …………………………………………………… 203

8.1　地图分析概述 ……………………………………………………………………… 203

8.1.1　地图分析的概念及方法 …………………………………………………… 203

8.1.2　地图分析的作用 …………………………………………………………… 208

8.2　地图目视分析 ……………………………………………………………………… 212

8.2.1　目视分析获取地图信息的内容 …………………………………………… 212

8.2.2　目视分析的方法 …………………………………………………………… 215

8.2.3　目视分析的步骤 …………………………………………………………… 216

8.3　地图分析的数学方法 ……………………………………………………………… 217

8.3.1　地图要素的量测与计算 …………………………………………………… 217

8.3.2　地理要素相关关系分析 …………………………………………………… 220

8.3.3　基于 DEM 的计算与分析 ………………………………………………… 224

8.3.4　数据挖掘与知识发现分析 ………………………………………………… 235

思考题 …………………………………………………………………………………… 243

参考文献 …………………………………………………………………………………… 244

第1章 地　　图

1.1 地　　图

1.1.1 地图的定义和基本特性

地图是地面的图画，是人类文明的标志，在文化发展的不同阶段，地图有不同的画法和含义。在我国历史上，地图的出现并不晚于文字。《管子·地图篇》对地图的内容及其价值的描述是最完整和最精彩的，实际上就是 2000 年前对地图的定义。后来，当人们认识到地为球体时，就比较普遍地认为地图是"地球在平面上的缩影"。这样定义地图，简单明了，易于了解，并一直延续到了现在。

地形图的出现以及国家测绘技术体系及管理体制的形成，把地图的定义推向了最严密也是最繁琐的阶段，从爱凯特（M. Eckert，1868—1938）到萨里谢夫（K. A. Cauweb，1905—1988）针对当时以地形图为主的大环境，给地图确定了一个科学的定义："根据一定的数学法则，将地球表面以符号综合缩绘于平面上，并反映出各种自然和社会现象的地理分布与相互联系。"这个定义在某种程度上揭示了地图的本质，说明了地图具有数学基础、符号系统以及地图内容的综合方法，强调了地图能反映各种自然和社会现象的地理分布与相互联系。萨里谢夫上述关于地图的定义在地图学界影响比较大，一直持续到 20 世纪 60 年代，70 至 80 年代稍有补充和修改。这是欧洲地图学派对地图的定义，同一个时期中，对我国也有巨大的影响。

北美地图学的发展更多地强调地图的实用性，除了美国军方用图具有这一特点外，其他地图也以市场需求为主，不太拘泥于传统的模式，因而它的地图定义也更宽松，例如A. H. Robinson 的《地图学原理》（1985 年版）定义地图是"空间关系和空间存在形式的图解"，明显地扩大了地图的家族，特别是将后来应用数字技术生产的各式各样的地景图像都包括进来。但是这一定义并未获得大多数制图学家和地理学家的认可。

随着数字地图的提出，大多数人认为关于地图的定义还是应该有个界定，不可过于泛化。例如，王家耀院士主编的《地图学原理与方法》一书中给出的定义是："地图是根据构成地图数学基础的数学法则和构成地图内容的制图综合法则记录空间地理环境信息的载体，是传递空间地理环境信息的工具，它能反映各种自然和社会现象的空间分布、组合、联系和制约及其在时空中的变化和发展。"这个定义的外延已经不仅仅局限于传统的实物地图，而是将数字地图、心象地图等虚地图也涵括在内。

但是，上述这些定义主要是忽视了地图作者的主观因素，即地图是作者认识世界的结果，而不是一个纯客观的环境信息的记录，它是一个客观世界的模型。

关于地图的定义是不同时期从不同角度和侧面给出的，这些定义表现了不同时期地图制作水平、人们对地图的认识水平的演变与进步。虽然目前尚未能根据地图新品种、新形式提出一个被公认的地图定义，但可以看出，对于现代地图而言，无论是实地图还是虚地图，都应具有地图的数学基础、综合方法和模式化原则这三个基本特性。

1. 地图的数学基础

构建地图的数学基础，是任何类型的地图都不可缺少的。地球的自然表面不但是一个不可展的曲面，而且是一个极不规则的曲面，不可能用数学公式来表达，也无法进行计算。所以，在地球科学领域，必须寻找一个形状和大小都很接近于地球的椭球体或球体来代替它。大地测量中用水准测量的方法得到的地面上各点的高程是依据大地水准面确定的，这个表面是假想大洋表面向大陆延伸而包围整个地球所形成的曲面。大地水准面显然比地球的自然表面要规则得多，但还不能用一个简单的数学公式把它表示出来，这是因为大地水准面上的任何一点都是与铅垂线方向相垂直的，而铅垂线的方向，又受地球内部质量分布不均匀的影响，使大地水准面产生微小的起伏，它的形状仍是一个复杂的表面。在这样一个复杂的表面上进行测绘成果的计算当然是不可能的。为了便于测绘成果的计算，选择一个大小和形状同大地水准面极为相近的旋转椭球面来代替。它是一个纯数学表面，可以用一个简单的数学公式来表达。旋转椭球面虽是一个纯数学表面，但它仍然是一个不可展的曲面。为了将旋转椭球面描写成平面，必须将这个不可展的曲面上的点计算到平面上。为此，须建立地面点在旋转椭球面上的地理坐标(φ, λ)和它们在平面上的直角坐标(x, y)之间的解析关系

$$\begin{cases} x = f_1(\varphi, \lambda) \\ y = f_2(\varphi, \lambda) \end{cases} \tag{1-1}$$

如果我们能够具体地建立x、y和φ、λ之间的函数关系式，就可以依据地面点的(φ, λ)计算出它们在平面上的位置(x, y)。这样就能按我们所需要的经纬网密度，把经纬线交点的平面直角坐标计算出来，并在平面上绘制出经纬线网格，作为绘制地图图形的控制。

地球曲面和地图平面之间点位的互相转换，实质上是曲面场和平面场之间的点位的数学转换。正是由于实现了这种点位的转换，才有可能将地面的各种物体和现象正确地描绘到平面上，才能保证地图图形具有可量测性，人们才能依据地图研究制图物体(现象)的形状和分布，进行各种量测。

空间关系的描述或称形式化(可以被计算所认识)并非只有地图平面和球面之间的解析关系，这只是传统地图要解决的问题之一，并由此产生了"地图投影"一个专门的学科领域。随着空间现象描述的深入，地图所表现的内容已涉及太空(星际)、网络空间、社会文化空间等多维领域。例如，用拓扑关系描述网站之间的关系，用聚类、集合等方法揭露社会现象和发生地点的空间关系，用网络技术表现存在于地球多层空间和星际空间的现象等，都已成为动态、多维地图构建必须要解决的新问题。这些紧密依托可视化技术的新地图作品，已不是传统地图投影所能解决的。

2. 地图的综合方法

地图是以缩小的形式来显示客观世界的。因而，任何地图都不可能表示出地球上的全部物体和现象，只能根据地图用途、地图比例尺和制图区域特点，将制图对象中的规律性

和典型特征，以概括和抽象的形式表示出来，舍掉那些相对次要的和非本质的事物。这样，就产生了缩小、简化的地图内容与复杂客观实际之间的矛盾。为解决这一矛盾，提出了一些方法和理论，即地图综合的理论和方法。地图内容的综合方法包括两个方面：一是地图内容的分类分级和符号化；二是地图内容的选取、化简和概括。

为制作地图而对"客观存在"进行综合，首先表现在对描绘的对象实现分类、分级和符号化(包含色彩)上。随着人们认识的不断深入，制图对象也渐渐多起来，形象的画法就困难了，比如房屋有不同材料，不同形式，不同层次的建筑；桥有各种质量的，各种形式的桥；路有各种类型，各种等级的铁路和公路。表示的内容多了，就要分类，分级，指出其共性特征，表示某一类的概念，并借助专门的符号和图形来描述客观存在。将各种物体和现象用地图符号表达出来是一种概括和抽象的过程，也就是模型化的过程。在地图上复杂事物都是用点、线、面的符号表现的。因此，符号设计是对制图对象进行的第一次综合，即地图设计阶段的制图综合。分类分级和符号化是根据地图的用途、读者、工作方式与环境等多种要求(限制)来决定的。不同国家(如中国、瑞士、德国、美国)、不同类型的地图(如道路图、地势图、行政区划图)、不同的使用环境(如桌面图、挂图、屏幕电子地图)，地图内容的分类分级和符号系统是不同的。

地图上所能表达的图形总是有限的，所以即使是使用符号系统，也不可能将地面上的全部物体和现象都容纳在缩小的地图上，势必要进行地图内容的选取、化简和概括。制图综合的过程不仅表现在缩小、简化了的地图模型与实地复杂的客观存在之间，还表现在将较大比例尺地图转换为较小比例尺地图之间，即从实际地物到地图与从较大比例尺地图到较小比例尺地图，其中所发生的地图概括的意义是相同的。利用较大比例尺地图编绘较小比例尺地图时，必须从资料图上选取一部分与地图用途有关的内容，以概括的分类分级代替资料图上详细的分类分级，并化简被选取的物体的图形。地图内容的选取、图形的化简和处理，势必造成地图内容的详细性和客观实体的几何精确性的降低，而且比例尺越小地图内容越概略，地物的精度相对越低。详细性与清晰性是矛盾的两个方面。但是，也必须看到，详细性与清晰性都不是绝对的，而是相对的。在地图用途和比例尺一定的条件下，详细性与清晰性是能够统一的。详细性与清晰性统一的条件就是地图用途和比例尺，统一的方法就是制图综合。

认识是不断深化的，模型会逐步完善。从古代地图到现代地图，概括和抽象是其共存的特征，所不同的是，这种抽象随着人们的认识的提高和方法的改进而逐步趋于正确，制图综合的方法也由不自觉到自觉。

3. 地图的模式化原则

地图模式化方法(或称地图是认识的模型)。这一特点是十分明显的而又容易被忽视的。测绘学者说地图是测绘最终的产品，地理学家说地图是地理学的第二语言(研究成果的载体)，都忽视了地图是人们认识世界的结果。其是否正确，详细到什么程度，描绘的重点在哪儿，都取决于人对客观世界的认识是否正确和技术能力。地图是一种主观的作品，虽然大多数情况下，人们力求正确、客观的认识，但这是一个永无止境的认识过程，所以地图只代表一个时期、一种观点条件下的认识模型。不同的地形测量员描绘野外图景的结果是不一样的；不同气象学家每天的天气预报图也是不一样的。如果把边境线、规划线、地名等这些次生要素表示到图上，不同的行政、民族、部门所做的地图的结果都是不同的，更不要说有意地改变和扭曲地图，以达到误导和谋利目的的各种地图，其主观性就更加突出。各国出于对本国利益的考虑和传统的传承，在绘制地图方面也都有一些特殊的规定，例如欧洲中心论者把欧洲绘在世界地图的中部，而中国及一些亚洲国家则采用亚洲居中，把美洲放在西边的表示法都是以地图体现主观意志的表现。

上述的地图三个主要特点是地图最重要的特性，也构成了定义地图的依据，但这仅仅是作者的论述，也不需要取得认识上的统一。每个地图工作者，每个地图使用者，每位地图专业的学生，都可以按自己的认识来定义地图，据此可以深化对地图的认识。

现代地图可以这样定义：为使用者提供的，以数字或图像形式构建的地理空间模型。它代表了一个时期人类认识世界环境的结果和科学水平。再简化的解释就是：地图是人类认知地理空间的结果，也是进一步认知地理空间的工具。

1.1.2　地图分类

对于传统地图而言，地图类型的常见划分方法有按照地图内容、比例尺、使用方式和存储介质等来进行分类。但是，随着地图品种越来越多，地图已经从静态的纸质地图，发展到数字地图、动态电子地图、多媒体地图、网络地图，进而发展为可进入的虚拟地理环境。尤其是地图的呈现方式（人眼可见或不可见）和存储介质（纸质、胶片、丝绸、计算机附属显示设备或人脑等）发生了很大的变化，传统的地图分类已经无法全面地涵盖所有的地图。

为此，本书将地图的呈现形式和存储形式作为分类依据，其中依地图的呈现形式将地图分为实地图和虚地图；依地图的存储形式，将实地图分为传统地图和电子地图，将虚地图分为数字地图和心象地图，如图 1-1 所示。

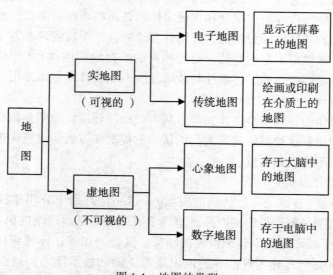

图 1-1　地图的类型

1. 实地图

实地图指的是空间数据可视化的地图，是一种可见的地图。通过图形符号（或影像加图形符号、注记)模拟地面实体和现象,所以也称模拟地图,它可以印刷在纸质上、绸布面上,显示在屏幕上,或制成立体模型。其类型包括纸质地图、胶片地图、丝绸地图、影像地图、电子地图(网络电子地图、移动电子地图)等。

(1)传统地图

传统地图主要是指印刷在纸基介质上的图形符号化的地图,即印刷在纸上的地形图、旅游图、交通图等。随着地图数据获取方式以及地图需求的改变,出现了以图像形式或图像加地名注记或图像加图形符号的地图,即影像地图。

影像地图是将直接复照客观现象的航空或遥感信息与经过专业人员加工的地理信息(境界线、道路、居民地及各种地理名称等)有机地融合在一起,来反映区域内社会现象的一种地图产品。它具有现势性强、表达效果形象直观、信息量丰富的特点,可以帮助人们科学地、客观地、系统地、直观形象地认知地理环境,正确理解地理现象的空间关系。

传统地图可以是单张的(单张地图),也可以是成系列的(系列地图),还可以是成册的(地图集)。当然,传统地图经数字化后可转变为数字地图或电子地图。

(2)电子地图

电子地图也称"屏幕地图",是一种新的地图产品,它是以数字地图为基础,以多媒体技术显示地图数据的可视化产品(王家耀等,2006)。电子地图可进行交互式操作,带有相应的操作界面,其内容是动态的,既可以显示在计算机屏幕上、嵌入式的移动屏幕上、通过网络发布到网站上,也可随时打印到纸张上。因此,本书在后续描述中将显示在计算机屏幕上、嵌入式移动屏幕上、通过网络发布到网站上的电子地图、网络地图以及移动地图,统称为电子地图。

网络地图。网络地图就是以国际互联网络为载体,在不同详细程度的可视化数字地图的基础上,表示空间实体的分布,并通过链接的方式同文字、图片、视频、音频、动画等多种媒体信息相连,通过对网络地图数据库的访问,实现查询和空间分析等功能。网络地图作为一种新型的电子地图,与传统的纸质地图或者单机版电子地图相比,它具有数据共享、费用低、现势性强、信息量大、获取方式便捷、操作简单、适应性强等优点。

移动地图。移动地图是指在移动技术支持下以提供地理信息服务为目的的网络电子地图系统,它是计算机地图制图技术、嵌入式技术、通信技术、移动定位技术综合应用的产物(龙毅等,2001)。移动地图具备普通网络地图的所有特点,但其便携性使它们更适合于用作基于位置的个人化地理信息服务,支持或指导用户完成与移动目的有关的任务。这就要求地图的内容和表示方式实时地适应用户不断变化着的要求、情绪因素、认知容量和活动环境(孟丽秋,2006)。

2. 虚地图

虚地图指的是存储在人脑或电脑(计算机)中的地图,即可指导人的空间认知能力和行为,或据以生成实地图的知识和数据,包括数字地图、心象地图等。

(1)数字地图

数字地图是对现实世界地理信息的一种抽象表达,是空间地理数据的集合,即按照一定的地理框架组合的,带有确定坐标和属性标志的,描述地理要素和现象的离散数据。数字地图按照数据类型可分为矢量、栅格和矢栅混合型地图。数字地图可以通过软件的处理和符号化方法,在计算机附属显示设备上再现为可视化地图。

（2）心象地图

心象地图也称认知地图，指的是人通过多种手段获取空间信息后，在头脑中形成的关于认知环境（空间）的"抽象代替物"，它可以通过人的视觉或触觉来获得。心象地图形成的过程，也就是环境信息加工的过程（高俊，1999）。

3. 地图的派生产品

（1）地图数据库

地图数据库是（Map Database，MDB）存储地图各种数据的集合，是集地图数据、数据库管理软件和相关技术为一体的系统，它可以对大量地理空间数据进行组织、存储、检索和维护。地图数据库技术是测绘数字信息工程的核心技术，是数字制图系统、地理信息系统的基础。

（2）地理信息系统

地理信息系统（Geographical Information System，GIS）是随着地图数据库的建立和交互式地图信息系统的实施而实现的。地理信息系统的核心功能，即分析功能是在交互式动态数字制图的基础上实现的。因为任何分析都离不开时空关系，地图作为空间认知的最优工具，所以它成为 GIS 得以存在并获得应用的核心因素。

（3）虚拟地理环境

虚拟地理环境（Virtual Geographical Environment，VGE）是基于地图数据库数据，将数字地图技术、虚拟现实技术和地理信息系统相结合，利用计算机技术生成的一种可进入、可参与的地理空间环境模拟系统。它构成一个以视觉为主也包括听觉、触觉、嗅觉的综合可感知的地理环境，人们通过专门的设备在这个人工环境中实现观察、操作、触摸、检测等，有身临其境的感觉。沉浸、想象和交互是虚拟地理环境的三大特征。

1.1.3 地图的功能

地图自身的特征，决定了地图的各种功能。

1. 构建客观世界模型的功能

地图并非真实世界，而是经过认识世界，有选择、有区别地表现世界的过程和结果，因此我们把地图称为客观世界的模型。把地图看作是地面客观存在的物质模型（实物模型）这个概念比较简单，特别是普通地图更明显地具有这个特点。所有以地图为工具来认识环境的场合，都体现了地图作为模型的价值和意义。同时，地图的发展史证明，地图作为模型的意义并非仅仅局限于对客观存在的模写，即物质模型的范围。更主要的，地图是对客观存在的特征和变化规律的一种科学的抽象，它是一种概念模型（思想模型），而制图过程则是人类认识环境的一种抽象方法。

2. 空间认知的功能

地图具有空间认知功能是地图的本质所决定的。地图可以为各层次的整体概念和图像的建立提供保障，例如各省组成的国家版图，各国组成的世界政区等；地图可以提供空间分布的物体和现象的尺寸、维量、范围、普遍性和分散性的正确视觉估计和印象，从而使"可比性"成为可能，例如国家的大小、距离的远近、人口的密度等；通过研、读地图可以发现各事物或现象在分布上的形态和模式（规律），以便在一个给定的地区研究各事物或现象之间的空间分布相关性；地图便于把统计信息与空间分布结合起来，建立一种新的集成分类概念，以提高信息传输的效果(这是空间认知的一个重要渠道)。地图作为一种有效的工具，可以帮助读者建立正确的环境印象(心理学上称"心象")，并纠正一些错误的心象。

地图是人们空间认知的重要工具，这是地图的最重要的功能，也是地图无论处于何种科技发展程度的社会，都能起到重要作用而不会被淘汰的原因。

3. 传递地理空间知识的功能

地图图形符号本身直接表达了客观世界的很多信息，人们通过阅读地图很容易获得。但地图信息不等同于自然信息(原始信息，也就是地理环境信息)，还有从获得的丰富的原始信息，提炼、概括和变换出各种地图隐含信息，地图知识等，这些信息需要通过制图或使用者综合分析或计算才能获得。地图是信息的载体，它可用来传输信息和知识。这一张"纸"给人类带来了财富，赢得了战争，了解了世界形势，增长了知识。在人类尚未认识"信息"的重要价值之前，地图已经作为信息的传递者起着巨大的作用了。

4. 提供空间数据以供分析或图上作业的功能

地图可以提供相应的空间数据，例如坡度、长度、角度、面积、密度等，可以为坡度分析、障碍区分析、通视分析、缓冲区分析等提供科学的地形数据，可以为各种综合评价、预测预报和规划设计，提供辅助决策支持，尤其是数字地图更具有这方面的特长。

1.1.4 地图的演变

我国是最早制作地图的文明古国之一，现存的古地图如《马王堆驻军图》和《放马滩木板地图》等都是2000多年前的作品。世界各地也都先后发现了不少古代地图的杰作。早期地图都是手工绘制的、雕刻的，其内容大多是记载性和示意性的，缺乏位置的准确性。后来，随着航海技术的进步，地图所描绘的地区已延伸到海洋和各大陆，位置和地形轮廓也逐渐正确。这种早期地图延续了2000多年。

从18世纪中叶开始，军事上对地图精确性要求的提高和经济发展对地图大量的需求，使地图测绘工作进入了一个新时期，这就是各国基本地形图(大比例尺、布满全国土的系列地图)的测制工作。建立测绘机构，组成专业队伍，形成了制图的科学技术体系。这一时期，地图的精确度提高，数量和品种也不断增多。这项活动大约持续了200年，到了20世纪70年代，全球布满了各式各样的地形图。

20世纪后20多年，计算机和遥感技术进入制作地图的领域，迅速改变了传统地图的生产方法，出现了"数字地图"。数字地图不仅改变了整个地图生产的技术流程和设备，也空前扩大了地图的服务领域，增强了地图的功能，这是变化最快的20年。

地图发展史上这三个阶段：2000多年，200多年，20多年，代表了人类对地球认识的三个阶段，也是地图内容和式样发展的三个阶段。

1.1.5 现代地图的特征

随着现代科学技术的发展，地图除前述的基本特性外，还出现了一些新的特征，即地图的现代特性。

1. 地图表现形式的多样化特性

用符号系统表示制图对象，即地面物体和地理现象及其空间分布特征和相互关系，这是地图的基本表现形式。但是，电子计算机问世后，计算机图形学、地图数据库和空间信息可视化技术的发展，数字地图、电子地图和多媒体电子地图出现了，地图的表现形式呈现出多样化的特性。

2. 地图作为客观世界模型的特性

把地图作为客观世界的模型这一见解，使模型理论和技术在地图制图中得到普遍应用，使地图制图进入更加严密的理论研究和模型实验阶段。

根据模型理论，地图可以看作是客观世界的物质模型和抽象模型。

地图作为客观世界的物质模型，可以是各种比例尺的地图。人们可以利用各种比例尺的地图扩大自己的视野，看到广阔地域上的空间联系；还可以把各种比例尺地图作为进行地面模拟实验的工具，在地图上量算位置、距离、方位、坡度、通视、面积和体积等以代替实地量测和观察。

地图作为客观世界的抽象模型，它几乎具有抽象模型中的概念模型、模拟模型和数学模型的特点。

概念模型可以分为形象模型和符号模型。形象模型，是应用人的思维能力对客观世界进行简化和概括，用自然语言来表达，如交通运输可分为陆上交通、水上交通、空中交通和管线运输，其中陆上交通进一步分为"铁路"、"公路"，而"公路"则再进一步分为"国道"、"省道"、"县道"等；符号模型，是借助于专门符号和图形，按一定形式组合起来去描述前述概念模型即客观世界。正因为如此，所以有人把地图称为"形象-符号模型"。

地图作为模拟模型，如用等高线或分层设色表示实际地面的高程分布和各种地貌类型、形态及其组合，用晕渲法表示地面高低起伏和斜坡陡缓，增强立体效果。这些都是实际地形的模拟。

地图作为数学模型，是最典型的抽象模型。地图是可以用数学形式来描述的，包括空间点位向平面转换的数学模型、地图逻辑数学模型(地图模型的逻辑数学描述)、地图内容要素分布特征的数学模型、地图图形空间关系模型、地图数字模型、地图制图综合的数学模型，等等。

3. 地图信息的多维动态特性

从空间信息科学的意义上讲，地理信息是客观世界物质(自然和社会)存在和运动形式的描述，当人们利用地图来研究地面自然和社会要素(现象)的分布及其相互联系与制约时，总是要将它们置于一定的空间和时间中。空间和时间是物质存在的固有性质，而属性则是地理对象(实体)相互区别的标志。所以，地图信息是由它所描述的对象的空间、时间、属性三元素构成的信息元组，可用(x, y, z, t, a)的形式来表示。其中，(x, y, z)表示空间维，t代表时间维，a代表对象的属性维，而且属性不一定只有一个(a_1)，可能有许多$(a_2, a_3, \cdots, a_n)$，如居民地作为地图描绘的对象，有人口数、行政意义、国民经济产值、民族、宗教及其他众多属性。因为空间维是三维的，属性维是多维的，时间维其本质上是一维的，但可进行多维综合分析，如有事件发生时间、数据库时间和地图制图时间，而且时间维还是动态的，表示制图对象随时间变化的特征。所以，我们认为地理信息具有多维动态特性。传统的纸介质地图是二维的，传统的地理信息系统也是二维，至多是2.5维的。在数字制图环境下，我们可以进行多维制图即多维地图信息可视化，加之涉及时间维并采用动画手段，可以产生地图动画等。这是地图的一个重要现代特性。

1.2　地　形　图

地形图不论在地图学历史上还是现代地图学领域都是不可忽视的一个重要图类。起初它只是把表现可见的诸要素，地形起伏、河流、道路、居民点尽可能详细地表达在图上，因此称为地形图（topographic map）。测制系列比例尺地形图（1∶25 000，1∶50 000，1∶250 000，1∶1 000 000等）成为了解疆域、经济规划建设、指挥作战不可缺少的依据，为此组建了测绘机构，倾全力绘制境内的地形图，图幅之多，费用之大，成为各国的重要基础设施建设项目，也成了官方垄断性生产的信息资源。目前，各国几种比例尺的地形图已几乎布满全球，200多年来的成果直到今天仍具有极为重要的意义，也是构建各种地理环境、空间信息系统的框架和支撑。

数字地图出现后，在遥感技术和网络环境支撑下，地图制作已普遍化到各种业务和个人用户手中，对国家地形图的依赖已不似以往的程度，地图的样式和内容也突破了地形图的格局，出现了地图制作的全新局面。数据来源丰富，制图软件商品化，更新便捷，使地图有了巨大的生命力。无处不在的电子地图极大地丰富了人们的工作和生活。

但是对于地图工作者来说，仍应了解地形图的价值和意义，测绘制作地形图所形成的一整套理论方法与技术，仍然是信息化制图技术的基础。

1.2.1　地形图的定义和特点

地形图，是详细表示地物地貌基本要素的普通地图。地形图有规定比例尺系列：1∶1万、1∶2.5万、1∶5万、1∶10万、1∶25万、1∶50万和1∶100万，由国家和军队统一组织生产。地形图以实测图为基础，在统一的地图分幅下，采用高斯-克吕格投影，以大地测量成果为平面坐标和高程起算数据测绘而成。大比例尺地形图，主要采用航空摄影测量的方法直接制成；中小比例尺地形图采用地图编绘的方法编制而成。

地形图着重显示独立地物、居民地、道路网及其附属建筑物、水系及水利工程设施、土壤与植被，以及地貌等各种地形要素，有地理名称和各种说明注记，并绘有平面直角坐标和地理坐标。

地形图的特征是：①具有一定的数学基础。即按一定的地图投影和比例尺，将地球表面上各点转化为平面上的点，使图上的点位同地面上的物体保持对应关系，保证地理位置的准确性。②以大地测量成果作为平面和高程的控制基础，具有平面直角坐标和地理坐标两种坐标网，便于图上量算和目标定位。③以航空、航天摄影测量作为获取地形信息的主要手段，运用取舍和概括的制图综合方法，使地图内容清晰易读，正确反映区域地形特征，是国家经济建设和国防建设的基础支撑。④采用国家统一标准数据和图式符号，便于用图者识别和使用。⑤为保持地图的现势性，有计划地进行地图内容更新。

地形图通常为彩色图。采用黑、蓝、绿、棕四种颜色，用黑色描绘独立地物、居民地、道路、行政区划线、方里网及有关注记；江河、湖泊、水库等水系及其注记用蓝色；森林、果园等植被及其注记用绿色；等高线、各种土质符号用棕色，使图面清晰易读。每幅图的图廓线右方，有图名、图号和接图表，反映本幅图所代表的实地位置及相邻关系，并附有图例，绘出常用的地物符号；图廓线下方有比例尺、坡度尺、指北方位图和测制出版说明，为量算距离、确定方位、了解测图情况提供资料；内外图廓线之间绘有地理坐标和平面直角坐标两种坐标网格和注记，便于识别和使用。

1.2.2　地形图的分类

地形图按照比例尺分为大比例尺(1∶1万~1∶10万)地形图、中比例尺(1∶25万、1∶50万)地形图和小比例尺(1∶100万)地形图三类。

大比例尺地形图(1∶1万~1∶10万)是国家建设和军队使用的基本用图，又称战术地图。反映较小范围内的地物地貌，内容详细、精确，可从图上量取角度、距离、坡度、坐标、高程和面积等，是用于研究地形和地物、建设规划、部队作战的基本用图。

中比例尺地形图(1∶25万、1∶50万)能显示较大区域的地理概貌和各地形要素间的相互关系位置，用于研究制定战役计划，实施作战指挥、进行兵力部署，又称战役地图。

小比例尺地形图(1∶100万)反映了广大区域的地理形式，主要用于研究战略和战略性战役计划，进行战略规划和部署，又称战略地图。

20世纪80年代以后，为适应联合作战的需要，中国人民解放军设计编制并出版了1∶25万、1∶50万和1∶100万联合作战图，使陆地与海洋的地理要素取得统一协调，便于协同作战和指挥。

系列比例尺地形图中，最常用的是1∶5万、1∶25万和1∶100万地形图，并同时具有相应的1∶5万、1∶25万和1∶100万地图数据库，用于满足数字化生产和信息化建设的需求。

1.3　数　字　地　图

1.3.1　数字地图的定义和特点

随着计算机技术的发展，为了能在计算机环境下识别和使用地图，要求将地图上的内容以数字的形式来组织、存储和管理，这种形式的地图就是数字地图。因此，数字地图是随着计算机技术的应用而出现的一类不同于纸质地图的新型地图产品。

数字地图是虚地图的一种，它是一组地理空间数据的集合，即按照一定的地理框架组合的，带有确定坐标和属性标志的，描述地理要素和现象的离散数据。(高俊，1999)。因此，快速获取空间相关数据的功能是数字地图的特长。以往需要通过手工量取、计算获取的数据，如距离、坡度、角度、面积等，在数字地图中只需输入相关的量测点坐标后，立即可以获得结果。在各种科研探索与社会实践中，凡是使用不必经过视觉分析的数据时，数字地图则有其特殊的优势。

与纸质地图相比较，数字地图还有以下特点：

①灵活性——数字地图以地图数据库为后盾，它可以按所发生事件的地区立即生成电子地图，不受地形图分幅的限制，避免地形图拼接、剪贴、复制的繁琐；电子地图的比例尺也可在一定范围内调整，不受地形图几种固定比例尺的限制。

②选择性——数字地图可以提供远远超过传统地形图的内容，供用户选用。根据需要可以分要素、分层和分级地提供空间数据，特别有利于要素图和专题图的绘制。

③现势性——传统地图一旦印就，所有内容都固化了，而地表却是时刻变化着的。最担心的就是地图的陈旧，为此要补做很多更新与修改的工作，地形图虽有修测和再版的制度，但总是跟不上外部世界的变化。数字地图是存于介质上的数据，又具有修改更新的软件支持，只要数据来源通畅(如卫星照片上获得的数据)，更新较为简便。

④动态性——数字地图的支撑数据库可以将不同时期的数据存储起来，并在电子地图上按时序再现，这就可以把某一现象或事件变化发展的过程呈现在读者面前，便于深入分析和预测。这是传统地图难以做到的。

1.3.2　数字地图分类

数字地图按数据的组织形式和特点分为矢量数字地图、栅格数字地图、数字地面高程模型和数字正射影像地图四种。

1. 矢量数字地图

矢量数字地图首先依据相应的规范和标准对地图上的各种内容进行编码和属性定义，确定地图要素的类别、等级和特征，这样，地图上的内容就可以用其编码、属性描述加上相应的坐标位置来表示。矢量数字地图的制作通过航空像片测图、对现有地图数字化以及对已有数据进行更新等方法实现。

2. 栅格数字地图

栅格数字地图是一种由像素所组成的图像数据，所以又称为数字像素地图，它是通过对纸质地图或分版胶片进行扫描而获得的。这种类型的数字地图制作方便，能保持原有纸质地图的风格和特点，通常作为地理背景使用，不能进行深入的分析和内容提取。

3. 数字地面高程模型

数字地面高程模型实际上是地表一定间隔格网点上的高程数据，用来表示地表面的高低起伏，这种数字地图通过人工采集、数字测图或对地图上等高线扫描矢量化等方法生成和建立。

4. 数字正射影像地图

数字正射影像地图是对卫星遥感影像数据和航空摄影测量影像数据进行一系列加工处理后所得到的影像地图及数据。数字影像地图数据结构采用国际上通用的图像文件数据结构，如 TIFF、BMP、PCX 等。它由文件头、色彩索引和图像数据体组成。

为了实际应用的方便，数字地图在大地坐标系统、图幅分幅、地图投影、高程基准、内容表示和符号系统等基本原则问题上，保持同现有纸质地图的一致性。

随着数字地图需求量的急剧增加，必须生产更多的数字地图，并对此进行有效的管理和应用，由此地图数据库便应运而生。地图数据库是用数据库的技术和方法来管理数字地图，有一整套的方法和技术完成数字地图内容的存储、修改、检索、拼接和应用，并保证数字地图数据的安全性和共享性。这样就使数字地图的生产、更新、管理和应用走上现代化的发展道路。

1.3.3　数字地图的应用功能

数字地图的应用范围很广。可以将其分为两类：一类是借助可视化技术将地理空间数据变成印刷地图、电子地图、虚拟环境等地图产品，这类应用是数字地图十分重要的一部分；还有一类是数字地图的直接应用，通过数学模型对数字地图进行运算处理并获得结果，这也是数字地图的特殊应用功能。

自从建成国家基本比例尺地理数据库后，人们就直接从库中提取数据，在计算机制图系统上处理、编辑后获得分色原片，然后通过印刷或者打印输出纸质地图产品。目前，全数字地图制图技术的应用基本实现了地图编辑和出版的一体化。除了制作纸质地图外，数字地图还能够用于生成电子地图，构制虚拟环境。电子地图是数字地图最主要的一种可视化处理方法，也是使用较为广泛的一种可视化方式。利用数字地图构制虚拟环境，以提供一个赛博空间(cyberspace)，是数字地图今后大有可为的领域。各种物美价廉的传感设备的出现必将加速虚拟环境的普及。

数字地图的数据不经可视化处理而直接进入使用的例子很多。例如，数字地图为空间分析提供基本数据支撑，为制定区域开发方案和发展战略研究提供科学依据。这些分析结果可以通过可视化技术显示在地图上，也可以直接用于决策的参考。数字地图为高科技战争中的实施精确打击提供支持是近年来为大家所熟知的。DTM 数据参与巡航弹的地形匹配制导已有 20 余年的历史并正在被更先进的方法取代。有些定位也需要数字地图的参考。GPS 是一种自主的定位系统。在地球上任何一点都可以接收到不少于 4 颗定位星的信号来决定所在点的地理坐标，因此，数字地图已深入到各个与定位有关的行业与活动之中。但它必须与地图或电子地图配合才能起到空间定位的作用，否则，接收到的只是抽象的坐标值。把坐标值标在地图上才知道自己站在何处，被寻找的目标在何处，才能决定行动方案。车载定位系统更需要电子地图的配合才有路线的选择的余地。数字地图在这里是充当"无名英雄"的角色。

1.4 电子地图

1.4.1 电子地图的定义和特点

电子地图是在数字地图的基础上进行可视化后出现的一种新的地图式样。电子地图是以数字地图为基础，并以多种媒介显示的地图数据的可视化产品。电子地图是地理空间数据或称数字地图最主要的一种可视化形式，通常显示在屏幕上(计算机屏幕或是投影大屏幕)。

随着可视化技术与多媒体技术的应用，电子地图已被认为是用于组织、分析传输地理数据的理想工具。多维的、动态的、具有优美声音的电子地图，其屏幕感受比常规地图的感受要好，称为"屏幕地图"或者"无纸地图"。

电子地图具有地图内涵，能够在屏幕上动态显示与实时处理，并能进行传输，它是一种基于电子技术的屏幕地图。

电子地图具有以下特征：

1. 动态性

电子地图动态性一是用具有时间维的动画地图来反映事物随时间变化的动态过程，并可通过对动态过程的分析来推演事物发展变化的趋势，如城市区域范围的沿革和变化，河流湖泊岸线的不断推移等。二是利用闪烁、渐变、缩放、漫游等显示技术不断生成新的地图，不断改变地图图形，使没有时间维的静态现象也能吸引用户的注意力，如通过符号的跳动闪烁突出反映感兴趣地物的空间定位等。

2. 可交互性

可交互是电子地图独具的特征。可交互就只能是针对计算机而言的。设计一个方便的界面，是可视化技术的重要内容，尽管计算机眼下尚无法与人用自然方式交互，例如，十几米开外的一个人向一群人中的你注视，你会感觉到，而计算机却无此能力，但是图文结合便于检索的界面还是不断有所改进。目前的交互方式随空间数据的性质而变化。交互可以改变其点、线、面的尺寸，位置图案，色彩等，可以通过改变比例尺、视角、方向，使图形发生变化；属性数据则可用文字、表格与图形建立联系；通过交互改变数据分析的指标，重新分类、分级，并在相应的地图和图表上产生相应的变化。

3. 多媒体性

电子地图除了依靠图形和文字传输信息外，还能通过图像、声音和视频等多媒体传输信息，弥补地图图形信息的先天缺陷，通过人机交互的查询手段，可以获取精确的文字和数字信息。大大地增加了传输信息的种类，提高了信息的传输效率。

4. 超媒体集成性

超媒体是超文本的延伸，即将超文本的形式扩充至图形、声音、视频，从而提供了一种浏览不同形式信息的超媒体机制。在超媒体中，可以通过链接的方法方便地对分散在不同信息块间的信息进行存储、检索、浏览，其思维更加符合人的思维习惯。

5. 无级缩放与载负量自动调整

纸质地图一般都具有一定比例尺，其比例尺是固定不变的。电子地图则不然，在一定限度内可以任意无级缩放和开窗显示，以满足应用的不同需要。通过相应控制技术的应用，电子地图在无级缩放过程中，能动态调整地图内容的详细程度，使得屏幕上显示的地图保持适当的载负量，以保证地图的易读性。

6. 制图的适应性

传统地图的内容一经确定后就无法更改，而在电子地图中用户可以根据自己的需要，任意选取、更新要显示的内容以及可视化表达的方式。

7. 表示方法的多维和多样性

表示方法的多维性。电子地图除了可以显示等高线、等值线外，还可以直接生成三维立体影像，甚至还能在地形三维影像上叠加遥感图像，能逼真地再现或者模拟真实的地面情况。符号不仅仅是图形线划符号，还有图片符号、立体符号、写真符号等。

8. 数据的共享性

电子地图可以在网络上传输，出版工序简单，产品运输方便快捷。

1.4.2　电子地图系统构成

从广义的角度而言，电子地图系统包括电子地图数据、人员、电子地图硬件系统、电子地图软件系统。电子地图如图 1-2 所示。

1. 电子地图数据

电子地图系统的操作对象是地理数据，它具体描述地理实体的空间特征、属性特征和时间特征。空间特征是指地理实体的位置及相互关系；属性特征是指实体的各方面性质；

图 1-2 深圳市电子地图

时间特征是指随时间而发生的相关变化。根据地理实体的空间图形表示形式，可将空间数据抽象为点、线和面三类元素，它们的数据表达可以采用矢量或者栅格两种组织形式，分别称为矢量数据结构和栅格数据结构。

2. 人员

人员包括系统开发人员和操作电子地图的最终用户，他们的业务素质和专业知识是GIS 工程及其应用成败的关键。

3. 电子地图的硬件系统

电子地图的硬件系统包括计算机，数据输入设备如扫描仪、GPS 数据采集设备等，电子地图输出设备，如投影仪、打印机、绘图仪、光盘刻录机等。

4. 电子地图的软件系统

①计算机系统软件，包括操作系统软件、数据库管理系统软件和数据通信系统软件。

②电子地图软件的组成及功能，包括检索和查询功能、数据更新功能、输出功能。

1.4.3 电子地图的功能与应用

1. 地图构建功能

由于电子地图有很好的交互性，不仅允许用户根据自己的需要和设计方案选择或调整地图显示范围、比例尺、颜色、图例和图式等，而且提供了更新或再版地图内容的技术和方法，能自动生成所需的多媒体电子地图和专题地图。系统提供了强有力的地图数据输入、编辑和输出功能，确保及时地更新数据，保持电子地图的现势性，并为再版电子地图创造了十分便捷的制图环境。

2. 检索和查询功能

根据用户需求检索有关的图形、数据和属性信息，并以多媒体、图形、表格和文字报告的形式提供查询结果。

3. 显示和读图功能

显示和读图功能包括显示、闪烁、变色、开窗、对比等功能，能对地图内容进行放大、缩小和漫游。

4. 数据的统计、分析和处理功能

数据的统计、分析和处理功能包括对相关内容进行汇总统计，打印直方图，并可进行距离计算、多边形面积量算、最短路径分析和缓冲区分析等功能。

5. 绘图输出功能

绘图输出功能是指将屏幕上的内容或计算机中的数据输出到纸张或胶片上。

6. 辅助功能

必要时通过配置一些图例和附图来提高电子地图的可阅读性。

1.4.4 网络电子地图及其特点

网络电子地图是在互联网上浏览、制作和使用的新型地图产品，如图 1-3 所示，它充分发挥了网络优势，实现地图数据极大共享和再利用，提供方便快捷的查询工具，内容更新快，成本较纸质地图低，不受地域限制，实用价值高，具有动态性、交互性、超媒体结构和简便快捷的地图分发形式。相对于传统地图或者单机电子地图，网络电子地图具有以下特点：

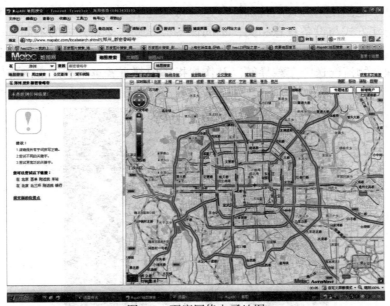

图 1-3 百度网络电子地图

（图片来源：http://map.baidu.com）

①适应性强。由于网络电子地图是基于互联网的，因而它是全球性的。地图使用者可以在地球任意位置用互联网终端浏览、查询任意地区的地图，不受区域的限制。

②实时性好。传统制图中，地图更新的周期长、费用高，所以不能满足使用者的要求。网络电子地图是在网上发布的，能对地图进行实时更新，因而人们可以通过互联网得到最新的地图。

③使用简单。网络电子地图用户可以直接从网上下载地图阅读软件以获取所需要的各种地图，而不用关心地图的开发、维护、更新和管理。网络电子地图一般包括地图操作、专题查询、统计分析和超链接网页等功能。

1.4.5 移动电子地图及其特点

移动电子地图是指显示在移动终端设备上的地理空间数据可视化产品，如图1-4所示。它适应于通信技术和智能移动设备的发展而出现。通常它的显示载体是无线移动通信设备，如手机、PDA等移动设备；其数据有的固化在设备本身，也有的通过网络实时传播；有些移动电子地图与设备上其他应用相结合组成新的应用方式。移动电子地图的主要特点有：

①移动电子地图受移动设备在存储能力、计算速度、屏幕尺寸等方面的限制。为了方便携带，移动设备的尺寸较小，因此其存储空间不大，计算速度也没有计算机快。更重要的是，其显示屏幕尺寸小、分辨率较低直接影响着地图的显示效果。

②移动电子地图的认知环境更加复杂，无形中增加了用户的认知负担。在移动环境中，用户的行为是多方面的，他不仅要关注地图，还要面对复杂的外部环境，根据具体情况，实时、迅速地调整自己的应对策略，拿出行为方案。

③移动电子地图使用方式的特殊性。这种特殊性主要表现在交互方式和服务方式两个方面。它的交互方式与设备息息相关，不同设备会导致其交互方式的不同，因此其交互设计更为复杂。在服务方式上，它主要提供与当前位置相关的智能化服务，因此移动电子地图在交通管理、物流配送、车载导航以及作战指挥中都有着越来越广泛的应用。

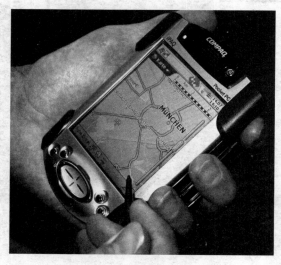

图1-4 移动电子地图

1.5 三维视觉立体地图

1.5.1 三维视觉立体地图的定义和特点

三维视觉立体地图是以立体形式表示区域地理现象的地图。三维视觉立体地图按照立体效果生成的原理，可以分为根据透视原理制作的地图、根据双眼立体效应制作的地图和对地理实景直接模拟的地图。根据透视原理制作的立体地图有地貌晕渲图、明暗等高线图、透视写景图、鸟瞰图、块状立体图等，这类地图的优点是制作简单，精度高，使用方便，缺点是对地图制作者的美工水平要求高。根据双眼立体效应制作的地图有互补色地图、光栅地图等。这类地图的优点是立体效果好，精度高，缺点是不便于使用，需要借助立体眼镜等工具。对地理实景进行直接模拟的地图通常是手工制作，利用黏土、石膏、纸浆等材料按照实地形态以一定比例尺缩小制作而成，如地形模型、塑料压膜立体地图等。这类地图的优点是地理形态生动，易于用户感知；缺点是精度较低，不能直接量算，制作手段较为复杂。随着计算机技术的发展、新材料的出现和 3D 打印技术的成熟，按照地景直接制作三维视觉立体地图的过程变得简单、易学，因此这种地理实景模型的应用也越来越广泛。例如，将 DEM 数据和影像数据相结合，用 3D 打印机就能打印出一幅逼真的基于地景的三维视觉立体地图。

三维视觉立体地图的特点有：

①使用三维效果表现地面形态，具有直观、生动、形象逼真、易于感受的特点。尤其在对地形、地势的表达方面，三维视觉立体地图具有得天独厚的优势。

②三维视觉立体地图具有全局性，易于形成对所表达区域的整体印象，即具有一览性强的特点。

③高程变量的使用扩展了地图的用途，可以用于表示基于高程的多维信息。例如，剖面图、坡度图等。

三维视觉立体地图虽然具有许多优点，但它的缺点也是显而易见的。它在精度、地图内容表达层次性和多样性等方面不如其他品种的地图。很多三维视觉立体地图只能反映地理现象的某个侧面(或有遮挡)，如图 1-5 所示，因此这类地图上表达的地理现象较少。三维视觉立体地图显示效果虽然比较直观，但其易用性不如普通地图好。例如，它有时需要借助一些外设，需要特殊的技术支持或对使用者有较高的要求。

1.5.2 三维视觉立体地图的功能与应用

三维视觉立体地图最突出的功能是对地面形态的模拟。由于三维视觉立体地图形象生动、易于感知，因此它多用于军事、教学和宣传展览等领域。

地形沙盘在军事训练、战争模拟等军事领域得到了广泛应用。它根据地形图、航空照片和实地地形，按照一定比例制作，通常布以兵棋，以显示战争态势、作战方案，组织各军兵种协同训练。地形沙盘实战模拟在部队训练中具有很高的实践性和可用性。目前，地形沙盘也常常用来制作经济发展规划和大型工程建设的模型。例如，建筑模型、规划模型、展馆模型、多媒体沙盘模型等。三维视觉立体地图在教学中的应用比比皆是。地形地

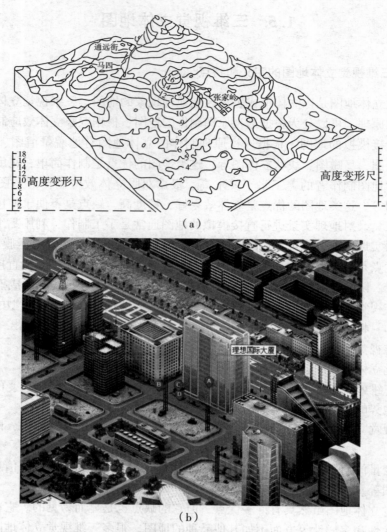

（a）

（b）

图 1-5　三维视觉立体地图中的遮挡情况
（图片来源：http：//sh. edushi. com）

势挂图、立体地球仪、立体像对等经常出现在课堂上。三维视觉立体地图在商业上的应用也很广泛，最常见的就是房地产开发商制作的小区及周边环境模型。

1.6　影　像　地　图

1.6.1　影像地图的定义和特点

影像地图（photographic map）是一种带有地面遥感影像的地图，是以航空或卫星遥感影像为基础，经几何纠正、投影变换、比例尺调整，使用地图符号、注记，直接反映制图对象地理特征及空间分布的地图，如图 1-6 所示。影像内容、线划要素、数学基础、图廓整饰是构成影像地图的四个方面。

图 1-6 影像地图

影像地图依据遥感资料的不同，分为航空影像地图和卫星影像地图；按地图内容，分为专题影像地图和普通影像地图；按分幅的形式，分为单张影像地图、单幅区域影像地图和标准分幅影像地图；按出版颜色分为黑白影像地图和彩色影像地图；按成图制印的方法，分为光学合成影像地图和制印合成影像地图。

航空影像地图的比例尺较大，影像分辨率高，适用于工程设计、地籍管理、区域规划、城市建设以及区域地理调查研究和编制大比例尺专题地图；卫星影像地图是由陆地卫星多光谱扫描仪扫描获得的 MSS4、MSS5、MSS6、MSS7 等波段的影像经纠正后编制的，属于中小比例尺影像地图，区域总体概念清晰，有利于大范围的分析研究，适用于研究制图区域全貌、大地构造系统、区域地貌、植被分布，制定工农业总体规划，进行资源调查与专题制图等。

普通影像地图是综合了遥感影像和地形图的特点，在影像的基础上叠加等高线、境界线、河流、道路、高程注记等内容，以需求的不同，可以制成黑白、彩色、单波段和多波段合成的影像地图。专题影像地图是以影像地图作基础底图，通过解译并加绘有专题要素位置、轮廓界线和少量注记制成的一种影像地图。因像片上有丰富的影像细节，专题要素又以影像作背景，两者可以相互印证，又不需要编制地理底图，因而具有工效高、质量好等优点，是有发展前途的一种新型地图。

随着影像获取和处理技术的不断进步，一些新的影像地图已经问世。其中，最常见的是电子影像地图，这种影像地图以数字形式存储在磁盘、光盘或磁带等存储介质上，需要时可由电子计算机的输出设备(如绘图机、显示屏幕等)恢复为影像地图。与传统的影像地图相比，它保留了影像地图的基本特征，如数学基础、图例、符号、色彩等，只是载负影像地图信息的介质不同。多媒体影像地图是电子影像地图的进一步发展。传统的影像地图主要给人提供视觉信息，多媒体影像地图则增加了声音和触摸功能，用户可以通过触摸屏，甚至是声音来对多媒体影像地图进行操作，系统可以将用户选择的影像区域放大，直观形象的影像信息再配以生动的解说，使影像地图信息的传输和表达更加有效。立体全息影像地图，利用从不同角度摄影获取的区域重叠的两张影像，构成像对，阅读时，需戴上偏振滤光眼镜，使重建光束正交偏振，将左右两幅影像分开，使左眼看左边影像，右眼看右边影像，利用人的生理视差，就可以看到立体全息影像。

影像地图中影像是传输空间地理信息的主体，只有那些影像不能显示或识别有困难的内容，才以符号或注记的方式予以表示。和普通地图相比，影像地图具有以下鲜明的特点：

①它既具有立体效应的丰富影像信息，又有一定地图精度的组合图型。这种形象逼真的影像地图，具有影像和地图的双重作用。

②地面信息丰富，内容层次分明，图面清晰易读。影像和地图符号的联合使用增强了地图的表现力，提高了地图的易读性；

③简化和革新了地图编制工艺，改善了制图条件，加快了成图速度，缩短了制图周期，是现代地图制图自动化的一个新途径。

④遥感资料更新快、现势性强，是开展多时相遥感数据或多种信息源复合研究，建立地学编码影像数据库的重要基础。

1.6.2　影像地图的功能

表达、监测和分析是影像地图最主要的功能。

1. 表达功能

影像地图通过影像来直观、有效地反映地理空间信息，以供用户快速、准确地认识、了解地理环境和地理现象的空间位置、形态、分布、相互联系及发展变化的相关信息。

2. 监测功能

影像地图使用航空影像或卫星影像来表示地表事物变化，现势性强、更新快，能够对地表现象进行实时监测。

3. 分析功能

通过对影像地图上地理目标的空间、属性以及目标间相互关系变化的研究，探索和揭示地理现象的分布、联系和演化规律。

1.6.3　影像地图的应用

影像地图因其成图速度快、现势性强、地表信息清晰易读等突出特点被广泛应用于监测、辅助决策、科学研究、防灾减灾等许多领域。

通过卫星遥感资料可以对玉米、大豆、花生、芝麻、水稻等农作物受灾状况进行识别，并将识别结果与 GPS 数据相结合，实现了对地区受灾农作物的定量分析，适时提出各种应对措施，进行技术指导。在遇到地震等灾害时，若灾区通信、交通被严重破坏，卫星遥感技术就能够及时提供宏观灾情，通过对受灾地区影像进行对比分析，有利于对灾情做出科学评估，进而采取救灾防灾减灾措施。

影像地图经常被用于制作其他地图产品的基本地表描述，例如，作为虚拟环境的纹理和背景，作为导航电子地图的地表载体等。另外，影像地图通过网络与各种传感器相连接形成了一种新的应用方式——物联网。例如，激光尾气遥感监测车，能够对汽车尾气进行实时监控。车辆经过测试仪时，由于尾气对光有一定的吸收作用，只要通过光谱分析，用0.7秒的时间就能把汽车尾气的一氧化碳、碳氢化合物和氮氧化物检测出来，这些数据能同步显示在遥感监测车内的影像地图上。一旦汽车的尾气超标，监测仪就会拍下车辆牌照作为处罚依据。

1.7　地图的派生产品

1.7.1　地理空间数据库

数据库是长期储存在计算机内、有组织的、可共享的数据集合。数据库中的数据按一定的数据模型组织、描述和存储，具有较小的冗余度、较高的数据独立性和易扩展性，并可为各种用户共享（萨师煊等，2005）。地理空间数据库，顾名思义是存储空间地理数据的数据库，是一种特殊的数据库类型。它是在计算机物理存储介质上存储的某区域内一定地理空间数据的总和，一般是以一系列特定结构的文件的形式组织在存储介质上。系统包括地图数据、地图数据管理系统、计算机硬件设备和地图数据库管理人员等部分。

地理空间数据库研究的基本问题是如何用线性结构的计算机管理海量的、有序的、非结构化的地理空间数据。它的研究与发展可以从两个方面来理解：一是从软件系统角度，即地理空间数据管理系统；二是地理信息的技术算计表达——数据模型、数据获取、数据库设计、数据工程、数据标准、数据质量和数据应用（王家耀，2011）。

地理空间数据库的关键技术包括三个方面：第一，空间数据模型，它是空间数据库的核心，是空间数据库和其他技术的基础；第二，空间数据索引，它建立在空间数据模型的基础上，是空间数据查询的线索；第三，空间数据查询语言，它提供了空间数据的访问和操作方法。

空间数据模型是描述地理数据库的概念集合，是数据库系统的核心和基础。空间数据模型是关于现实世界中空间实体及其相互间联系的概念，是建立在对地理空间的充分认识与完整抽象的地理空间认知模型（或概念模型）的基础上，并用计算机能够识别和处理的形式化语言来定义和描述现实世界地理实体、地理现象及其相互关系，是现实世界到计算机世界的直接映射。空间数据模型为描述空间数据组织和设计空间数据提供基本方法，是GIS空间数据建模的基础（乌伦等，2001），包括精确描述数据、数据关系、数据语义及完整性约束条件的概念。通常数据模型由数据结构、数据操作和完整性约束三部分组成。数据结构是指所研究的对象类型的集合，包括与数据类型、内容、性质有关的对象和数据间联系有关的对象。数据操作是指对数据中各种对象（型）的实例（值）允许执行操作的集合，包括操作及有关的操作规则。数据的完整性约束条件是数据完整性规则的集合。完整性规则是给定的数据模型中数据及其联系所具有的制约和依存规则，用以限定符合数据模型的数据库状态以及状态的变化，以保证数据的正确、有效和相容。空间数据模型的发展与数据库技术的发展密切相关。第一代层次与网状数据库带动了GIS层次数据模型的发展；第二代关系数据库带动了GIS关系型数据模型的发展和成熟。面向对象的数据模型技术对数据库技术的发展产生了深远的影响，成为第三代数据库系统的主要标志，进而也促进了新的 GIS 面向对象数据模型的发展。第三代数据库系统的另一个主要特征是数据库技术与其他技术的相互结合，表现为分布式数据库、工程数据库、演绎数据库、多媒体数据库等新型数据库层出不穷。

地理空间数据索引是空间数据库的关键技术之一。主要解决的问题是计算机线性结构与地理空间数据非线性结构之间的矛盾。空间索引是指依据空间对象的位置和形状或空间对象之间的某种空间关系，按一定顺序排列的一种数据结构，其中包括对象的概要信息，如对象的标识、外接矩形及指向该空间对象实体的指针。通过空间索引的筛选作用，排除大量与特定空间操作无关的空间对象，从而提高空间操作的速度和效率。常用的空间索引有窗坐标索引、格网索引，大型数据库还采用自顶向下、逐级划分的模式，如 BSP 树、KDB 树、R 树、R+树和 CELL 树等索引方式。

地理空间操作语言是地理空间数据管理的基础，用户通过操作语言改变空间数据库数据，它的主要操作功能包括空间实体定义，空间实体查询，空间实体几何形态、属性和关系(面-点、面-线、面-面、线-点、线-线)操作，包括增加、删除和修改等。由于地理空间数据操作语言比 SQL 复杂得多，目前还没有完整的地理空间数据库操作语言。常用的地理空间数据操作语言有基于 SQL 表达模糊查询、可视化空间信息查询语言 SIVQL(visual query language on spatial information)、面向空间数据库引擎的扩充数据模型及其操纵语言 GSQL、面向自然语言的空间数据库查询 GML 空间数据查询语言，等等。

1.7.2 地理信息系统

地理信息系统(Geographic Information System 或 Geo-information System，GIS)是在计算机硬、软件系统支持下，对整个或部分地球表层(包括大气层)空间中的有关地理分布数据进行采集、储存、管理、运算、分析、显示和描述的技术系统。地理信息系统处理、管理的对象是多种地理空间实体数据及其关系，包括空间定位数据、图形数据、遥感图像数据、属性数据等，用于分析和处理在一定地理区域内分布的各种现象和过程，解决复杂的规划、决策和管理问题(汤国安等，2010)。

GIS 是一种基于计算机的工具，它可以对空间信息进行分析和处理(简而言之，是对地球上存在的现象和发生的事件进行成图和分析)。GIS 技术把地图这种独特的视觉化效果和地理分析功能与一般的数据库操作(如查询和统计分析等)集成在一起。GIS 与其他信息系统最大的区别是对空间信息的存储、管理和分析，从而使其在广泛的公众和个人企事业单位中解释事件、预测结果、规划战略等中具有实用价值。目前，GIS 已经成为地图重要的派生产品之一，广泛应用于不同的领域。

GIS 与一般信息系统最大的区别在于，它不仅能够存储、分析和表达现实世界的各个对象的属性信息，而且能够描述其空间定位特征，能够将空间信息和属性信息有机地结合起来，从空间和属性两个方面对世界的各个对象进行查询、检索和分析，并将结果以各种直观的形式形象精确地表达出来。其主要特征如下：

①GIS 的物理外壳是计算机化的技术系统，该系统由计算机硬、软件环境，多功能软件模块，能准确描述地球空间地理实体的空间数据和便于沟通人机交互的用户界面组成。

②GIS 的操作对象是地理空间数据，即地理实体的空间位置数据及相应的属性数据和拓扑关系数据，这是它区别于其他类型信息系统的最重要标志，也是它最大的特点和

难点。

③GIS 的技术优势在于它的集地理空间数据采集、存储、管理、分析、制图、显示与输出于一体的系统流程，在于它的空间分析、预测预报和辅助决策的能力，这也是它的研究核心。

地理信息系统是地图学理论、方法与功能在信息时代的扩展与延伸。地理信息系统与地图学是一脉相承的，它们都是空间信息处理的科学，只不过地图学强调的是图形信息传输，地理信息系统则强调空间数据处理与分析。

1.7.3 虚拟环境系统

虚拟环境系统是利用虚拟现实(Virtual Reality，VR)技术在空间数据库支持下构制的一种特殊环境。人在进入这一环境后可以和计算机实现以视觉为主的全方位交互。在数字地图支持下，建立虚拟环境是地图功能在数字化条件下的自然延伸，是制图专业领域合乎逻辑的扩展(高俊，2000)。

虚拟环境系统是一种由计算机生成的高技术模拟系统。它构成一个以视觉感知为主，也包括听觉、触觉的综合感知环境，使演练者通过专门设备在这个人工环境中进行观察、操作、触摸、检测等实践，有身临其境的感觉。这是计算机技术与思维科学相结合的产物，为人类认识世界开辟了一条新途径。

这一系统的三大特点是：

①演练者可以用自然方式与虚拟环境进行交互操作，改变了过去人类除了亲身经历(如现地勘察、旅游)之外只能间接了解环境的模式，从而有效地扩展了自己的认识手段。

②虚拟环境的设计不仅来自真实世界，即仿制客观世界现有的物体、现象、行为等，而且可以来自人的想象和预测世界。这对于提高人们处理复杂问题和紧急情况的能力有极为重要的意义。可以利用虚拟环境再现一些难以在现实生活中出现的微观、剧变、艰险、复杂的环境，使演练者得到亲历、锻炼的机会，去处理在正常行动中难以碰到的复杂问题和体验前人要经过几年甚至几十年才能积累起来的经验，从而提高认识问题、处理问题的能力。这种"想象"是一种创造性的思维活动，取决于人的科学技术知识、文化素养和心理状态诸因素。

③虚拟现实的特点还体现在人与虚拟环境的高水平协调。全感觉、多媒体的虚拟环境能够带给人一种投入感或称沉浸感的效果。要做到这一点，需要对人的感知能力(视觉、听觉、体觉等)有深入的研究，否则，计算机制造的任何视、听刺激的不协调及时空关系的迟滞都会给参与者带来心理和生理上的不适，影响虚拟现实技术的使用。

这三个特点可以用沉浸(可进入)、想象和交互来概括。

但是，对于传统的虚拟环境系统而言，由于其虚拟场景几乎全部由计算机生成，所以大多数虚拟环境系统表达的真实场景不够丰富，常常与实地的环境还有很大的出入。美国学者 Milgram(1994)根据计算机生成信息的比例定义了一个从虚拟世界到真实世界的连续体，如图 1-7 所示。

增强现实(Augmented Reality)技术与增强虚境(Augmented Virtuality)技术是近年来在虚拟环境系统基础上出现的新的研究热点。详细地阐述现实世界与虚拟世界之间的过渡关系，将合成对象融入图像场景的技术称为增强现实，将图像对象融入合成场景，称为增强

图 1-7   Milgram 定义的一个从虚拟世界到真实世界的连续体

虚境(又称为增强虚拟)。

增强现实是通过计算机系统提供的信息增加用户对现实世界感知的技术,将虚拟的信息应用到真实世界,并将计算机生成的虚拟物体、场景或系统提示信息叠加到真实场景中,从而实现对现实的增强。AR 通常是以透过式头盔显示系统和注册(AR 系统中用户观察点和计算机生成的虚拟物体的定位)系统相结合的形式来实现的。

增强现实将真正改变我们观察世界的方式。想象您自己行走在或者驱车行驶在路上。通过增强现实显示器(最终看起来像一副普通的眼镜),信息化图像将出现在您的视野之内,并且所播放的声音将与您所看到的景象保持同步。这些增强信息将随时更新,以反映当时大脑的活动,如图 1-8 所示(百度文库,2011)。

图 1-8   增强现实在导航地图中的应用

对应于 AR,Paul Milgram 相应地提出 Augmented Virtuality(AV),指利用真实世界增强或提高计算机获取粗糙数据得出虚拟世界的技术。增强虚境技术在基于图形的建模与绘制(Geometry Based Modeling and Rendering,GBMR)框架下,利用基于图像的建模与绘制(IBMR)方法来描述复杂对象及加速场景绘制,这样可以解决虚拟现实研究中逼真绘制与实时显示间的矛盾。例如,在传统的虚拟环境系统中,将 360°实景照片映射在计算机生成的三维仿真模型的表面上,就可以看作是 AV 方法的一种(朱江,2009)。

思　考　题

1. 地图的基本特性是什么？

2. 现代地图定义有哪些？根据地图特性，按自己的认识定义地图。

3. 依据地图的呈现形式和存储形式，地图如何分类？各自有何特点？试举例说明。

4. 地形图有哪些？其特点是什么？

5. 什么是数字地图？数字地图有哪些特点？数字地图有哪些类型？

6. 什么是电子地图？什么是网络电子地图？什么是移动电子地图？电子地图和数字地图的区别是什么？

7. 什么是视觉立体地图？它有什么特点和功能？

8. 地图的派生产品有哪些？各自有什么特点？

第2章　地　图　学

2.1　地图学的概念

2.1.1　传统地图学概念

传统地图学通常指 20 世纪 50 年代末以前的地图学。传统地图学是这个时期地图科学成果的积累和科学的长期总结。

传统地图学主要研究制作地图（祝国瑞，2004），因此，侧重于从技术上解决实地到地图过程中地图内容的抽象概括、地图投影、地图表示方法、地图制作工艺方法等表达和技术实现问题，强调地图制作、生产工艺技术水平和地图产品的制作效果。理论研究上，主要是对地图学制图实践的经验总结，侧重于地图投影、地图设计和地图编绘方法的总结概括。制图工艺主要采用手工制作方法，要经过地图编绘和清绘两道工序获得出版原图。因此，"传统地图学"也称"地图制图学"。

传统地图学的主要特征有：制图人员要求较高，包括个人知识、经验和技巧；地图产品的不稳定性高，不可重复性强；地图空间关系的艺术性是地图制作的重点；制图人员的主观认识和习惯性构图对地图质量的影响较大，尤其在小比例尺地图上更为突出。

关于传统地图学的定义，英国皇家协会的制图技术术语词汇表中认为"地图学是制作地图的艺术、科学和工艺学"，瑞士地图学家 E. Imhof 在他的《理论地图学的任务和方法》中强调"理论地图学是一门带有强烈艺术倾向的技术科学"（高俊，1982）；苏联地图学家萨里谢夫强调"地图制图学是建立在正确的地理认识基础上的地图图形现实的技术科学"（萨里谢夫，1982）等。这些充分地说明了传统地图学的研究内容和学科特征。因此，可以认为传统地图学是"研究地图制作的理论、技术和工艺的科学。"

2.1.2　现代地图学概念

现代地图学通常指 20 世纪 60 年代以后的地图学。现代地图学不仅要研究地图制作理论和技术方法，还要研究地图基础理论、地图应用理论及其技术和方法；不仅研究地图本身，还要研究地图制作者、地图使用者、地图应用环境等各种与地图制作和使用相关的任何人、物、环境、设备等特点，从而提高地图的制图质量和使用价值。

现代地图学的特征主要表现在：地图学的跨学科特征、信息传输特征、模型化特征和高技术特征（王家耀，2006）。现代地图学已经成为一门跨越学科界线的科学，是一门交叉学科。现代地图学要研究从地图设计、生产到地图使用中，地理空间信息传输的完整过程。它涉及认知科学、心理学、美学、数学、计算机科学等多种学科知识，学科交叉应用，对学科建设和发展起到巨大的促进作用，地图学的高技术特征逐渐凸显。

现代地图学的定义有很多，具有代表性的有："地图学是空间信息图形传输的科学"（莫里逊（J. Morrison），1985）；"地图学是建立在实际被认为是地理现实多要素模型这样一个空间数据库基础上的信息转换过程。这样的数据库成为接收输入数据和分配各种信息产品这一完整制图系列过程的核心"（泰勒（D. R. F. Taylor），1986）；"地图学是以地图信息传输为中心的探讨地图的理论实质、制作技术和使用方法的综合性学科"（高俊，1986）；"地图学是研究地图的理论、编制技术与应用方法的科学，是一门研究以地图图形反映与揭示各种自然和社会现象空间分布、相互联系及动态变化的科学、技术与艺术相结合的科学"（廖克，2003）；地图学是一门研究利用地图图形或数字化方式科学地、抽象概括地反映自然界和人类社会各种现象的空间分布、相互联系、空间关系及其动态变化，并对地理环境空间信息进行数据获取、智能抽象、存储、管理、分析、处理和可视化，以图形或数字方式传输地理空间环境信息的科学与技术（王家耀，2006）。

2.2　地图学发展历史

2.2.1　传统地图学的形成过程

把地图学作为一门学科，对地图的理论与方法进行系统的研究，国际上实际从 20 世纪 30 年代才真正开始，大约在 20 世纪 50 年代末和 60 年代初形成了地图学的基本体系即"传统地图学"。传统地图学既是前期地图学成果的积累和科学的总结，又是现代地图学形成与发展的基石和起点。

传统地图学的形成与近代地图测绘技术密切相关，其形成过程主要有以下几个阶段：

1. 地图描绘世界完整轮廓时期

地理大发现时期，人类发现了前所未知的大片陆地和水域，开辟了重要航路和通道，把各大洋、各大洲、各地区直接联系起来。并证实了地球是球形的学说和太平洋的存在，基本确定了南美洲南、北两端的跨度，及从美洲南端到菲律宾的距离和太平洋东西两端的宽度，从而奠定了世界地图的地理轮廓。

2. 地图表示方法形成时期

16 世纪是地图集兴起和盛行的时期，以荷兰墨卡托的《世界地图集》和中国罗洪先的《广舆图》为代表，总结了 16 世纪以前西方和东方地图学的历史性成就。墨卡托（Gerhardus Mercator，公元 1512—1594 年）是欧洲文化复兴时期的地理学家和地图制图学家。他编制的《世界地图集》修正和注释了托勒密编绘的 27 幅地图；绘制了法国、德国、荷兰、意大利、巴尔干半岛、不列颠群岛等国家和地区的地图。墨卡托去世后，其子续编新图，使地图集增至 107 幅地图。该地图集于 1595 年在德国出版。这本地图集代表当时欧洲地图学的成就，并促进了欧洲地图学的发展。罗洪先（1504—1564 年）是明代一位杰出的地学家，他的《广舆图》是我国最早的综合性地图集。图集按照一定的分幅方法将《广舆图》改制成地图集的形式，创立地图符号 24 种，很多符号已抽象化、近代化，它对增强地图的科学性，丰富地图内容起了重要作用，在我国地图学史上是一个重要的进步。

3. 近代地图基础的建立时期

随着资本主义的发展，航海、贸易、军事及工程建设越来越需要精确、详细的更大比例尺地图。加之工业革命后，科学技术水平得到了提高，新的、高精度的测绘仪器相继发明，如平板仪及其他测量仪器，使测绘精度大为提高，三角测量成为大地测量的基本方法，很多国家进行了大规模全国性三角测量，为大比例尺地形测图奠定了基础。由于采用平板仪测绘地图，地图内容更加丰富，地图表示方法也随之增加和转变。表示地面物体的方法由原来的透视写景符号改为平面图形，地貌由原来的用透视写景表示改为晕渲法，进而改为等高线法；编绘地图的方法也得到了改进，地图印刷由铜版雕刻改用平版印刷。到了18世纪，很多国家开始系统测制以军事为目的的大比例尺地形图。大规模地形图测绘，奠定了近代地图测绘的基础。

4. 地图生产技术工艺变革时期

18世纪以后，由于自然科学的进步与深化，普通地图已不能满足需要，于是产生了地质、气候、水文、地貌、土壤、植被等各种专题地图。20世纪初出现了飞机，很快研制成航空摄影机和立体测图仪，从此地图测绘开始采用航空摄影测量方法。黑白航空像片成了专题地图制图的主要资料来源，加上照相平版彩色胶印技术的应用，使地图特别是专题地图的科学内容、表现形式和印刷质量都提高到了一个新的水平。这主要表现在20世纪50年代前后编制出版了一大批专题地图集，例如，苏联世界综合地图集、意大利自然经济地理图集、日本气候地图集、英国气候地图集、苏联海洋地图集，等等。我国专题地图的编制主要表现在历史地图方面，杨守敬（1839—1915年）的《历代舆地沿革险要图》包含70幅地图，是我国历史沿革地图史上旷世绝学的一部历史沿革地图集，为我国历史地理学和历代沿革地图的发展作出了不可磨灭的巨大贡献。

5. 传统地图学形成时期

19世纪末和20世纪中，形成了系统而完整的关于地图制作的技术、方法、工艺和理论。传统地图学的形成，一方面是由于与地图学有关的地理学、测量学、印刷学相继成为比较完整的理论学科和技术学科，为地图学的形成与发展提供了外部条件；另一方面是由于地图学本身在漫长的地图生产过程中积累了丰富的经验，经过不同时期各国地图制图学家的总结和概括，形成了系统而完整的关于地图制作的技术、方法、工艺和理论，作为地图学分支学科的地图投影、地图编制、地图整饰和地图印刷等已趋于稳定。

传统地图学研究的对象是地图制作的理论、技术和工艺。在地图制图的理论方面，地图投影、制图综合、地图内容表示法和符号系统等是研究的核心；在地图制作技术方面，主要围绕地图生产过程研究编绘原图制作技术、出版原图制作技术和地图制版印刷技术；在地图制作的工艺方面，主要研究地图生产特别是地图印刷工艺。很明显，传统地图学是以地图制作和地图产品输出作为自己的目标的。

2.2.2 现代地图学的形成与发展

传统地图学是地图生产之本，长期以来成功地指导着地图的生产（王家耀，2006）。但是，它存在明显的缺陷，主要表现在：第一，它主要涉及地图的编制方法与技术，以经验总结为主，缺乏一门学科应有的基础理论；第二，传统地图学的主要研究对象是与本学科有直接关系的学科，忽视地图学同更高层次的学科之间的联系；第三，传统地图学专注于地图制作技术，忽视地图应用的研究，尤其忽视地图制图者自身认识活动和地图使用者认识活动规律的研究。从 20 世纪 50 年代开始，信息论、控制论、系统论三大科学理论的出现，以及电子计算机相继问世，彻底改变了制图工艺，与之相适应产生了新的制图理论。同时，地图用户和地图应用也逐步纳入地图学研究范畴，传统地图学逐步发展为现代地图学。

1. 数字地图制图形成时期

20 世纪 60 年代中期以后，电子计算机、自动化、遥感遥测技术引进地图学，引起地图制图技术上的革命。地图生产开始由传统手工方式向数字化、自动化方式转变。遥感影像技术在地图制作、环境监测等方面发挥越来越重要的作用。同时，各学科的相互渗透，尤其是信息论、传输论、认知理论以及数学方法的引进，使地图学的理论有了很大发展。这个时期，有的地图学者开始提出把地图学分为"理论地图学"和"实用地图学"两部分。强调"理论地图学"应是联系技术和艺术、技术和有关地表现象研究的不同学科之间的桥梁；实用地图学包括地图设计、地图编绘和地图印刷。这一研究拓展了地图学的范围，是地图学发展的必然趋势，也说明地图制图技术上的变革对地图学理论新的更高的要求。

2. 现代地图学理论形成时期

20 世纪 70 年代以后，随着计算机软硬件水平的提高，计算机网络技术的兴起，地理信息系统的深入应用，以及地图制图新技术的发展和各学科的相互渗透，地图学出现了一些新兴学科和许多分支学科。特别是理论地图学的提出，促使地图学理论研究向前大大迈进，这个时期产生了一些新的地图学理论，如地图信息论、地图传输论、地图模型论、地图感受论和地图符号学理论等现代地图学理论，提出了地图学学科体系，现代地图学的概念由此产生。现代地图学首次将地图学划分为理论地图学、地图制图学和应用地图学，它既包含了地图学的基础理论，也包括地图编制的方法与技术，还包括了地图应用原理与方法。这三个部分互相联系，体现从编图到用图的地图传输的完整过程。现代地图学是以地球系统科学为依据，融合控制论、系统论、信息论等横断学科为一体的跨学科的开放体系。

3. 信息时代地图学的发展与变革时期

20 世纪 90 年代中后期以来，随着计算机技术、遥感技术、网络技术、移动通信技术、地理信息系统技术、虚拟现实技术等信息技术的进一步发展，地图学出现了信息化、知识化和智能化的特征。这一时期的地图学被称为信息时代的地图学。网络地图、手机地图以及各种专题地图和地图 APP 的出现扩大了地图学的研究领域和应用领域；地理信息系统的深入发展和广泛应用拓展和延伸了地图学的理论、方法与功能；空间信息可视化与虚拟现实技术的使用改变了现代地图的使用方法和表现形式，成为地图学新的生长点。太空摄影、卫星定位、移动电话、搜索引擎、宽带网络技术的发展催生了新的地图产品，以位置为基础的服务越来越普及，地图作品变得生动、活泼和个性化，并出现了智能化的特征。知识地图、智慧地球的概念正在悄然出现。这些新技术、新概念、新产品正逐步渗入到地图学的方方面面，促使其向着知识化、智能化方向迈进。

地图学既是一门古老的科学，又是一门新兴的科学。由古代地图学的萌芽和发展，到近代地图测绘与传统地图学的形成，进而到地图学的现代革命与信息时代的地图学，这是一个漫长的历史进程。在这个过程中，经过无数地图学者的努力，地图学作为一门科学，形成了自己的学科体系。

2.3　地图学科体系结构

对地图学结构体系问题的研究，国外始于 20 世纪 70 年代，我国始于 80 年代。随着地图学理论研究的深入和发展，国内外地图学者对地图学的体系结构进行了研究和探讨，对地图学的组成、内容和层次结构提出了多种体系结构模式。由于各自认识的角度、研究的环境、研究的基础不同，因此提出的体系结构也不尽相同。但是，总体上可以分为两大类：以地图设计、制作为中心形成的"地图制图学体系结构"和以地图有关的科学的群体特征为中心形成的"地图科学体系结构"。

2.3.1　地图制图学体系结构

地图制图学是以地图信息传输为中心的探讨地图的理论实质、制作技术和使用方法的综合性科学。地图制图学体系结构，主要从工程技术科学的角度研究地图学科的结构，尤其在传统地图学时代，主要强调地图设计、地图编绘和地图印制的制作理论、技术和方法，其体系结构如图 2-1 所示。

传统地图制图学体系结构的研究对象是地图制作的理论、技术和工艺。在地图制图的理论方面，地图投影、制图综合、地图内容表示法和符号系统等是研究的核心；在地图制作技术方面，主要围绕地图生产过程研究编绘原图制作技术、出版原图制作技术和地图制版印刷技术；在地图制作的工艺方面，主要研究地图生产特别是地图印刷工艺。很明显，传统地图制图体系结构是以地图制作和地图产品输出作为目标的。

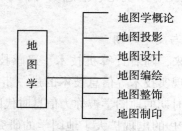

图 2-1　传统地图制图学体系结构

20 世纪 50 年代，信息论、控制论、系统论三大科学理论问世和电子计算机的诞生对现代工程技术的发展有着决定性意义，使地图制图技术发生了革命性变化，同时也促进了地图学理论的研究。理论地图学的提出，对地图制图学的体系结构产生了重大影响，拓展了传统地图制图学体系结构，有学者提出了新的地图制图学的体系结构，比较有代表性的有国外的 L. Ratajski、Kretschmer、Freitag 和我国的廖克、高俊等人提出的体系结构模式。

波兰地图学家 L. Ratajski 主张把地图传输概念作为地图学的基础理论，以地图传输作为地图学的核心并建立了地图学的体系，如图 2-2 所示，并把其他学科如地理学、测量学等作为地图学的基础学科，而把数学、计算机技术、符号学、心理学、美学、印刷技术作为地图学的方法论基础。

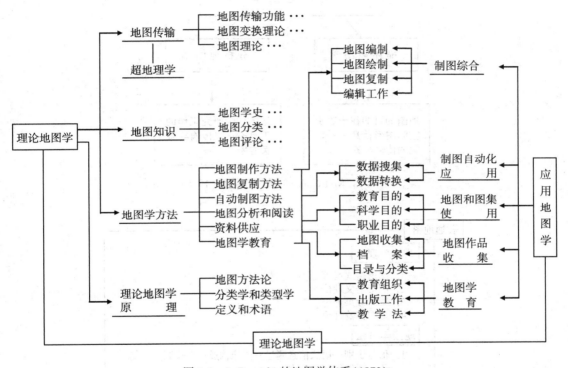

图 2-2　L. Ratajski 的地图学体系(1973)

瑞士地图学家 Kretschmer 提出的地图学体系结构模式如图 2-3 所示。她认为"每一门科学不仅具有自己的特点和知识集合，同时也是它本身的研究工作的活动过程"，如果"地图学的很多研究工作仍然受其他一些学科(如地理学、心理学等)的影响，这些是对于地图学作为学科存在的一个重大隐忧"。

与 Kretschmer 的观点相对立，德国的 Freitag 和美国的 Morrison 等人认为，随着科学技术的发展，应把与地图学有关的边缘学科也纳入本学科的范围，甚至把可以转换为地图的地面数据的磁带记录也当成地图的一种特殊形式，特别是把地图作为一种传输信息的工具，这就大大地扩展了地图学的研究领域。图 2-4 是 Freitag 的地图学体系结构模式。此模式的缺点是把各自自成体系的信息论、感受论与传输论勉强拼凑，共同作为地图学的理论

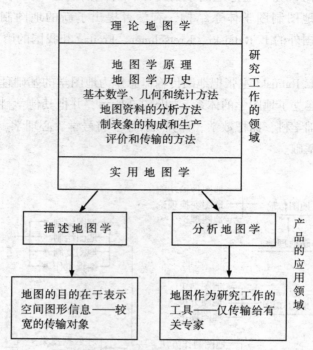

图 2-3 Kretschmer 的地图学体系(1978)

普通地图

地图学理论
1. 图形格式塔理论
2. 图形语义理论
3. 图形效果理论
4. 地图传输理论

地图学方法
1. 信号识别—语法信息测量—图像构成—图像联合—简化—图像复制—分类
2. 制图系统分析—制图编码方法—缩小—投影—地物典型化—分组—分层—级数选择
3. 地图学训练—实用制图与地图设计—制图标准化—制图综合—地图使用—地图分类
4. 地图管理

地图学实践
1. 制图组织
2. 制图编辑—地图生产准备—地图计划—地图绘制
3. 制图生产—生产组织—原图生产—地图复制—地图出版准备
4. 地图发放—地图分配—地图储存—地图使用
5. 地图学的附加业务
6. 地图学的训练

图 2-4 Freitag 的地图学体系(1980)

基础，在哲学概念上显得有些互相矛盾，无法组成一个完整的指导理论。

　　廖克在分析国外学者提出的地图学结构与内容的各种观点的基础上，提出了地图学体系结构模式。廖克认为随着地图的大量生产和广泛应用，地图学应该分为理论地图学、地图制图学和应用地图学三个分支学科，图 2-5 是廖克的地图学体系结构模式。

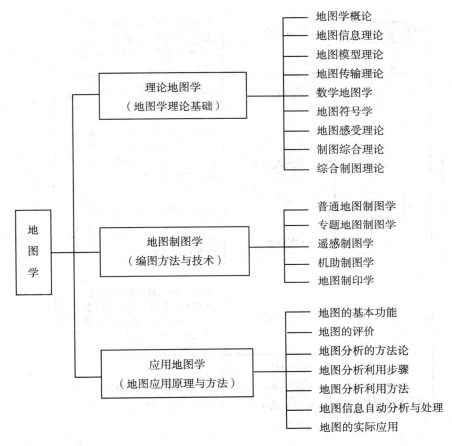

图 2-5　廖克的地图学体系（1982）

2.3.2　地图科学体系结构

　　高俊教授在对国内外的各种学术观点和地图学的现代特征进行分析的基础上，提出了一个"地图科学"的体系结构。他认为地图学的发展已经具备了综合科学的主要特征，建议用"地图科学"（简称"地图学"）代替当前扩展了的"地图制图学"，以此来概括更广泛的科学内容和更完整的科学技术系统，而把"地图制图学"（简称"制图学"）限制在以地图设计、制作为中心的技术科学的范围之内，作为"地图科学"的一个核心部分，强调"地图科学"一词更有助于准确表达与地图有关的一个科学的群体特征。他的关于"地图科学"的结构模式包括三个层次，如图 2-6 所示：第一个层次，地图传输理论，它是地图学的理论基础；第二个层次，涉及信息科学、符号论、模型论、感受论等，可以称之为"应用基础"（或技术科学）；第三个层次，直接为地图生产服务的技术方法，在地图科学中是最实用的一部分。这一体系层次清晰，基本上反映了地图学的现代特征。

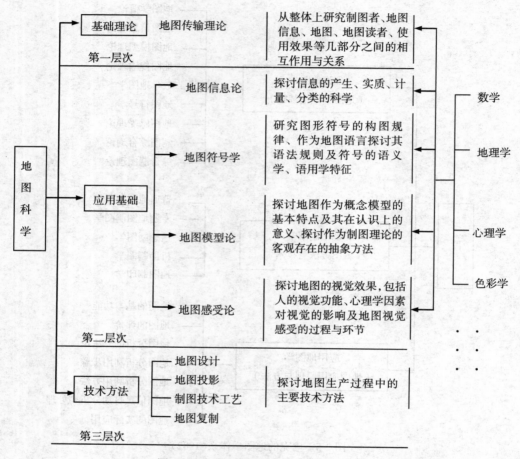

图 2-6　高俊的"地图科学"体系（1986）

2003 年，廖克又对 1982 年提出的地图学结构进行了修改，提出了现代地图学体系结构，如图 2-7 所示。

王家耀（2001）论述地图学的现代科学结构框架，如图 2-8 所示。他把地图学分为理论地图学、地图（地理）信息工程学和地图（地理信息工程）应用学三个部分。同时提出，地图学的科学体系与更高层次的科学之间有着密切的联系，它有两个外层：第一个外层是认知科学、地球与环境科学、数学、语言学、心理科学、信息科学及系统科学；第二个外层是自然科学、技术与工程科学、社会与人文科学。

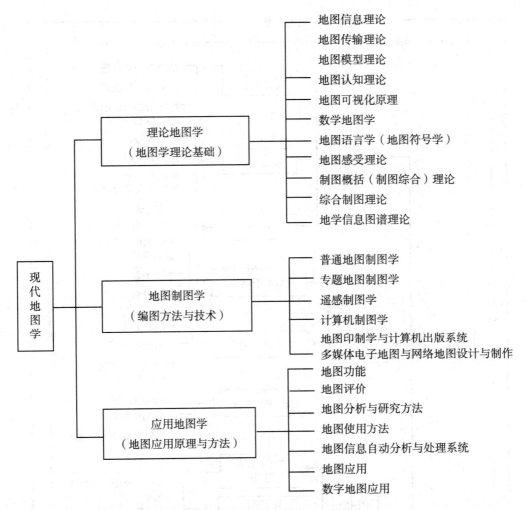

图 2-7 廖克的地图学体系(2003)

高俊(2004)认为"传统地图学可概括为实地—地图的关系、读者—地图的关系、读者—实地的关系"三个关系,并把地图学科的框架称为"地图学三角形";数字地图的出现扩大了传统地图学的视野和服务面,地图学的研究领域发生了明显的变化,由"地图学三角形"变为"地图学四面体"。现代地图学需要面对六个关系的探讨,除了上述三个关系外,还要增加数字地图—地图的关系、数字地图—实地的关系、数字地图—读者的关系。从"地图学三角形"到"地图学四面体",反映了信息时代地图学的发展与变革。

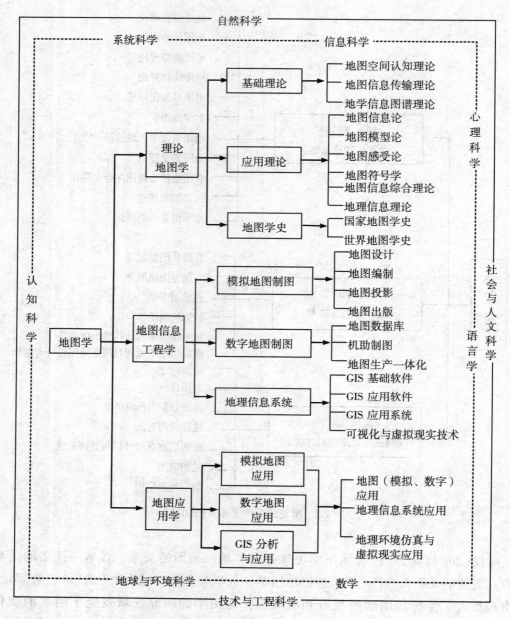

图 2-8　王家耀提出的地图学的现代科学结构框架(2001)

2.4　地图学研究内容

　　传统地图学的研究，着重从技术上解决实地到地图过程中地图内容的抽象概括、地图投影、地图表示方法、地图制作工艺方法等表达和技术实现问题。现代地图学不仅关注实地到地图的关系，同时更加关注读者与地图之间的关系，即强调用户是地图的评判者和使用者，强调要把人和地图作为一体来研究。探索地图设计和制作当中的理论和实践问题，从而适应新的地图需求的变化。这种理念的变化，使得在地图设计和制作中更加注重人的认知能力、人的地图感受效果对地图编制的指导作用。

2.4.1　传统地图学研究内容——地图学三角形

传统地图学研究的对象是地图制作的理论、技术和工艺。在地图制作的理论方面，地图投影(设计、选择和计算)、制图综合(基本原则、各要素制图综合方法)、地图内容表示法(符号系统和色彩运用)等是研究的核心；在地图制作的技术方面，主要围绕地图生产过程研究编绘原图制作技术、出版原图制作技术和地图制版印刷技术；在地图制作的工艺方面，主要研究地图生产特别是地图印刷工艺。很明显，传统地图学是以地图制作和地图产品的输出作为自己的目标的。

传统的地图学研究内容可以概括为三个关系的研究：实地—地图的关系；读者—地图的关系；读者—实地的关系。我们可以将这个学科框架称为"地图学三角形"，如图 2-9 所示。

传统的地图学的重点放在第一链上，研究如何将实地转变为地图的问题，技术与工程的因素较多，强调制作的技术与过程，因而"制图"另两个关系研究得很少。作为地图的使用者和评判者，读者(用户)最有资格提出诸如什么样的地图更适应读者的需求，更便于阅读，更易于获取地理信息等问题。这就是地图设计者应该考虑的读者和地图的关系，这便是第二链。这里面涉及很多问题：人的大脑如何获取信息，怎样处理这些获取的信息，等等，涉及认知科学、感受理论等学科。这些问题的深入研究都是提高地图设计水平的关键。在第三链上，读者只有具备一定的地理学先验知识的情况下，才能更好地阅读、使用和理解地图。在这个链上，地图设计者也应视为一个特殊的读者。将这三种关系给予综合考虑，我们才能完整地理解"地图学"。

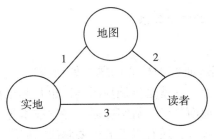

图 2-9　地图学三角形

2.4.2　现代地图学研究内容——地图学四面体

数字地图对地图学的影响不仅仅是地图生产过程的"全数字化"，它有超越技术概念的更为科学的意义，不仅丰富了地图学的内涵，而且为人类的空间认知提供了更为生动、更多功能的科学工具。数字地图出现后，地图学的研究领域发生了明显的变化，由"地图学三角形"变为"地图学四面体"，如图 2-10 所示。现代地图学要研究六个关系：实地—地图的关系；读者—地图的关系；读者—实地的关系；数字地图—地图的关系；数字地图—实地的关系；数字地图—读者的关系。这六个关系较为清楚地表述了现代地图学的科学结构，对理论框架的阐述较为完整。但它也包含了一些需要进一步解释的问题。例如，在"实地-地图"的关系链上，大地控制网的建立和地面初始信息的获取是由大地测量、地形测量和摄影测量来完成的，如此的概括就有扩大地图学专业领域的倾向。但从科学体系上看，测绘科学建立的主旨就是为了获得全球、全国的系列比例尺地形图，以至于随后很多国家(包括联合国)是把 Cartograph 当作"测绘"的同义语来理解的。在世界性的学科相互融合的新形势下，"地图学四面体"的提出有利于地图学作为一门独立学科的探索，也有助于改善当前我国测绘专业划分过细且学科之间相互重复与错位的状况。从这六个关系中，我们可以看到一个现代地图学概念的框架，将现有的地图学诸问题包含在内，而且"预留"一些将来有可能纳入地图学事业的界面。

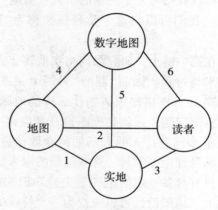

图 2-10　地图学四面体

2.4.3　现代地图学研究的六个关系

1. 实地—地图的关系

这是近代地图学(制图学)研究的核心问题。如何将丰富多彩的各种自然、经济、人文的现象和物体表现在地图上，这就是传统地图学，也是测绘科学研究的重点内容。随着技术的进步，人们可以采用地面测量、航空摄影、遥感技术等方法精确记载地表的状况并绘成地图。从地图学的视角来看，还有以下五个要解决的问题。

(1)表示方法——模型化和符号化

地图并不是地面实际状况的"完全拷贝"，而是它的模型。"模型"是地图最基本的概念，是地图学的认识论。首先，模型化之必要是因为地图要缩小，因此就不能将地面上一切东西都画在纸上。"缩小的地面的图画"，这就是一种最简单的模型。其次，图上需要表示什么，不表示什么，全依需求而定，可以说是一种认识的模型。不同的目的、不同的专题、不同的视角就得到不同的模型，制成不同的地图。建立模型的方法很多，对于地图学来说主要的方法有两种，即数字建模和图解建模。前者以定量分析为主，运用数学方法描述事物和现象的分布、存在和行为的特征；后者以定性分析为主，从语义上对事物和现象进行分类、分级的研究。然而，通常是将两种方法结合起来，并将概括和抽象后的各种物体和现象的分类、分级用地图符号表达出来，这就是模型化的过程。

（2）制图综合——模型概念的深化

将地球表面的物体与现象有选择地并经过简化表示在地图上，称为"制图综合"。这首先是一个思维过程，然后，制图综合作为一种方法，还有一个技术（操作）的过程。这两个过程看似简单，做得好并不容易。在地图学中"制图综合"要当成一门课程专门讲解。在计算机制图技术发展后，其他很多问题都用数字制图取代了，唯独制图综合的自动化尚存在重大的难点。因为这是地图制作中最依赖人类大脑的部分。

（3）曲面到平面的变换

一个带有经纬度坐标和地表物体轮廓的椭球或圆球就是测量的成果记录，如果将它们缩小摆在桌上就是一个地球仪。为了制成地图，必须把球面或椭球面用数学方法变换成平面，而这种变换十分繁琐、多样，并因此形成了一项专门的课程和技术，称为"地图投影"。自从有了计算机屏幕交互界面与投影计算软件后，地图投影的研究、选择与计算工作已相对简单。但作为图形变换的一种方法，它仍然具有深层次的研究空间有待于开发。

（4）让平面地图产生立体感

当我们测绘地表制成地图时，是将起伏变化的真实地面"压"成了平面的地图，因为平面地图使用起来有极大的便利。二维平面地图是人类认识上的飞跃，是人类原始思维向抽象思维发展的结果。有了平面地图，人类才可能把复杂的空间存在，压缩为二维的简单关系，以便于探索人与自然的联系和自然界的某些规律。但平面图不生动，缺乏进入感，于是人总想让平面图看起来有"立体感"。古往今来，很多地图学家都在探寻最好的方法，达到地图在"真实"和"虚拟"之间的平衡。这好像是地图学的"悖论"。

（5）地图的设计、编辑与生产

在从实地到地图的转变中，除了上述几个要解决的问题之外，还要有一个总体设计。这是一个技术过程，但也是决定地图面貌和质量的重要基础。一个成功的设计与生产要考虑很多方面的问题。

2. 读者—地图的关系

研究人与地图的关系是探讨读者如何最快、最有效地从地图上获得所需信息的问题。这一关系涉及人的视觉和视觉感受的问题，因而它与很多前沿科学如认知科学、认知心理学的某些理论与方法都有密切的联系，进而还要探讨地图的"图形语言"如何促进大脑的形象思维能力，增强空间认知能力和图形记忆与理解能力等问题，因此，这里隐含着大量待研究的问题。"以人为本"现在已成为信息时代各种工作必须面对的标准，地图设计也不例外。在这个范围内，至少有三个层次上的问题已开始研究或正在给予关注，即人对于地图的使用、感受和认知。

（1）地图的阅读和使用

各部门如经济计划、交通运输、环境保护、土地利用、农业生产、行政管理、国防建设，都离不开地图的大量使用。科研部门更加重视从地图上发现自然界客观存在的某些规律。因此，从科学认识上来说，地图使用问题是一种地图研究方法。

（2）地图感受研究

地图感受也称地图知觉，是从生理和心理学原理出发探讨人对地图的察觉、辨别、识别和解译的过程。反过来，地图设计只有遵循人的认知规律，才能更好地设计地图，充分起到传输信息的作用。

（3）地图的空间认知

这是当前研究读者—地图关系链中较为深层次的问题。过去，人作为认识的主体，只观察客观的变化与规律，很多事情认为理所当然。一旦涉及人自身的问题，如人的大脑对图形、方位、定向位置等信息的处理机制是什么则所知很少。将认知科学的方法引入地图学研究有两个主要目的：一是弄清大脑要靠地图来建立空间心象的信息加工机制是什么，这样我们才能找出地图在几千年中不断发展而不可替代这一事实的解释；二是将"人与地图"放在一起来研究，有利于推动地图学理论体系的完善。将认知科学方法引入地图学，也是当前地图进入信息时代的要求。如果我们不能从思维的高度来解释人的大脑的制图行为（如制图综合、地图设计、视觉效果的创新），我们就无法指导电脑去自动地设计与制作地图。在测绘技术与工程领域，目前"自动化"最大的难点，都是这方面的问题，如地图设计、自动综合、自动识别、自动图像匹配，等等。这是一个富有诱惑力的领域。

3. 读者—实地的关系

人与实地的关系是一个庞大的研究空间，这是地理科学研究的对象。把它放在"地图学三角形"中，一是说明地图学与地理学的天然联系；二是地图学只研究和地图有关的人地关系。因此，我们把它的范围缩小，称为读者与实地的关系。读者，包括地图的制作者和使用者。

4. 数字地图—地图的关系

在这个关系链上，体现了数字化时代地图学的核心技术，包括地图数字化和数字制图。

（1）地图数字化

这是获得数字地图的重要途径。一幅线划或影像地图可以有两种方式将其数字化：手扶跟踪数字化和扫描数字化。在地图数字化过程中，图形自动识别是一个关键技术，它要在复杂的图形中能区分和选出所需的图形，加以处理。这是一个涉及人工智能的难题，在数字制图的其他阶段也有广泛的应用。数字化的结果按规定的标准形成数据文件或用来建立地理空间数据库，就成为数字地图。地图数字化和后面谈到的"实地—数字地图"关系中利用遥感技术获得数字地图，二者都是建立地理空间数据库的重要方法。但是从遥感图像获取数据的方法因其现势性和高分辨率的优点，将成为建立地理空间数据库的主流技术。

（2）数字制图

依据地理空间数据库，即数字地图来生产可视的传统地图或在屏幕上生成电子地图都称为数字制图技术。这是当前制图技术的主流，是摆脱手工制图，将地图学推向现代化的重要标志。它包括以下几个主要环节：地理空间数据的来源和分析；屏幕设计；编辑数据处理；地图符号设计，注记字体定型和色彩的选择；印前编辑处理。这些环节的工作，特别是在计算机屏幕上进行交互式的整体设计，使用目前流行的各种计算机制图软件是可以实现的。但是要生产优秀的地图作品，发挥大脑的思维创造能力和积累工作经验仍然是重要因素。它决定着一幅地图的表现水平和质量。因此，计算机时代的地图专家仍然必须具备地图基本理论知识和工作素养。

5. 数字地图—实地的关系

这个关系是研究如何获得地理空间信息并制成数字地图,也就是构建地理空间数据库的问题。它包含两大部分:一是从实地获取基础地理信息,主要是从高分辨率卫星影像直接获取地面三维坐标和属性建立基础数据库(现在称"地理空间基础框架"),这是当前建库的主导技术;另一个是从实地获取专题地理信息,建立专题数据库。前者是测绘部门在信息化时代的基本工作,是传统测绘业务的延伸;后者则由各专业如土地、环保、农业、土壤、防灾等部门负责,解决各专业部门的专题数字地图的供应,就像过去他们制作各种专题地图一样。如果过去把"专题制图"当作地图学的组成部分,那么今天用遥感技术建立专题数据库也应看作是专题制图的延伸。这一部分,历史上就不是测绘部门的主题任务,今天仍然不是,但它是地图学的任务,一个研究实地与数字地图关系的新领域。

在这个关系链上,一个具有挑战性的问题是建立什么样的地理空间基础框架和相应的专题数据库。起步于 20 世纪后期的地理空间基础框架,是建立在大地水准面上,采用传统的地形图分瓣投影和比例尺系列,以矢量数据格式为主来构建的。这种数据库用来生产传统地形图和进行相应的分析研究工作是很方便的,但是,以此为基础的地理信息系统在使用中都遇到了令人烦恼的问题:难以实现数据的无缝拼接、共享和互操作;特别是难以与卫星遥感数据源及卫星定位系统直接衔接。于是有了建立以地心坐标系和地球椭球面为基础的、全球性的地理控制平台,即新的地理空间基础框架的需求。它有一个新名称,叫做"空间信息网格"。这是近年来各国都在投巨资探索和开发的新项目,美国军方的"全球信息网格"(Global Information Grid,GIG)是较为突出的一个。摆脱传统的测绘基础,包括大地坐标系、等角圆柱投影、系列比例尺地图等一整套模式的"空间信息网格"是对传统测绘概念和产业的"扬弃",孕育着测绘产业的重大变革。按作者给出的数字地图的定义,空间信息网格的建立应包含在数字地图—实地的关系中。

6. 数字地图—读者的关系

数字地图与读者的关系主要研究数字地图的可视化应用、数据直接使用以及二者结合使用的问题。

(1)数字地图的直接使用

任何有关地学环境的分析研究都需要空间数据的支持。经典的统计分析和多变量分析,根据各种专业理论建立空间分析模型,都为制定区域开发方案和发展战略研究提供科学依据。数字地图可为高技术战争中的精确打击提供支持,如 DTM 数据参与巡航弹的地形匹配制导,定位区域内的数字地图为双星定位系统提供重要支撑,等等。

(2)数字地图的可视化应用

用空间数据库中提取的数据制作国家基本地形图和各种地图、地图集,是可视化技术应用的重要领域,在数字地图—地图的关系中已经介绍。这里只谈一下电子地图和赛博地图。电子地图是地理空间数据或称数字地图最主要的一种可视化形式,通常显示在屏幕上,计算机屏幕或是投影大屏幕。电子地图具有传统地图的形式,便于用户使用,其最大特点是动态化和可交互,其缺点是对硬件设备的依赖性大,但这将随设备的进步而逐步克服。利用虚拟现实(VR)技术在数字地图即空间数据库支持下构建一种虚拟环境,也称赛博地图(Cybermap),人可以"进入"虚拟环境并实现以视觉为主,包括体位、听觉的全方位交互，这是空间数据可视化最有发展前景的新领域。它是研究、利用数字地球资源的重要工具，并为数字化战场研究、作战模拟训练、武器设计和试验提供仿真环境。这种"可进入地图"已在大型工程和建筑设计、防灾减灾预测、环境保护、城市规划等领域得到应用。建立虚拟环境是地图功能在数字化条件下的自然延伸，是地图学专业领域合乎逻辑的扩展，是"以人为本"的思想在人机协作中的体现。

（3）数字地图的直接应用和可视化应用的结合

最典型和最成功的例子是地理信息系统和卫星定位车载导向系统。前者，地理信息系统的最突出的优点在于，在一个系统环境中提供了既启发逻辑思维（建模、分析、计算），又启发形象思维（可视化、地图、图表）的引擎，并将二者密切结合起来，从而为启发使用者的创造性思维和提高决策水平提供了极为便利的条件。后者，系统所获取的空间定位数据需要与可视的电子地图相结合，才能为驾驶员提供地点和走向的引导。地理信息系统是数字制图技术出现后地图与读者（用户）交流的最重要的界面和工具。车载导向系统实质上也是一个专用的地理信息系统。基于GIS强大的空间数据处理功能，近年来在多维分析、数字挖掘、知识发现、趋势预测和网格制图（grid mapping）等方面都有新的进展。我们可以从地图学四面体的框架上看到GIS与地图学的密切关系。

地图学之所以成为科学是因为它有一个理论框架。它受大技术，如当今的计算机科学技术，今后的生命科学技术的影响而有变化，但不受小技术的影响。在地图学三角形和四面体的关系中，会不断引用新的技术，并可能在一定时期内形成一门新的专业或学科，但它的大框架决定了地图学生存的相对稳定性。这对于我们理解地图学是十分重要的。地图学的存在，不取决于人为地把它放在什么位置，而是取决于人类对地图永恒的需求和地图本身的科学价值。

2.5　地图学跨学科特征

现代地图学的重要特征之一，就是打破了学科的界线，学科之间的界线变得越来越模糊，学科前沿不断向前推进。正如曾任国际地图学协会（ICA）主席的莫里逊（J. Morrison）于1995年在西班牙巴塞罗那举行的第17届学术讨论会的主题报告中指出的，现代地图学已经成为一门跨越学科界线的科学。也可以说，地图学是一门交叉学科，即指诸学科门类知识之间的交叉和相互作用所形成的学科。

地图学的各分支或研究方向几乎与各个学科门类都有着密切关系。例如，地图设计、制作与生产，是技术与工程科学的一部分，又与系统科学密切相关；专题地图制图，当它是以自然现象作为地图的主题内容时，涉及的是自然科学的问题，而当它的主题是社会经济现象时，则遇到的问题又属于社会与人文科学的范畴；地图投影与数学密切相关，在某种意义上可以说就是应用数学的一个分支；地图制图综合，涉及脑科学、数学；地图信息传输理论，涉及系统科学、信息科学与数学；地图视觉感受理论，包含着生理因素、心理因素和心理物理学因素，这些都是属于不同科学领域的问题，其中同认知科学、脑科学、心理科学的关系尤为密切。地图学的这一特征，使我们有可能探寻更新的生长点。

2.5.1　地图学与认知科学(视觉领域)

认知科学是探索人类的智力如何由物质产生和人脑信息处理的过程，它起源于20世纪50年代中期，是研究人类的认知和智力的本质和规律的前沿学科。认知科学的研究范围包括知觉、注意、记忆、动作、语言、推理、思考、意识乃至情感动机在内的各个层面的认知活动。为了使信息向知识的转变由盲目走向自觉、由经验走向科学，必须研究和理解人类知识的认知结构及其过程。

地图学中读者与地图的关系涉及人的大脑的空间思维的问题。将认知科学引进地图学，有两个主要目的：一是试图解决"大脑要靠地图建立空间心象的信息加工机制是什么"的问题；二是将"人与地图"放在一起研究，有利于推动地图学理论体系的形成和优化。

空间认知是认知科学的一个重要研究领域。空间认知理论描述了地图设计者在使用地图和设计地图时的思维过程，为地理信息的形式化和知识化表达提供了理论基础。对地图设计者来说，有良好的空间认知能力，才有可能设计出最符合人们认识环境的规律、读图效果最好的地图，地图设计者要提供一种便利，使地图使用者的空间认知能力充分发挥出来。对地图使用者来说，必须具备良好的空间认知能力，才能把平面地图上的空间信息转化为三维地理空间。

认知科学对地图学的指导意义在于，它可以帮助我们理解人类怎样利用地图描述空间信息，以及地图设计制作的思维过程。有了认知科学的指导，信息向知识的转变才能由盲目走向自觉、由经验走向科学，利用计算机自动化设计制作地图的梦想才有可能实现。

地图为人们认知环境提供了一个良好的形式，然而随着技术的发展，地图的形式、载体和传播方式都发生了较大的变化，特别是传输媒介的改变对地图空间认知产生了重大影响。计算机、手机、PDA等多种智能媒介的应用，视觉已经不再是唯一的感觉通道，听觉、触觉、运动感觉甚至嗅觉都成为地图空间认知的手段。地图的认知过程不仅仅依赖于某一个认知主体，还涉及其他认知个体、认知对象、认知工具及认知情境。

2.5.2　地图学与心理学(视觉感受)

视觉是感知地理信息的主要器官，视觉感受是空间认知十分重要的方式，对于图形符号变量具有很强的敏锐性，视觉感受效果十分显著，所以，视觉感受理论是信息化地图学理论体系的重要组成部分。

地图感受是从心理学和生理学原理出发探讨读图过程。地图视觉感受理论应该是对地图制图与地理信息工程实践最具有直接指导作用的一个研究领域，因为人类所获取的地理空间信息85%以上是靠人的视觉感受完成的。高俊(1984)认为，地图的视觉感受是一个十分复杂的过程，受多方面因素的影响，涉及许多方面的问题。不论是哪种类型地图的使用，在认识过程中都离不开下述的几个环节：察觉、辨别、识别和解译。因此，对地图视觉感受的心理因素、心物学感受规律、地图符号的视觉变量与感受效果等方面的研究，将提高地图设计水平，促进地图学发展。例如，图形符号的视觉变量和感受是感受理论的主要研究内容。不同的视觉变量具有不同的感受效果，如形状、色彩易于产生整体感和质量感，而亮度、尺寸易于产生等级感，尺寸最容易引发数量感，某些视觉变量有规则的排列会产生动态感，将尺寸、亮度等视觉变量按照透视规则排列则可以形成立体感。除了生理因素外，地图感受中的心理因素也不能忽视。心理因素对地图感受有重要影响，如轮廓与主观轮廓、背景与目标、视觉恒常性和视错觉，等等，这些在设计时都应当考虑。电子地图特别是网络地图和虚拟地理环境形成了一些特殊的心理因素。

屏幕的应用改变了纸质地图的视觉感受和心理感受。虽然感受的主体仍然是人，由于显示媒介的变化，地图的外观、色彩和带给人的感觉都不一样。各种动态视觉变量的运用带给用户全新的视觉体验和心理冲击，丰富的色彩表现力增强了地图的亲和力，多种交互工具的应用拉近了人与地图的距离。不同的交互方式带给用户的心理感受也不同。在电子地图中，鼠标、键盘的操作方式与虚拟地理环境中的自然式交互方式有很大差别，带给用户的心理感受也不相同。采用手势、语音、姿势的自然交互方式更容易让普通用户接受。例如，使用网络地图或处于虚拟地理环境中，用户不仅仅依靠眼睛进行感受，还包括各种交互工具，如鼠标、键盘、按键等。如果交互工具设计不合理，会使用户陷入心理危机。网络地图利用计算机技术将视觉、听觉、触觉、运动觉甚至嗅觉集成于一体，为用户构建了更为自然的多感觉通道，使信息传递的过程更为自然、隐蔽、有力。通常，多感觉通道有助于提高信息传输效率，然而拙劣的设计也会把事情搞砸。例如，在噪声听觉环境下，视觉感受性会降低到受刺激前的 20%（刘芳，2011）。

2.5.3 地图学与数学（建模）

地图学与数学科学的关系越来越密切。构成地图数学基础的数学法则——地图投影，就是数学科学在地图学中应用的范例，正是运用数学方法才解决了地球曲面与地图平面之间的矛盾以及不同地图投影之间的相互转换；地理空间信息数据库和地理信息系统，依赖数学才能解决数据模型的形式化描述问题，地理目标（或图形目标）之间的方向关系、拓扑关系和度量关系需借助于数学方法来解决，空间分析更需要利用数学方法来建立各种空间分析模型；地图自动制图综合的实现要以人工智能为基础，但更多的还是采用现代数学方法建立各种模型和算法。用地图分析某种自然、社会现象并探讨它们的规律时，用检测视觉感受效果的方法来提高地图的设计水平时，对专题制图数据进行分类、分析和趋势预测时，都需要使用数学方法。在计算机地图制图、地图数据库和地理信息系统建立和应用中，数学建模更是一切工作的前提。这就告诉我们，模型化已成为地图学和数学的"接口"。这是国内外很多专家已经注意到并已着手探索的一个新的领域。可以预计这将是地图学领域极为重要的内容，它已不是传统的工程数学所能胜任的了，必须引入许多现代数学方法，如拓扑学、图论、模糊数学、灰色系统理论、多元统计分析、数学形态学，分形与分维、小波理论和方法，等等。可以这样说，如同数学是自然科学、社会与人文科学、技术与工程科学的方法和基础那样，数学已经成为地图学的方法和基础，这标志着地图学的理论化。

2.5.4 地图学与艺术

地图学与艺术的关系是众所周知的。著名地图学家英霍夫（Imhof）认为"地图制图学是带有强烈艺术倾向的技术科学"；英国皇家学会在《地图学技术术语词汇表》（1966 年）中称地图制图学"是制作地图的艺术、科学、技术"；国际地图学协会（ICA）1973 年也指出，"地图学，制作地图的艺术、科学和技术，以及把地图作为科学文件和艺术作品的研究"。制作一幅艺术品肯定不是地图学家的事，但要设计、制作和生产一幅优秀的地图作品，没有艺术素养是不可能的。艺术是用艺术形象反映客观世界，地图制图则是在对制图对象进行科学抽象和分类(分级)的基础上用符号及其组合表达客观世界，符号就包括形状、大小、颜色及其他因素，这些因素无不与艺术密切相关。传统地图学把"地图整饰"作为分支学科，现代地图学研究地图的视觉感受理论，不是没有道理的。不能简单地把地图作品视为艺术作品，但艺术对提高地图(包括纸质地图和电子地图)的可视化效果是非常有效的。

思　考　题

1. 传统地图学形成的过程是什么？
2. 现代地图学的形成与发展过程是什么？
3. 地图制图学科体系结构和地图科学体系结构的特点是什么？
4. 传统地图学研究哪些内容？
5. 现代地图学与传统地图学相比研究内容有哪些变化？
6. 地图学科跨学科特征表现在哪些方面？

第3章 地图制图数学基础

现代地图的重要特征之一就是具有一定的数学基础，即地图的坐标网、控制网、比例尺和地图投影等（袁勘省，2007）。没有数学基础的地图不能称为现代地图，因为它失去了地图的严密科学性和实用价值，没有数学基础的地图是不可能获得正确的方位、距离、面积等数据以及各要素的空间关系和形状。地图投影是地图上确定地理要素分布位置和几何精度的数学基础，为了控制地图地理要素分布位置和几何精度，由一定数学法则构成了地图学的数学方法，即地图上各地理要素与相应的地物要素之间保持一定的对应关系。地图投影的实质是将地球椭球面上的经纬线按照一定的数学法则转移到平面上。

3.1 地球形状

3.1.1 地球体

15世纪末16世纪初的地理探索大发现，证明了地球是圆的，从"天圆地方说"到如今利用人造地球卫星进行地球椭球体的精确测定，反映了这样一个事实：随着科学技术的进步，人们对大地形状的认识也在不断前进。时至今日，人们早已接受了地球是球体的结论，但是地球究竟是一个怎样的球体，却并不是所有人都能准确回答的。为了更好地了解地球形状，首先由远及近地观察一下地球的自然表面：从航天飞行器上观察地球表面，它似乎是一个表面光滑、美丽的蓝色正球体。再从飞机机舱的窗口俯视大地，展现在面前的大地表面，是一个极其复杂的表面。如果回到地面上，做一次长距离的野外考察，则深刻体会到地球表面是那样的崎岖不平。总而言之，地球的自然表面并非光滑。地球的自然表面是一个极不规则的曲面，有高山、深谷、平原和海洋等。陆地上最高点珠穆朗玛峰高出平均海水面 8 844.43m；海水面下同样具有高低悬殊的复杂地形，海洋最深处在马里亚纳海沟，为 −11 034m；两点的高程差将近 20 000m。

大地水准面所包围的球形体，即地球的真实形状。根据天文大地测量、地球重力测量、卫星大地测量等精密测量，都提供这样一个事实：地球并不是一个正球体，而是一个极半径略短、赤道半径略长，北极凸出，南极凹进；中纬度南半球凸出，北半球凹进，形状不规则，近似梨形的椭球体（熊介，1988）。

3.1.2 大地椭球体

为了探求一个合格的基准面，经过人们不断地探索与实践，设想当海水面完全处于静止形态下并延伸到大陆内部，使它成为一个处处铅垂线垂直的连续的闭合曲面，这个曲面叫大地水准面，如图3-1所示，由它包围的形体叫大地椭球体，即大地球体。大地球体类似于一个两极稍扁、赤道略鼓的不规则球体。由水准面起算至某点的高度称为高程，以大地水准面为基准的高程，称为绝对高程或海拔。通过测量可得地球自然表面上任意点的高程。大地水准面是根据验潮站长期观测的平均海平面确定的。由于构成底层的物质分布不均和地表起伏的影响，引起重力方向的局部变化，所以大地球体仍然是一个具有起伏的不规则曲面。经过进一步推算，可以认为大地球体虽然比较复杂并具有一定的起伏，但是对整个地球而言，其影响并不太大，而且它的表面是一个纯数学面，可以用简单的数学公式表达。

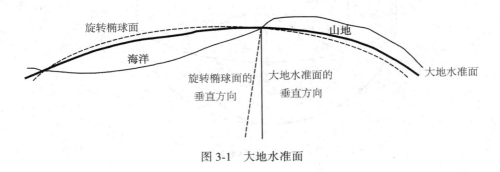

图 3-1　大地水准面

3.1.3　旋转椭球体

大地球体是由大地水准面包围而成的，由于大地水准面是一个不规则的曲面，因此它的表面仍然不能用数学模型定义或表达，必须寻求一个与大地体非常接近的规则形体来代替大地球体。考虑到地球时刻都在绕地轴旋转，它应该是一个旋转椭球体（或称地球椭球体），是由经线圈绕地轴回转而成的。所有经线圈都是相等的椭圆，而赤道和所有纬线圈都是正圆。测量上为了处理大地测量的结果，采用与地球大小形状接近的旋转椭球体并确定它和大地原点的关系，称为参考椭球体。19 世纪，经过精密的重力测量和大地测量，进一步发现赤道也并非正圆，而是一个椭圆，直径的长短也有差异。这样，从地心到地表就有三根不等长的轴，所以，测量学上又用三轴椭球体来表示地球的形状。地球椭球体表面是一个可以用数学模型来定义和表达的曲面，这就是地球数学表面。地球椭球体表面可以称为对地球形体的二级逼近。测量与制图工作将以地球椭球体表面作为几何参考面，将大地体上进行的大地测量结果归算到这一参考面上。

旋转椭球体有长半径和短半径之分，短半径用 b 表示；长半径（赤道半径）用 a 表示，f 为地球扁率。地球椭球体的形状和大小取决于 a、b、f，称 a、b、f 为地球椭球体三要素。地图投影的拟定和计算，通常以这种旋转椭球面为依据，称为地球椭球面或参考椭球面，如图 3-2 所示。

a、b、f 的具体测定是近代大地测量工作的一项重要内容。由于实际测量工作是在大地水准面上进行的，而大地水准面相对于地球椭球表面又有一定的起伏，并且重力随纬度变化而变化，因此必须对大地水准面的实际重力进行多地、多次的测量，再通过统计平均来消除偏差，即可求得表达大地水准面平均状态的地球椭球体三要素值（管泽霖，1981）。近半个世纪以来，世界著名的天文大地测量学家推算了数种地球椭球体。特别是近 20 年，

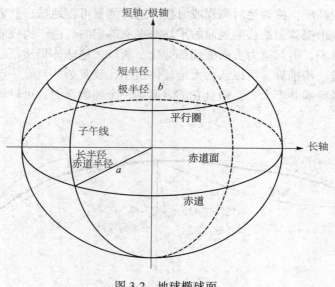

图 3-2 地球椭球面

人造卫星大地测量学和电子计算技术的发展，使地球体的推算更趋于准确。表 3-1 是世界各国常用的椭球体参数（范亦爱，1990）。

表 3-1　　　　　　　　　　　世界上各国常用的椭球体参数值

名称	发表年	长半径	短半径	扁率
埃弗雷斯特	1830	6 377.276	6 356.075	1/300.80
白塞尔	1841	6 377.397	6 356.079	1/299.15
克拉克	1866	6 378.206	6 356.584	1/294.98
克拉克	1880	6 378.249	6 356.515	1/293.47
海福特	1909	6 378.388	6 356.912	1/297.00
克拉索夫斯基	1940	6 378.245	6 356.863	1/298.30
1980 年大地参考坐标系（GRS-80）	1980	6 378.137	6 356.752	1/298.257
WGS-84	1984	6 378.137	6 356.752	1/298.257

3.2　空间参照系

3.2.1　参心坐标系

以参考椭球的几何中心为原点的大地坐标系有参心空间直角坐标系和参心大地坐标系。参心空间直角坐标系是在参考椭球内建立的 O-XYZ 坐标系。原点 O 为参考椭球的几何中心，X 轴与赤道面和首子午面的交线重合，向东为正。Z 轴与旋转椭球的短轴重合，向北为正。Y 轴与 XZ 平面垂直构成右手系。

在测量中，为了处理观测成果和计算地面控制网的坐标，通常需选取一参考椭球面作为基本参考面，选一个参考点作为大地测量的起算点（大地原点），利用大地原点的天文观测量来确定参考椭球在地球内部的位置和方向。参心大地坐标系的应用十分广泛，它是经典大地测量的一种通用坐标系。根据地图投影理论，参心大地坐标系可以通过高斯投影计算转化为高斯平面直角坐标系，为地形测量和工程测量提供控制基础。

参心坐标系的建立，需进行下面几步：①选择或求定椭球的几何参数（长短半径）；②确定椭球中心位置（定位）；③确定椭球短轴的指向（定向）；④建立大地原点。

对于经典的参心大地坐标系的建立而言，参考椭球的定位和定向是通过确定大地原点的大地起算数据来实现的，而确定起算数据又是椭球定位和定向的结果。无论采用何种定位和定向方法来建立国家大地坐标系，总得有一个而且只能有一个大地原点，否则定位和定向的结果就无法明确地表现出来。

3.2.2　地心坐标系

地心坐标系（geocentric coordinate system）是以地球质心为原点建立的空间直角坐标系，或以一个中心与地球质心重合的地球椭球为参考所建立的大地坐标系，如图 3-3 所示。地心空间直角坐标系（X, Y, Z）的 Z 轴与地球平均自转轴重合，与 Z 轴垂直的平赤道面构成 XY 平面；XZ 平面是包含平均自转轴和格林尼治平均天文台的平面；Y 轴的指向使该坐标系成为右手坐标系。椭球的短轴与地心空间直角坐标系的 Z 轴重合，起始子午面和赤道面分别与该坐标系的 XZ 平面和 XY 平面重合。地心大地坐标（λ, φ, h）和地心空间直角坐标（X, Y, Z）之间存在着严密的数字关系，可以互相换算。

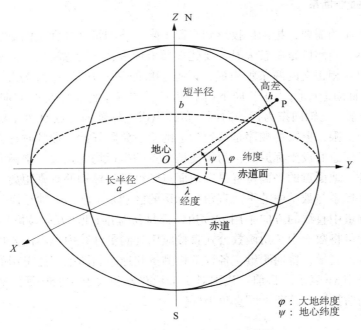

图 3-3　大地坐标系 (λ, φ, h) 和地心坐标系 (X, Y, Z)

建立地心坐标系的第一类经典重力测量方法，由于目前全球重力资料还不足，故所得坐标精度还较低，但随着全球重力资料的增加，其精度还会提高。第二类方法可以直接得出跟踪站或接收站的地心坐标。第三类则可利用转换参数将局部大地坐标系中任一大地点的坐标换算为地心坐标系中的相应数值。

3.2.3　高程系

由高程基准面起算的地面点的高度称为高程。一般地，一个国家只采用一个平均海水面作为统一的高程基准面，由此高程基准面建立的高程系统称为国家高程系，否则称为地方高程系。1985 年前，我国采用"1956 年黄海高程系"（以 1950—1956 年青岛验潮站测定的平均海水面作为高程基准面）；1985 年开始启用"1985 年国家高程基准"（以 1952—1979 年青岛验潮站测定的平均海水面作为高程基准面）。

1. 1956 年黄海高程系

以青岛验潮站 1950—1956 年验潮资料算得的平均海面为零的高程系统。原点设在青岛市观象山，该原点以"1956 年黄海高程系"计算的高程为 72.289m。

2. 国家高程基准

由于"1956 年黄海高程系"所依据的青岛验潮站的资料系列（1950—1956 年）较短等原因，中国测绘主管部门决定重新计算黄海平均海面，以青岛验潮站 1952—1979 年的潮汐观测资料为计算依据，并用精密水准测量接测位于青岛的中华人民共和国水准原点，得出1985 年国家高程基准高程和 1956 年黄海高程的关系为：

1985 年国家高程基准高程 = 1956 年黄海高程 − 0.029m。

1985 年国家高程基准已于 1987 年 5 月开始启用，1956 年黄海高程系同时废止。

3.2.4　平面坐标系

根据实际工作的需要，把测区投影到平面上来，使测量计算和绘图更加方便。而地理坐标是球面坐标，当测区范围较大时，要建平面坐标系就不能忽略地球曲率的影响。平面坐标是由平面内互相正交的两条轴组成，以方位角的基准方向（一般为北方向）为纵坐标轴，即 x 轴，x 轴向上（北）为正，向下（南）为负，与纵坐标轴正交的方向（东西方向）为横坐标轴，即 y 轴，y 轴向东为正，向西为负，纵横坐标轴的交点 O 为坐标原点，坐标轴将平面分为四个象限，象限的顺序是从数学上的第一象限开始，按顺时针方向排列。对于独立测区，可以任意假设坐标原点，为了使地面点的坐标均为正值，坐标原点一般选在测区的西南角以外。地面点的平面位置是以地面点到纵横坐标轴的垂直距离来决定的。测量中的平面直角坐标系与数学中的平面直角坐标系的区别是 x 轴与 y 轴互换，象限按顺时针计，这是因为测量中直线的方向采用方位角，都是从基准（北）方向按顺时针方向以角度计量的，改变后可将数学中三角函数公式直接应用到测量计算中，不需要作任何变更。它是大地测量、城市测量、普通测量、各种工程测量和地图制图中广泛采用的一种平面坐标系。平面坐标系用 xy 表示。目前，我国对于 1∶50 万和大于 1∶50 万比例尺的正规地形图，采用的是高斯投影、高斯平面直角坐标。

3.2.5 WGS-84 坐标系

WGS-84，World Geodetic System 1984，原点是地球的质心，空间直角坐标系的 Z 轴指向 BIH（国际时间）1984.0 定义的地极（CTP）方向，即国际协议原点 CIO，它由 IAU 和 IUGG 共同推荐。X 轴指向 BIH 定义的零度子午面和 CTP 赤道的交点，Y 轴和 Z、X 轴构成右手坐标系。WGS-84 椭球采用国际大地测量与地球物理联合会第 17 届大会测量常数推荐值，采用的两个常用基本几何参数。WGS-84 是修正 NSWC9Z-2 参考系的原点和尺度变化，并旋转其参考子午面与 BIH 定义的零度子午面一致而得到的一个新参考系，Y 轴和 Z、X 轴构成右手坐标系，是一个地固坐标系。

WGS-84 地心坐标系可以与 1954 北京坐标系或 1980 西安坐标系等参心坐标系相互转换，其方法之一是：在测区内，利用至少 3 个以上公共点的两套坐标列出坐标转换方程，采用最小二乘原理解算出 7 个转换参数就可以得到转换方程。其中，7 个转换参数是指 3 个平移参数、3 个旋转参数和 1 个尺度参数。

3.3　地图比例尺

3.3.1　比例尺、分辨率、尺度概念及其相互关系

1. 比例尺

比例尺是表示图上距离比实地距离缩小的程度，因此也叫缩尺。用公式表示为：比例尺＝图上距离/实地距离。例如，比例尺＝1/10 000 或 1∶10 000。

根据地图的用途，所表示地区范围的大小、图幅的大小和表示内容的详略等不同情况，制图选用的比例尺有大有小。地图比例尺大小的划分，在不同的用图单位有不同的分法，在测量规范中规定，地形图的比例尺有：1∶500，1∶1 000，1∶2 000，1∶5 000，1∶10 000，1∶25 000，1∶50 000，1∶100 000，1∶200 000，1∶500 000，1∶1 000 000。分母小于 5 000（包括 5 000）的称为大比例尺图。在同样大小的图幅上，比例尺越大，地图所表示的范围越小，图内表示的内容越详细，精度越高；比例尺越小，地图上所表示的范围越大，反映的内容越简略，精确度越低。一般讲，大比例尺地图，内容详细，几何精度高，可用于图上测量。小比例尺地图，内容概括性强，不宜进行图上测量。大比例尺地图覆盖较小的区域面积，包含更细致的信息；相反，小比例尺地图覆盖较大区域，包含较少的细节。比例尺不同于分辨率，它们是相互独立的，正如可以用 1∶25 000、1∶50 000、1∶100 000 比例尺表示分辨率为 10m 的影像，但从采集数据中获取的信息又是以一定比例尺表达的。

2. 分辨率

分辨率就是屏幕图像的精密度，是指显示器所能显示的像素的多少。它是和图像相关的一个重要概念，是衡量图像细节表现力的技术参数，是用于度量位图图像内数据量多少的一个参数。分辨率简单来说，就是成像系统对图像细节分辨能力的一种度量，也是图像中目标细微程度指标，它表示影像信息的详细程度。强调"成像系统"是因为系统的任一环节都有可能对最终图像分辨率造成影响，对"图像细节"的不同解释又会对图像分辨率

有不同的理解。对图像光谱细节的分辨率能力的表达称光谱分辨率；图像成像过程中光谱辐射的最小可分辨差异称为辐射分辨率；把对同一目标的序列图像成像的时间间隔称为时间分辨率；而把图像目标的空间细节在图像中的可分辨率的最小尺寸称为图像的空间分辨率。

3. 尺度

尺度定义为"空间和时间被量测的间隔"（陈述彭，2001）。几乎所有的地学过程都依赖于尺度，如研究气象学、海洋学问题时，把整个地球作为一个动力系统来考虑，需要宏观尺度；而研究岩石节理的统计分析，根据控矿构造寻找资源则需要小尺度范围。

遥感影像信息是对地面物体及特征的反映，而几乎所有的地学过程都依赖于尺度，如在某一空间尺度下表现为同一性质的目标在另一尺度下则呈现不同性质。同样，数据采集和分析的尺度直接影响获取信息层次和种类。所以，遥感系统中，尺度与空间分辨率是不能混淆的重要概念。

在遥感的整个信息传递过程中，涉及不同形式的四种尺度问题，即地理尺度、操作尺度、比例尺、空间分辨率。所以说尺度根据不同应用领域，具有不同的含义。

4. 相互关系

比例尺和分辨率的关系：空间分辨率越高、图像可放大的倍数越大，地图的成图比例尺也越大。图像需要放大的倍数，应以能否继续提供更多的有用信息为标志。根据这一指标所确定的最大放大倍数，称为这种图像的放大极限。放大倍数越大，可以制作的成图比例尺就越大。确定分辨率就可以计算其合理的成图比例尺。表明不同地物由于其空间尺度不同，与之相适宜的空间分辨率和对象尺度也不同。目前我国的国家基本比例尺地形图，采用摄影测量方法进行，航空影像和卫星影像的分辨率决定了成图的比例尺和成图精度。

尺度和分辨率的关系：不同尺度可对应不同分辨率的遥感影像，微观尺度一般对应于高分辨率遥感影像，高分辨遥感影像的空间分辨率一般≤10m，卫星一般在距地面600km左右的太阳同步轨道上运行，重复覆盖同一地区的时间间隔为几天；中观尺度一般对应于中分辨率遥感影像，中分辨率遥感卫星影像的空间分辨率一般为10~80m，卫星一般在700~900km的近极地太阳同步轨道上运行，重复覆盖同一地区的时间间隔为几天至几十天；宏观尺度一般对应于中低分辨遥感影像，如气象卫星是空间分辨率相对较低的卫星采集系统，空间分辨率有1.1km和4km。

尺度和比例尺的关系：地图是以空间信息抽象表现在介质上，其目标是内容的可视化，地图生成以后就赋予比例尺定量。空间数据的多尺度表示是根据用尺的需要而抽象与概括，与介质无关，不需要比例尺量化。然而，由于地图和数据形成的认知过程的一致性，地图的比例尺和数据的尺度有密切的关系。因为在数字制图的资料收集时，人们非常注意这些数据来源于何种比例尺，精度和详细程度如何。数字制图和地理信息系统的数据库还必须按比例尺系统来搜集地图数据。如从1：1万或1：5万地图上获取的数据，在数据库中可以组成任一级别比例尺的地图。所以，精度和内容详细程度都比较高的地图数据库，地图存储可以是多尺度的。

3.3.2　多尺度表达概念

多尺度是随数字制图的出现而产生的新概念。在数字制度中，尺度被理解为：空间信息被观察、表示、分析和传输的详细程度（田德森，1991）。由于信息-数据可被概括，相同的数据源就可以形成不同尺度规律（或称不同分辨率）的数据，即多尺度数据。所以，数据库存储的大量空间信息，因计算机分析和描述地理信息比例尺（分辨率）的不同，便产生了几何、拓扑结构和属性不同的数字地图形式，是数据库的多重表达，或称是"一库多比例尺数据"的数据库模型。

在传统地图中，客观世界直接通过几何图形，即符号被描绘于纸张上。而在数字环境下，各种地理实体是由空间数据来记录的，将数据符号化、可视化才能得到屏幕地图，可见空间数据才是这一切的最终描述。一旦进入了数字描述的环境，即空间数据库，比例尺至少在理论上应该成为一个连续的量，表现在用户可以通过缩放来改变显示比例尺。但是当前在数据库中存储的一般是固定的某一或某几个比例尺的空间数据，这就要求"以不变应万变"，即用固定比例尺的空间数据来表现出连续变化尺度下的不同分辨率。

从表现形式上，数字环境下地图的多尺度表达是地图信息随显示范围的变化而具有不同的详细程度。从视觉角度，数字环境下地图的多尺度表达是计算机的技术优势与视觉的感受机制相结合的地图表达方式。

3.3.3　地图比例尺的表示

传统地图上的比例尺通常可以有以下几种表现形式：数字式比例尺、文字式比例尺、图解式比例尺。

①数字式比例尺，可以写成比的形式如：1：10 000、1：25 000、1：50 000 等；也可以写成分数形式如：1/10 000、1/25 000、1/50 000 等。

②文字式比例尺，分两种：一种是写成"一万分之一"、"五万分之一"、"百万分之一"等；另一种是写成"图上一厘米等于实地 1 千米"、"图上一厘米等于实地 10 千米"等。

③图解式比例尺，可分为直线比例尺、斜分比例尺和复式比例尺。

直线比例尺是以直线线段形式标明图上线段长度所对应的地面距离。

斜分比例尺又称微分比例尺，它是按基本单位绘在图上，可以量取比例尺基本长度单位的百分之一。例如，比例尺基本单位为 2 cm，在 1：50 000 图上代表 1km。

以上介绍的几种比例尺形式，主要用于大中比例尺地图。而在小比例尺地图上，由于投影原因使各条纬线（或经线）变形不同，因而不能用上述直线或斜分比例尺量算。为了便于在小比例尺地图上进行长度方面的简单量算，往往在小比例尺地图上设计一种复式比例尺。

复式比例尺又称投影比例尺，是一种根据地图主比例尺和地图投影长度变形分布规律设计的一种图解比例尺。在小比例尺制图中，地图投影引起的种种变形中，长度变形是主要的变形。因此，不仅要设计适合没有变形的点或线上的地图主比例尺，同时还要设计能适用于其他部位量算的地图局部比例尺。通常是对每一条纬线（或经线）单独设计一个直线比例尺，将各直线比例尺组合起来就称为复式比例尺。这种比例尺实际上是一种纬线比例尺。

3.4 地图定向与导航

3.4.1 地图定向的概念

在地形图南图廓的下方有一个表示方向的图，简称三北方向图，是真子午线北方向、坐标纵线北方向、磁子午线北方向的总称。真子午线北方向是沿地面某点真子午线的切线方向；坐标纵线北方向是高斯投影时投影带的中央子午线的方向，也是高斯平面直角坐标系的坐标纵轴线方向；磁子午线北方向是磁针在地面某点自由静止后磁针所指的方向。地图上的方向可以根据经纬线确定。某点经线、纬线的切线方向即为南北、东西方向。东是指地球自转的去向，西是地球自转的来向。南北则是与东西相垂直的方向。

3.4.2 地图上的方向

地图上有三种定向方法，分别是：一般定向方法：无指向标的无经纬网的地图，上北下南，左西右东；指向标定向方法：有指向标的地图，指向标指示北方；经纬网定向方法：有经纬网的地图，经线切线指示南北，纬线切线指示东西。其中经纬网定向方法较为精确。

①在比例尺较大的地图上，图幅内实际范围小，特别是远离极地地区的地图，经线与纬线都接近为平行的直线，在地图上判别方向有一个普通的规则，即"上北、下南、左西、右东"。

在一些比例尺较大的按经纬线划分图幅的图上，有时没有画上经线与纬线，在这种情况下，地图左右的图廓线就是南北线（经线），上下图廓线就是东西线（纬线）。有些图还专门画有指向标（方位针）以表示方向。

由于磁极与地极并不完全一致，所以磁北方向与真北方向常有一定的夹角。这个夹角叫做磁偏角。由于多种因素的影响，各个地区磁偏角的大小常有不同。在一个地方用罗盘确定方向时，必须根据当地的磁偏角予以订正。

②在一些小比例尺的地图上，发现图上的经线不是平行的直线，而是向两极汇聚的弧线。纬线也是一些弯曲的弧线，且越向高纬度，弯曲程度越大。在这种图上判别方向，就只能以经线与纬线的切线方向为准，而不能笼统地运用"上北、下南、左西、右东"的规则了。例如，亚洲在阿拉斯加的西边，而不能认为在阿拉斯加的北边；同样的，北冰洋在亚洲的北边，而不能认为在亚洲的东边。

③有些地图是用指向标（方位针）表示方向的。指向标（方位针）的箭头指示的方向是南北方向，与指向标（方位针）的箭头垂直的方向就是东西方向。

1. 地图的三北方向

地图的三北方向分别是真北、磁北和坐标北（图 3-4）。

真北即指向地球北极的子午线北，在地图上即所有经线指示的北方，在按经纬线分幅的地图上，东西图廓所指示的北方即为真北。

磁北即指向磁北极的磁子午线北，在地形图上磁南、磁北两点连线所指示的北方即为磁北。

坐标北是平面坐标系中，纵轴所指示的北方，在地形图上每条纵方里网所指示的北方即为坐标北。

在一般情况下，三北方向线，即磁子午线、真子午线、坐标纵线是不重合的。

2. 地图的三偏角

由三北方向线彼此构成的夹角，称为偏角，分别叫子午线收敛角、磁偏角和磁坐偏角（图3-4）。

子午线收敛角是指真北与坐标北的夹角，由真北量至坐标北，顺时针为正，逆时针为负，用 γ 表示。

磁偏角是指真北与磁北的夹角，由真北量至磁北，顺时针为正，逆时针为负，用 δ 表示。

磁坐偏角是指坐标北与磁北的夹角，由坐标北量至磁北，顺时针为正，逆时针为负，用 C 表示。

磁偏角 δ ＝子午线收敛角 γ ＋磁坐偏角 C

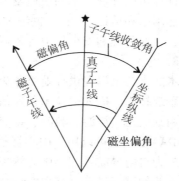

图 3-4　三个方向和三个偏角

方位角是指从基准起始方向北端算起，顺时针至某方向线间的水平角，角值变化范围 $0° \sim 360°$。

方位角按基准方向不同有真方位角、磁方位角和坐标方位角之分。若基准方向为真北，其方位角为真方位角；若基准方向为磁北，其方位角为磁方位角；若基准方向为坐标北，其方位角为坐标方位角；

几种方位角的换算：

真方位角＝磁方位角＋磁偏角（δ）

真方位角＝坐标方位角＋子午线收敛角（γ）

磁方位角＝坐标方位角－磁坐标偏角（C）

3.4.3　地图导航的概念

电子导航地图是一套用于 GPS 设备上导航的软件。电子导航地图（electronic map），即数字地图，是利用计算机技术，以数字方式存储和查阅的地图，电子导航地图一般使用向量式图像储存，地图比例可放大、缩小或旋转而不影响显示效果；早期使用位图式储存，地图比例不能放大或缩小，现代电子导航地图软件一般利用地理信息系统来储存和传送地图数据，也有利用其他信息系统的。

导航地图含有空间位置地理坐标，能够与空间定位系统结合，准确引导人或交通工具从出发地到达目的地的电子地图及数据集。其主要特点是对数据要素的要求不同。随着导航系统应用的发展，其应用范围也扩展到基于位置服务、互联网应用等空间信息服务领域。

电子导航地图可以非常方便地对普通地图的内容进行任意形式的要素组合、拼接，形成新的地图。电子导航地图可以进行任意比例尺、任意范围的绘图输出，非常容易进行修改，缩短成图时间；可以很方便地与卫星影像、航空照片等其他信息源结合，生成新的图种；可以利用数字地图记录的信息，派生新的数据，如地图上等高线表示地貌形态，非专业人员很难看懂，利用电子导航地图的等高线和高程点可以生成数字高程模型，将地表起伏以数字的形式表现出来，可以直观立体地表现地貌形态。

在人们的日常生活中，地图发挥着重要的作用，纸制地图很早就广泛应用于交通、旅游、航海、勘探等领域。随着计算机软硬件技术的快速发展，尤其是大容量储存设备、图形图像卡的发展，美日欧等发达国家和地区早在 20 世纪 80 年代就开始了以导航、查询、管理为目的，应用于车辆导航、交通管理和安全保卫等领域的数字化道路地图的研制。地图应用于导航，故又称地图导航。

地图导航是在移动定位技术的支持下以提供导航服务为目的的电子地图系统，它是计算机地图制图技术、地理信息系统技术、嵌入式技术、通信技术、移动定位技术综合应用的产物，已经越来越广泛地应用到交通、旅游、救险、物流以及军事等诸多领域。它既可嵌入到移动设备(例如手机、PDA)上，也可以用于中心管理系统。

地图导航按其应用模式可分为自由导航系统、中心管理系统和组合系统。

地图导航主要用来对车辆、船舶进行导航，其主要特征为：

①能实时准确地显示车辆位置，跟踪车辆行驶过程；

②数据库结构简单，拓扑关系明确，可以计算出发地和目的地之间的最佳线路，"最佳"的标准可以为时间、距离、收费等；

③软件运行速度快，空间数据处理与分析操作时间短；

④包含车辆导航所需的交通信息；

⑤信息查询灵活、方便。

3.4.4 地图在位置服务(LBS)中的作用

基于位置的服务(Location Based Services，LBS)，是一种依赖于移动设备位置信息的服务，它通过空间定位系统确定移动设备的地理位置，并利用地图导航数据库和无线通信向用户提供所需要的基于这个位置的信息服务，是采用无线定位、GIS、Internet、无线通信、数据库等相关技术交叉融合的一种基于空间位置的移动信息服务(廖克，2003)，是通过获取移动用户的位置信息为用户提供包括交通引导、地点查询、位置查询、车辆跟踪、商务网点查询，儿童看护、紧急呼叫等众多服务的技术基础。例如，一个位于某商场的用户需要知道距他当前位置 1km 范围之内有哪些三星级宾馆，并希望得到这些宾馆的名称、地址和联系电话。得到这个请求之后，LBS 需要首先确定这位用户的当前位置，然后从覆盖整个城市范围的地图导航数据库中数千个宾馆中找到满足条件的信息，并通过无线网络发送到用户的移动设备中去。

定位操作平台主要负责通过各种定位技术来获得终端的经纬度信息。目前，可供移动网络使用的定位技术多种多样，下面介绍各种定位技术的实现方式。

1. 基于网络的定位技术

在 CDMA 系统中，为了实现软切换，移动台在接收当前服务基站的信号的同时，需要不停地寻找来自其他基站的信号。如果发现来自其他基站的信号足够强，移动台需要确定来自不同基站信号的时间差，为合并两个信号做准备。移动台的这种能力为实现定位奠定了技术基础。定位操作平台可以通过 CDMA 网络获取到终端的这些信息（导频强度信息）进行定位。其他一些基于网络的技术能够提供更高的定位精度，例如，测量移动台的环路时延、信号到达角度等，但这些技术都需要在基站上增加相应的测量设备，代价较高。

2. 辅助 GPS 技术（AGPS）

辅助 GPS 技术主要依靠 GPS 卫星完成定位操作。移动台需要接收至少 4 个 GPS 卫星的信号，根据这些信息完成定位计算，并将计算结果报告给网络。对一般的 GPS 定位技术来说，需要 GPS 接收机在全空域范围内搜索可以使用的 GPS 卫星。通常这种搜索需要很长的时间，所以不能满足快速移动定位的需要。在辅助 GPS 技术中，网络可以根据移动台当前所在的小区，确定所在小区上空的 GPS 卫星，将这些信息提供给移动台。移动台根据这些信息，缩小搜索范围、缩短搜索时间，更快地完成可用卫星的搜索过程。搜索完成之后，移动台需要通过和网络的交互，将用于计算移动台位置的信息传送给网络，由网络计算移动台的位置。

3. 混合定位技术

CDMA 系统中使用的混合定位技术主要使用了前面提到的两种基于移动台的技术。一般来说，GPS 技术能够提供很高的定位精度，但在很多情况下，移动台不能够捕获足够多的 GPS 卫星。这时候，移动台可以利用基站的信号补充卫星的不足。这样在降低一定精度的条件下，能提高可用性，实现室内定位。

4. 基于移动台的 GPS 定位

对于一些需要快速连续定位的 LBS 业务来说（如实时动态汽车导航），可能要求每隔几秒钟刷新终端位置信息。在这种情况下，AGPS 方式就很难满足时间上的要求。因此，为了缩短连续定位情况下的定位间隔时间，提出了基于移动台的 GPS 定位。与 AGPS 不同的是，基于移动台定位方式下，位置的计算全部由终端自己完成，终端始终处于 GPS 跟踪状态，减少了与网络的交互时间。但是，初次定位时间（TTFF）基本上与 AGPS 方式下的相同，都需要从网络侧获取 GPS 卫星的信息。

传统意义上的地图只是单纯的以平面、2D、或者伪 3D 的形式告诉人们我在哪，我要去的地方在哪，形式单一、空洞，显得单薄而乏味，地图仅仅就是也只能是一个工具。然而，高德的 3D 地图彻底颠覆了传统地图的这一缺陷，形式更逼真，立体式、全方位、多角度地将地图内容展现出来，更因为其独特的群组设计从而让地图与人之间产生了有效的互动，"死地图"变成了"活地图"，这使得地图的定义和作用被大大地放大和变革了。

如今移动互联网发展迅速，有人说这是互联网的第二次革命，基于移动终端的开发应用更是机遇无限。地图应该也必须是移动互联网发展中的关键一环，移动互联网发展的趋势和核心也必定以地图应用为核心。

依靠基于位置的生活服务，地图顺利地进入了生活服务网行列，让其与商家之间发生了密切的关联，而这也正是地图厂商梦寐以求的商机。而这一切得益于移动网络、智能设备的普及，以及地图厂商长期的技术积累和坚持。而且手机地图完全可以打造一个开放平台，引入商家、生活服务网站等(周傲英，2011)，开放 API 接入，让自己变得更加强大。

日常基于位置服务的应用主要有：

①信息查询：宾馆、商场、加油站、旅游景点，交通情况等。

②车队管理：当管理车队时，了解所有汽车的实时位置信息，能使企业对用户的需求更加及时有效地做出响应。

③急救服务：在紧急事件发生时，有的用户往往说不清楚自己所在的具体位置，但只要他的手机支持 LBS 服务，就会得到他的具体位置。

3.5 地图投影

地图投影是地图学的重要组成部分之一(范亦爱，1990)，是构成地图的数学基础，在地图学中的地位是相当重要的。地图投影研究的对象就是如何将地球体表面描写到平面上，也就是研究建立地图投影的理论和方法，地图投影的产生、发展、直到现在，已有一千多年的历史，研究与应用的领域也相当广泛(杨启和，1990)。

3.5.1 地图投影的概念

1. 地图投影的产生

地图一般为平面，而它所描述的对象——地球椭球面是一个不可展的曲面。将地球椭球面的点转换为平面上点的方法称为地图投影，即将椭球面上各点的地球面坐标变换为平面相应点的直角坐标的方法。

2. 地图投影的定义与实质

可以把地图投影理解为是建立平面上的点(用平面直角坐标或极坐标表示)和地球表面上的点(用纬度 φ 和经度 λ 表示)之间的函数关系。用数学公式表达这种关系，就是

$$\begin{cases} x=f_1(\varphi,\ \lambda) \\ y=f_2(\varphi,\ \lambda) \end{cases} \tag{3-1}$$

设法建立 x，y 与 φ，λ 之间的函数关系，那么只要知道地面点的经纬度$(\varphi,\ \lambda)$，便可以在投影平面上找到相对应的平面位置$(x,\ y)$，这样就可以按一定的制图需要，将一定间隔的经纬网交点的平面直角坐标系计算出来，并展成经纬网，构成新编地图的控制骨架(孙达，2005)。根据地图投影理论，采用不同的投影方法，可以得出不同的控制骨架，即不同的经纬网格。

3. 投影变形

使用地图投影的地图，虽然可以将地球表面完整地表示在平面上，但是这种"完整"，是通过对投影范围内某一区域的均匀拉伸和对另一区域的均匀缩小而实现的。有的投影在不同部位有的要拉伸，有的要缩小。由此产生一个新问题，即经过投影制成的地图与地球

面上相应的距离、面积和形状仍不能保持完全的相等和图形的完全相似。也就是说，通过地图投影并按比例尺缩小制成的地图，仍然存在长度、面积和角度的变化，这些变化在地图投影中称为变形(胡毓钜，1964)。

地球表面上的长度、面积、角度经过投影，一般地其量、值都会发生某种变化，而这些变化是在解决具体投影中必须认识和研究的。为此，需要研究长度变形、面积变形和角度变形。

(1)长度比与长度变形

ds 是原面上一微分线段，ds′ 是投影面上对应图形、投影面上某一方向的微分线段。ds′ 与原面上对应的微分线段 ds 之比叫长度比，用 μ 表示，则

$$\mu = \frac{\mathrm{d}s'}{\mathrm{d}s} \tag{3-2}$$

长度比与 1 之差叫长度变形，用 v_μ 表示，则

$$v_\mu = \frac{\mathrm{d}s' - \mathrm{d}s}{\mathrm{d}s} = \frac{\mathrm{d}s'}{\mathrm{d}s} - 1 = \mu - 1 \tag{3-3}$$

当 v_μ 为正值时，表明投影后长度增加了；v_μ 为负值时，表明投影后长度缩短了；当 v_μ 为 0 时，表明无长度变形。

长度比是一个变量，不仅随点位不同而变化，而且在同一点上随方向变化而变化。任何一种投影都存在长度变形。没有长度变形就意味着地球表面可以无变形地描写在投影平面上，这是不可能的。

(2)面积比与面积变形

地球面上微分面积和相应原面上微分面积之比叫面积比，用 P 表示，则

$$P = \frac{\pi \cdot ar \cdot br}{\pi r^2} = ab \tag{3-4}$$

面积比与 1 之差叫面积变形，用 v_p 表示，则

$$v_p = P - 1 \tag{3-5}$$

面积比或面积变形也是一个变量，它随点位的变化而变化。

(3)角度变形

角度变形可表示为某一角度投影后角值 β' 与它在地面上固有角度 β 之差的绝对值，即 $|\beta - \beta'|$。

4. 变形椭圆

可以利用一些解析几何的方法论述上面所阐述过的变形问题。变形椭圆就是常常用来论述和显示投影变形的一个良好的工具。变形椭圆的意思是，地面一点上的一个无穷小圆——微分圆(也称单位圆)，在投影后一般成为一个微分椭圆，利用这个微分椭圆能较恰当地、直观地显示变形的特征(胡毓钜，1992)。

取地面上一个微分圆(小到可忽略地球曲面的影响，把它当作平面看待)，它投影到平面上通常会变为椭圆，通过研究椭圆来分析地图投影的变形状况，如图 3-5 所示。

$\frac{X'}{X} = m$ 为经线长度比；$\frac{Y'}{Y} = n$ 为纬线长度比。代入 $X^2 + Y^2 = 1$，得

$$\frac{X'^2}{m^2} + \frac{Y'^2}{n^2} = 1,$$

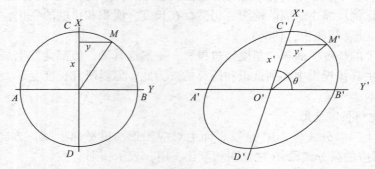

图 3-5　微分圆及其表象

该方程证明：地球面上的微小圆，投影后通常会变为椭圆，即以 O' 为原点，以相交成 q 角的两共轭直径为坐标轴的椭圆方程式。

以 ω 表示角度最大变形。设 M 点的坐标为 (x, y)，M' 点的坐标为 (x', y')，则

$$\tan\alpha = \frac{y}{x}, \ \tan\alpha' = \frac{y'}{x'}, \ \frac{x'}{x} = a, \ \frac{y'}{y} = b$$

$$\tan\alpha' = \frac{by}{ax} = \frac{b}{a}\tan\alpha ,$$

$$\tan\alpha - \tan\alpha' = \tan\alpha - \frac{b}{a}\tan\alpha = \left(1 - \frac{b}{a}\right)\tan\alpha \tag{3-6}$$

$$\tan\alpha + \tan\alpha' = \tan\alpha + \frac{b}{a}\tan\alpha = \left(1 + \frac{b}{a}\right)\tan\alpha \tag{3-7}$$

$$\frac{\sin(\alpha \pm \alpha')}{\cos\alpha \cdot \cos\alpha'} = \frac{a \pm b}{a}\tan\alpha$$

将式(3-6)和式(3-7)相除，

$$\frac{\sin(\alpha - \alpha')}{\sin(\alpha + \alpha')} = \frac{a - b}{a + b} \tag{3-8}$$

则 $\sin(\alpha - \alpha') = \frac{a - b}{a + b}\sin(\alpha + \alpha')$，显然当 $\alpha + \alpha' = 90°$ 时，右端取最大值，则最大方向变形

$$\sin(\alpha - \alpha') = \frac{a - b}{a + b} \tag{3-9}$$

以 ω 表示角度最大变形

$$\omega = \mu' - \mu = (180° - 2\alpha') - (180° - 2\alpha) = 2(\alpha - \alpha') \tag{3-10}$$

$$\sin\frac{\omega}{2} = \frac{a - b}{a + b} \ \text{或} \ \tan\left(45° + \frac{\omega}{2}\right) = \sqrt{\frac{b}{a}}$$

如果用 a，b 分别表示椭圆的长半径和短半径，则上式中 $a = \mu_1 r$，$b = \mu_2 r$。为方便起见，令微分圆半径为单位 1，即 $r = 1$，在椭圆中即有 $a = \mu_1$ 及 $b = \mu_2$。因此，可以得出以下结论：微分椭圆长、短半径的大小，等于该点主方向的长度比(图 3-6)。

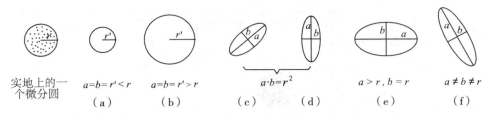

实地上的一
个微分圆

$a=b=r'<r$　　$a=b=r'>r$　　　$a\cdot b=r^2$　　　$a>r,b=r$　　$a\neq b\neq r$

（a）　　　　（b）　　　　（c）　　（d）　　　　（e）　　　　（f）

图 3-6　通过变形椭圆形状显示变形特征

设实地半径为单位值（$r=1$）的微分圆，在投影中具有不同的形状和大小。其中（a），（b）两个图形为 $a=b<1$ 和 $a=b>1$ 的情况，就是说，形状没有变化而大小发生了变化，具有这种性质的投影，叫做正交投影（或等角投影）。（c），（d）两个图形的形状发生了变化，但 $a\cdot b=1$，就是说面积大小没有变化，具有这个性质的投影，叫做等面积投影。在（e）图中，椭圆的长半径和短半径中有一个长度等于 1（例如 $a=1$ 或 $b=1$），在（f）图中 $a\neq b\neq 1$，这（e），（f）两种投影既不等角又不等面积，可称为任意投影（其中（e）图也可称为等距离投影）。

图 3-7 和图 3-8 是两个投影的示例，在投影中不同位置上的变形椭圆具有不同的形状或大小，图 3-7 在不同位置的变形椭圆形状差异很大，但面积大小一样，这是等面积投影。图 3-8 中，变形椭圆形状保持圆形，但面积大小在不同位置差异很大，这是等角投影，等角投影中变形椭圆的长短半径相等，仍然是圆形，形状没有变化。

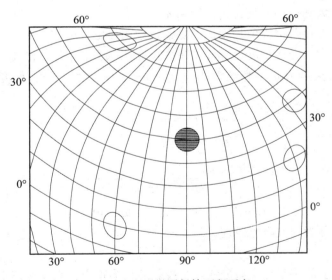

图 3-7　变形椭圆保持面积不变

5. 极值长度比和主方向

（1）极值长度比

根据在一点上，长度比随方向的变化而变化，通常不一一研究各个方向的长度比，而

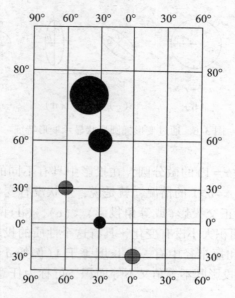

图 3-8　变形椭圆保持形状不变

只研究其中一些特定方向的极大和极小长度比(胡毓钜,1992)。

　　地面微分圆的任意两正交直径,投影后为椭圆的两共轭直径,其中仍保持正交的一对直径即构成变形椭圆的长短轴。沿变形椭圆长半轴和短半轴方向的长度比分别具有极大和极小值,而称为极大和极小长度比,分别用 a 和 b 表示。

　　极大和极小长度比总称极值长度比,是衡量地图投影长度变形大小的数量指标。在经纬线为正交的投影中,经线长度比(m)和纬线长度比(n)即为极大和极小长度比。经纬线投影后不正交,其交角为 θ,则经纬线长度比 m、n 和极大、极小长度比之间具有下列关系:

$$\left.\begin{array}{l} a^2 + b^2 = m^2 + n^2 \\ ab = mn\sin\theta \end{array}\right\} \qquad (3\text{-}11)$$

或

$$\left.\begin{array}{l} a + b = \sqrt{m^2 + n^2 + 2mn\sin\theta} \\ a - b = \sqrt{m^2 + n^2 - 2mn\sin\theta} \end{array}\right\}$$

其中,式(3-11)也称为阿波隆尼定理。

　　(2)主方向

　　过地面某一点上的一对正交微分线段,投影后仍为正交,则这两正交线段所指的方向均称为主方向。主方向上的长度比是极值长度比,一个是极大值,一个是极小值。在经纬线为正交的投影中,因交角 θ 为 $90°$,故可得

$$\left.\begin{array}{l} ab = mn \\ a + b = m + n \\ a - b = m - n \end{array}\right\} \qquad (3\text{-}12)$$

由此表明，此时经纬线长度比与极值长度比一致。经纬线方向亦为主方向。在经纬线不正交的网格上，变形椭圆的主方向与经纬线不一致，因此在使用时要研究经纬线的长度比。

6. 等变形线

根据变形的讨论知道，投影面上各点的变形往往是不同的，但是在任一投影中将变形值相等的各点连接起来，则有一定的规律和形状，因此，等变形线是投影中各种变形相等的点的轨迹线。在变形分布较复杂的投影中，难以绘出许多变形椭圆，或列出一系列变形值来描述图幅内不同位置的变形变化状况。于是便计算出一定数量的经纬线交点上的变形值，再利用插值的方法描绘出一定数量的等变形线以显示此种投影变形的分布及变化规律。

3.5.2　地图投影的方法

地图投影所依据的是地球表面，因此把地球椭球面作为投影的原面；将地球表面的点、线、面投影到可展的曲面或者平面。地图投影的原理是在原面与投影面之间建立点、线、面的一一对应关系。其中点是最基本的，因为点连续移动而成为线，线连续移动而成为面。由于地图通常是表示在平面上，因而投影面必须是平面或者可展曲面。在可展曲面中可作为投影面的，只有圆柱面和圆锥面，因而这两种曲面沿着它们的一条母线切开，可以展成平面。

1. 几何投影法

利用透视几何的关系，将地球面上的点描写到投影面上，如图 3-9 所示。几何透视法是利用透视的关系，将地球体面上的点投影到投影面（借助的几何面）上的一种投影方法。如假设地球按比例缩小成一个透明的地球仪般的球体，在其球心或球面、球外安置一个光源，将球面上的经纬线投影到球外的一个投影平面上，即将球面经纬线转换成了平面上的经纬线。

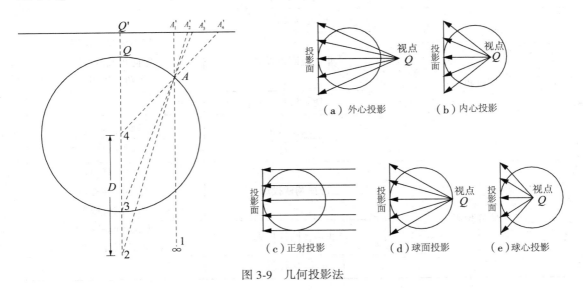

图 3-9　几何投影法

当利用透视法实施地图投影时，通常是把地球当作球体。透视投影法一般只用来绘制小比例尺地图，如一般地图集或书刊中的地图，可以用圆规、直尺等简单绘图工具，以几何图解法绘出经纬网，而不需要经过复杂的计算。因此，几何透视法是比较简单也是比较原始的地图投影方法。有很大的局限性，难于纠正投影变形，精度较低。绝大多数地图投影都采用数学解析法。

2. 数学解析法

数学解析法是在球面与投影面之间建立点与点的函数关系，通过数学的方法确定经纬线交点位置的一种投影方法。地球面上的点是用地理坐标经纬度来确定的，平面上的点一般多用平面直角坐标确定。根据投影性质和条件的不同，投影公式的具体形式是多种多样的。大多数的数学解析法往往是在透视投影的基础上，发展建立球面与投影面之间点与点的函数关系的，因此两种投影方法有一定的联系。

3.5.3 地图投影的种类

地图投影种类繁多，国内外学者提出了许多地图投影的分类方案。通常采用两种分类方法，见表 3-2。

表 3-2　　　　　　　　　　　　　　地图投影的分类

方位投影	透视方位投影	外心投影
		内心投影
		正射投影
		球面投影
		球心投影
	非透视方位投影	等距离方位投影
		等面积方位投影
	伪方位投影	
圆锥投影	透视圆锥投影	
	非透视圆锥投影	等距离圆锥投影
		等面积圆锥投影
		等角圆锥投影
	伪圆锥投影	
	多圆锥投影	正轴多圆锥投影
		横轴多圆锥投影
圆柱投影	透视圆柱投影	正射圆柱投影
		球面圆柱投影
		内心圆柱投影
	非透视圆柱投影	等距离圆柱投影
		等角圆柱投影
	伪圆柱投影	

1. 按地图投影的构成方法分类

①几何投影：几何投影源于透视几何学原理，并以几何特征为依据，将地球椭球面上的经纬网投影到平面上或投影到可以展成平面的圆柱表面与圆锥表面等几何面上，从而构成方位投影、圆柱投影和圆锥投影。又可根据球面与投影面相对部位不同，分为正轴投影、横轴投影、斜轴投影。

②非几何投影：几何投影是地图投影的基础，但有其局限性。透过一系列的数学解析方法，由几何投影演绎产生了非几何投影，它们并不借助辅助投影面，而是根据制图的某些特定要求，如考虑制图区域形状等特点，选用合适的投影条件，用数学解析方法，求出投影公式，确定平面与球面之间点与点间的函数关系。按经纬线形状，可将非几何投影分为伪方位投影、伪圆柱投影、伪圆锥投影、多圆锥投影。

2. 按地图投影的变形性质分类

地图投影按变形性质可分为等角投影、等积投影和任意投影。

3.5.4　常用地图投影

1. 方位投影

（1）方位投影的一般公式及其分类

方位投影是假设一个平面与地球面相切或相割，根据某种条件将地球上的经纬网投影到平面上而得到。正轴方位投影的纬线投影为同心圆，经线投影为同心圆的直径，两经线间的夹角与相应经差相等。根据这个关系，来确定方位投影的一般公式（胡毓钜，1992）。

根据投影中心点的不同，方位投影有正轴投影、横轴投影与斜轴投影，如图 3-10 所示；根据投影变形性质，方位投影有等角投影、等面积投影、任意投影（其中主要是等距离投影）。

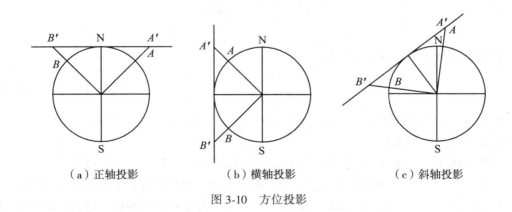

（a）正轴投影　　　　（b）横轴投影　　　　（c）斜轴投影

图 3-10　方位投影

方位投影可视为将一个平面切于或割于地球某一点或一部分，再将地球面上的经纬线网投影到此面上。可以想象，在正轴方位投影中，纬线投影后成为同心圆，经线投影后成为交于一点的直线束（同心圆的半径），两经线间的夹角与实地经度差相等。对于横轴或斜轴方位投影，则等高圈投影后为同心圆，垂直圈投影后为同心圆的半径，两垂直圆之间的夹角与实地方位角相等。根据这个关系，来推导方位投影的一般公式。

如图 3-11 所示，设 E 为投影平面，C 为地球球心。Q 为投影中心，即球面坐标原点，QP、QA 为垂直圈，其投影成为 $Q'P'$、$Q'A'$ 的直线。设球面上有一点 A，其投影为 A'，在投影平面上，令 $Q'P'$ 为 X 轴。在 Q' 点垂直于 $Q'P'$ 的直线为 Y 轴，又令 QA 的投影 $Q'A'$ 为 ρ，QA 与 QP 的夹角为 α，其投影为 δ，于是有

$$\begin{cases} \delta = \alpha \\ \rho = f(z) \end{cases} \tag{3-13}$$

式中：z、α 是以 Q 为原点的球面极坐标。关于 z 和 α，可由地理坐标变换为球面极坐标的方法来求定。

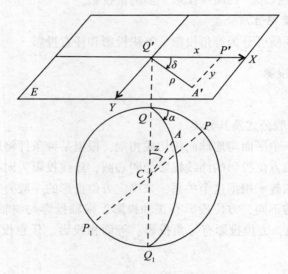

图 3-11　方位投影示意图

若用平面直角坐标表示，则有

$$\begin{cases} x = \rho\cos\delta \\ y = \rho\sin\delta \end{cases} \tag{3-14}$$

由此看来，方位投影主要是决定 ρ 的函数形式。由于决定 ρ 的函数形式的方法不同，方位投影可以有很多类型。

现在来研究方位投影的长度比、面积比和角度变形的公式，如图 3-12 所示。

设 A'、B'、C'、D' 为球面上 A、B、C、D 的投影，垂直圈 QA 与 QD 的夹角为 $\mathrm{d}\alpha$，弧 $QB=z$。在投影面上，$\angle A'Q'D' = \mathrm{d}\delta$，$Q'B' = \rho$，令 μ_1 表示垂直圈的长度比，μ_2 表示等高圈的长度比，则

$$\mu_1 = \frac{A'B'}{AB}$$

$$\mu_2 = \frac{B'C'}{BC}$$

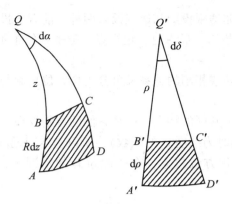

图 3-12　球面和平面示意图

因 $A'B' = d\rho$，$B'C' = \rho d\delta$，$AB = Rdz$，$BC = R\sin z d\alpha$ 代入上式，则有

$$\left.\begin{aligned}\mu_1 &= \frac{A'B'}{AB} = \frac{d\rho}{Rdz}\\[2mm]\mu_2 &= \frac{B'C'}{BC} = \frac{\rho}{R\sin z}\end{aligned}\right\} \tag{3-15}$$

因为垂直圈与等高圈相当于正轴的经纬线，在投影中相互正交，所以 μ_1、μ_2 就是极值长度比，面积比为：

$$P = \mu_1 \cdot \mu_2 = \frac{\rho d\rho}{R^2 \sin z dz} \tag{3-16}$$

最大角度变形为：

$$\sin\frac{\omega}{2} = \frac{a-b}{a+b} \text{ 或 } \tan\left(45° + \frac{\omega}{4}\right) = \sqrt{\frac{a}{b}}$$

式中：a、b 即为 μ_1、μ_2（其大者为 a，小者为 b）。

方位投影的一般公式为：

$$\left.\begin{aligned}\delta &= \alpha\\\rho &= f(z)\\x &= \rho\cos\delta\\y &= \rho\sin\delta\\\mu_1 &= \frac{d\rho}{Rdz}\\[2mm]\mu_2 &= \frac{\rho}{R\sin z}\\[2mm]P &= \mu_1 \cdot \mu_2\\[2mm]\sin\frac{\omega}{2} &= \frac{a-b}{a+b} \text{ 或 } \tan\left(45° + \frac{\omega}{4}\right) = \sqrt{\frac{a}{b}}\end{aligned}\right\} \tag{3-17}$$

由此可见，方位投影具有共同的特征，就是由投影中心到任何一点的方位角保持与实地相等(无变形)。

方位投影可以划分为非透视投影和透视投影两种。前者按投影性质又可分为等角、等面积和任意(包括等距离)投影。后者有一定视点，随视点位置不同又可分为正射、外心、球面和球心投影。

根据投影面与球体相切或相割的关系又可分为切方位投影与割方位投影。

(2)等角方位投影

各种方位投影具有一个共同的特点，就是它们的差别仅在于 ρ 的函数形式，而且 ρ 仅是天顶距 z 的函数(在正轴时为纬度 φ 的函数)，所以基本问题就是决定 ρ 的函数形式。

等角、等距离、等面积方位投影，在一般位置的情况下，可以写出如下的统一条件式：

$$\mu_1 = \mu_2^N \tag{3-18}$$

可知，当 $N=1$ 时，构成等角条件：$\mu_1 = \mu_2$；

当 $N=0$ 时，构成等距离条件：$\mu_1 = 1$；

当 $N=-1$ 时，构成等面积条件：$\mu_1 = \dfrac{1}{\mu_2}$ 或 $\mu_1\mu_2 = 1$。

等角方位投影，就是使它符合等角条件，保持微分面积形状相似，即微分圆投影后仍为一个圆，也就是一点上的长度比与方位无关，没有角度变形。

由此可写出投影条件

$$\mu_1 = \mu_2 \quad \text{或} \quad \omega = 0$$

按公式(3-17)，有

$$\frac{\mathrm{d}\rho}{R\mathrm{d}z} = \frac{\rho}{R\sin z}$$

将上式移项后积分

$$\int \frac{\mathrm{d}\rho}{\rho} = \int \frac{\mathrm{d}z}{\sin z}$$

积分后，得

$$\ln\rho = \ln\tan\frac{z}{2} + \ln K$$

或

$$\rho = K\tan\frac{z}{2}$$

式中，K 为积分常数。

可以看出，这种投影仅有一个积分常数 K，欲求定 K，可指定某等高圈 z_k 上的长度比 $\mu_{2(k)} = 1$，于是

$$\mu_{2(k)} = \frac{\rho_k}{\rho\sin z_k} = 1$$

即

$$K\tan\frac{z_k}{2} = R\sin z_k$$

或

$$K = 2R\cos^2\frac{z_k}{2} \tag{3-19}$$

这样，等角方位投影的公式可汇集如下：

$$\left.\begin{aligned}
&\delta = \alpha \\
&\rho = 2R\cos^2\frac{z_k}{2}\tan\frac{z}{2} \\
&x = \rho\cos\delta \\
&y = \rho\sin\delta \\
&\mu_1 = \mu_2 = \mu = \cos^2\frac{z_k}{2}\sec^2\frac{z}{2} \\
&P = \mu^2 \\
&\omega = 0
\end{aligned}\right\} \tag{3-20}$$

特例，当 $z_k = 0°$，即投影面切在投影中心，则 $K = 2R$，此时

$$\mu_1 = K \tag{3-21}$$

对于正轴投影，将 λ 代替 α，（$90° - \varphi$）代替 z，即得

$$\left.\begin{aligned}
&\delta = \lambda \\
&\rho = 2R\cos^2\left(45° - \frac{\varphi_k}{2}\right)\tan\left(45° - \frac{\varphi}{2}\right) \\
&\mu = \cos^2\left(45° - \frac{\varphi_k}{2}\right)\sec^2\left(45° - \frac{\varphi}{2}\right)
\end{aligned}\right\} \tag{3-22}$$

对于投影面切在极点，则 $\varphi_k = 90°$，此时

$$\rho = 2R\tan\left(45° - \frac{\varphi}{2}\right)$$

$$\mu = \sec^2\left(45° - \frac{\varphi}{2}\right)$$

等角方位投影相当于透视投影中的球面投影。

图 3-13 分别为正轴、横轴、斜轴三种等角方位投影的半球经纬网形状。

（3）等面积方位投影

在等面积方位投影中，保持面积不变形，所以在决定 $\rho = f(z)$ 的函数形式时，必须使其适合等面积条件，即面积比 $P = 1$，为此有

$$P = \mu_1 \cdot \mu_2 = \frac{\mathrm{d}\rho}{R\mathrm{d}z} \cdot \frac{\rho}{R\sin z} = 1$$

移项，有

$$\rho\mathrm{d}\rho = R^2\sin z\mathrm{d}z$$

将上式积分后，得

$$\frac{\rho^2}{2} = C - R^2\cos z$$

式中，C 为积分常数。当 $z = 0$ 时，$\rho = 0$，于是

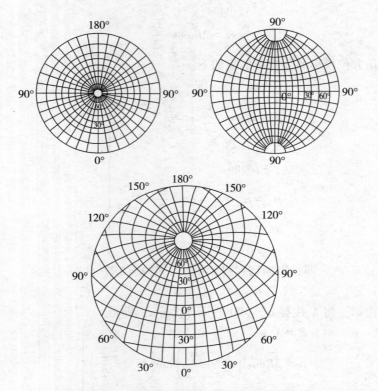

图 3-13　正轴、横轴和斜轴等角方位投影

$$C = R^2$$

所以

$$\rho^2 = 2R^2(1 - \cos z)$$

$$\rho = 2R\sin\frac{z}{2} \tag{3-23}$$

得垂直圈和等高圈长度比为：

$$\mu_1 = \cos\frac{z}{2}, \quad \mu_2 = \sec\frac{z}{2} \tag{3-24}$$

而面积比为：

$$P = \mu_1 \cdot \mu_2 = 1$$

因为 $\sec\dfrac{z}{2} > \cos\dfrac{z}{2}$，　故 $a = \mu_2 = \sec\dfrac{z}{2}$，$b = \mu_1 = \cos\dfrac{z}{2}$。

最大角度变形为：

$$\tan\left(45° + \frac{\omega}{4}\right) = \sqrt{\frac{a}{b}} = \sec\frac{z}{2} \tag{3-25}$$

对于正轴等面积方位投影，可把 $(90° - \varphi) = z$，$\lambda = \delta$ 代入以上公式，得

$$\left.\begin{array}{l} \delta = \lambda \\[2mm] \rho = 2R\sin\dfrac{z}{2} = 2R\sin\left(45° - \dfrac{\varphi}{2}\right) \\[2mm] x = 2R\sin\dfrac{z}{2}\cos\delta = 2R\sin\left(45° - \dfrac{\varphi}{2}\right)\cos\lambda \\[2mm] y = 2R\sin\dfrac{z}{2}\sin\delta = 2R\sin\left(45° - \dfrac{\varphi}{2}\right)\sin\lambda \\[2mm] m = \mu_1 = \cos\dfrac{z}{2} = \cos\left(45° - \dfrac{\varphi}{2}\right) \\[2mm] n = \mu_2 = \sec\dfrac{z}{2} = \sec\left(45° - \dfrac{\varphi}{2}\right) \\[2mm] P = 1 \\[2mm] \tan\left(45° + \dfrac{\omega}{4}\right) = \sec\dfrac{z}{2} = \sec\left(45° - \dfrac{\varphi}{2}\right) \end{array}\right\} \tag{3-26}$$

本投影亦称为兰勃特等面积方位投影。

（4）等距离方位投影

等距离方位投影通常是指沿垂直圈长度比等于 1 的一种方位投影。因此，需使函数 $\rho = f(z)$ 满足等距离条件，也就是 $\mu_1 = 1$，根据公式（3-17）有

$$\mu_1 = \frac{\mathrm{d}\rho}{R\mathrm{d}z} = 1$$

或

$$\mathrm{d}\rho = R\mathrm{d}z$$

积分后，得

$$\rho = Rz + C$$

式中，C 为积分常数。当 $z=0$ 时，$\rho = 0$，故

$$C = 0$$

因而

$$\rho = Rz \tag{3-27}$$

上式代入式（3-17），可得垂直圈和等高圈长度比和面积比为：

$$\left.\begin{array}{l} \mu_1 = 1 \\[2mm] \mu_2 = \dfrac{Rz}{R\sin z} = \dfrac{z}{\sin z} \\[2mm] P = \mu_1 \cdot \mu_2 = \dfrac{z}{\sin z} \end{array}\right\} \tag{3-28}$$

因为 $z > \sin z$，即 μ_2 恒大于 μ_1，故 $a = \mu_2 = \dfrac{z}{\sin z}$，$b = \mu_1 = 1$，其最大角度变形为：

$$\left.\begin{array}{l} \tan\left(45° + \dfrac{\omega}{2}\right) = \sqrt{\dfrac{a}{b}} = \sqrt{\dfrac{z}{\sin z}} \\[2mm] \sin\dfrac{\omega}{2} = \dfrac{a - b}{a + b} = \dfrac{z - \sin z}{z + \sin z} \end{array}\right\} \tag{3-29}$$

正轴等距离方位投影，把 $(90° - \varphi) = z$，$\lambda = \delta$ 代入以上公式即得：

$$\left.\begin{aligned}
\lambda &= \delta \\
\rho &= Rz = R(90° - \varphi) \\
x &= Rz\cos\delta = Rz\cos\lambda \\
y &= Rz\sin\delta = Rz\sin\lambda \\
\mu_1 &= 1 \\
\mu_2 &= \frac{z}{\sin z} = \frac{90° - \varphi}{\cos\varphi} \\
P &= \frac{90° - \varphi}{\cos\varphi} \\
\sin\frac{\omega}{2} &= \frac{z - \sin z}{z + \sin z} = \frac{(90° - \varphi) - \sin(90° - \varphi)}{(90° - \varphi) + \sin(90° - \varphi)}
\end{aligned}\right\} \quad (3\text{-}30)$$

本投影又称为波斯托投影。

（5）方位投影变形分析和应用

如图 3-14 所示，在正轴方位投影中变形线与纬线一致，在斜轴或横轴方位投影中变形线与等高圈一致。由于这个特点，就制图区域而言，方位投影适宜于具有圆形轮廓的地区。就制图区域地理位置而言，在两极地区，适宜用正轴投影，赤道附近地区，适宜用横轴投影，其他地区用斜轴投影。

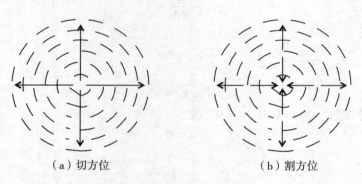

（a）切方位　　　　　　　　　　　（b）割方位

图 3-14　方位投影等变形线

等角方位投影：在欧洲有些国家曾用它作为大比例尺地图的数学基础。美国采用的所谓通用极球面投影实质上就是正轴等角割方位投影。等角方位投影格网的工程和科研方面可用以解球面三角问题。

等面积方位投影：该投影在广大地区的小比例尺制图中，特别是东西半球图应用得很多，许多世界地图集中，为表示东、西半球才用横轴等面积方位投影。各大洲常采用斜轴等面积方位投影。其投影中心常取以下位置：

亚洲图：$\varphi_0 = + 40°$，$\lambda_0 = 90°E$；

欧洲图：$\varphi_0 = + 53°30'$，$\lambda_0 = 20°E$；

非洲图：$\varphi_0 = 0°$，$\lambda_0 = 20°E$；

北美洲图：$\varphi_0 = + 45°$，$\lambda_0 = 100°W$；

南美洲：$\varphi_0 = -20°$，$\lambda_0 = 60°W$。

对于中国全国，也有用斜轴等面积方位投影方案，其投影中心取 $\varphi_0 = 30°$，$\lambda_0 = 105°E$。

等距离方位投影：其应用也是比较广泛的，大多数世界地图集中的南北极图采用正轴等距离方位投影，横轴投影用来编制东西半球图，斜轴投影在制图实践中也有很广泛的应用，如东南亚地图（$\varphi_0 = 27°30'$，$\lambda_0 = 105°E$）及中华人民共和国挂图也采用过这种投影。

2. 圆锥投影

（1）圆锥投影的一般公式及其分类

可以设想用一个圆锥套在地球椭球体上而把地球椭球上经纬线网投影到圆锥面上，然后沿着一条母线将圆锥面切开，再展成平面，就得到圆锥投影，如图 3-15 所示。圆锥面和地球椭球体相切时称为切圆锥投影，圆锥面和地球椭球体相割时称为割圆锥投影（胡毓钜，1992）。

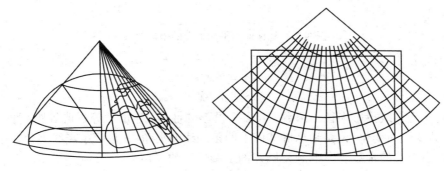

图 3-15　圆锥投影

按圆锥面与地球椭球体所处的相对位置，又可将圆锥投影划分为：正轴圆锥投影、斜轴圆锥投影、横轴圆锥投影，如图 3-16 所示。横轴、斜轴很少用，通常在图上标注圆锥投影的皆为正轴圆锥投影。圆锥投影按变形性质可分为：等角投影、等面积投影和任意投影（其中主要是等距离投影）。

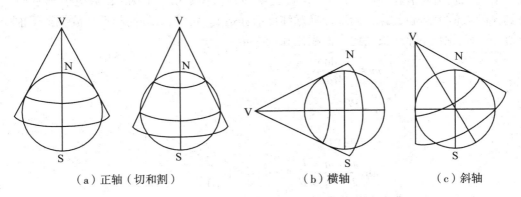

（a）正轴（切和割）　　　　（b）横轴　　　　（c）斜轴

图 3-16　割圆锥投影示意图

在制图实践中，正轴圆锥投影应用十分广泛。其纬线投影后为同心圆圆弧，经线投影为相交于一点的直线束，且夹角与经差成正比。地球椭球面与平面上点的坐标关系如图 3-17 所示，可以写出投影极坐标公式：

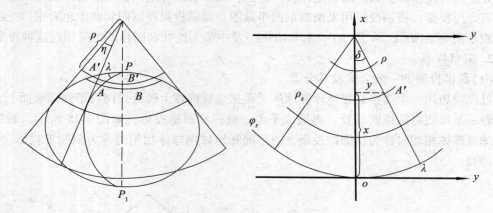

图 3-17 地球面与平面上点的坐标关系

$$\begin{cases} \rho = f(\varphi) \\ \delta = a \cdot \lambda \end{cases}$$ (3-31)

式中：ρ 为纬线投影半径，函数 f 取决于投影的性质（等角、等积或等距离投影），它仅随纬度的变化而变化；λ 是地球椭球面上两条经线的夹角；δ 是两条经线夹角在平面上的投影，a 是小于 1 的常数。图中 η 是圆锥面上两经线的夹角。

如以中央经线 λ_0 为 x 轴，投影区域中最低纬线 φ_s 与中央经线的交点作为原点，则可写出圆锥投影直角坐标公式：

$$\begin{cases} x = \rho_s - \rho\cos\varphi \\ y = \rho\sin\delta \end{cases}$$ (3-32)

式中：ρ_s 为制图区域最低纬线（φ_s）的投影半径，它在一个已确定的投影中是常数。

由于在正轴圆锥投影中，经纬线投影后正交，故经纬线方向就是主方向。因此，经纬线长度比也就是极值长度比，即 a、b 就是 m、n（其中数值大的为 a，数值小的为 b）。考虑到 ρ 的数值由圆心起算，而地球椭球纬度由赤道起算，两者方向相反，故在式子前应加上负号。于是沿经纬线长度比、面积比和最大角度变形，得

$$\left.\begin{array}{l} m = -\dfrac{d\rho}{M d\varphi} \\[2mm] n = \dfrac{a\rho}{r} \\[2mm] P = m \cdot n \\[2mm] \sin\dfrac{w}{2} = \dfrac{a-b}{a+b} \text{ 或 } \tan\left(45° + \dfrac{w}{4}\right) = \sqrt{\dfrac{a}{b}} \end{array}\right\}$$ (3-33)

集中以上各式，即得圆锥投影的一般公式：

对于椭球：

$$\left.\begin{array}{l} \delta = a \cdot \lambda, \quad m = -\dfrac{\mathrm{d}\rho}{M\mathrm{d}\varphi} \\[3mm] \rho = f(\varphi), \quad n = \dfrac{a\rho}{r} \\[3mm] x = \rho_s - \rho\cos\delta, \quad P = m \cdot n \\[3mm] y = \rho\sin\delta, \quad \sin\dfrac{w}{2} = \dfrac{a-b}{a+b} \ \text{或} \ \tan\left(45° + \dfrac{w}{4}\right) = \sqrt{\dfrac{a}{b}} \end{array}\right\} \quad (3\text{-}34)$$

对于球，只要将上式 m、n 中以 R 代替 M，以 $R\rho\cos\varphi$ 代替 r 即可得

$$\left.\begin{array}{l} \delta = a \cdot \lambda, \quad m = -\dfrac{\mathrm{d}\rho}{R\mathrm{d}\varphi} \\[3mm] \rho = f(\varphi), \quad n = \dfrac{a}{R\cos\varphi} \\[3mm] x = \rho_s - \rho\cos\delta, \quad P = m \cdot n \\[3mm] y = \rho\sin\delta, \quad \sin\dfrac{w}{2} = \dfrac{a-b}{a+b} \ \text{或} \ \tan\left(45° + \dfrac{w}{4}\right) = \sqrt{\dfrac{a}{b}} \end{array}\right\} \quad (3\text{-}35)$$

(2)等角圆锥投影

在等角圆锥投影中，微分圆的表象保持为圆形，也就是同一点上各方向的长度比均相等，或者说保持角度没有变形。本投影亦称为兰勃特(Lambert)正形圆锥投影。

根据等角条件

$$m = n(\text{或 } a = b)$$
$$\omega = 0$$

按一般公式，得

$$-\frac{\mathrm{d}\rho}{M\mathrm{d}\varphi} = \frac{a\rho}{r}$$

整理，得

$$-\frac{\mathrm{d}\rho}{\rho} = a\frac{M\mathrm{d}\varphi}{N\cos\varphi} \quad (3\text{-}36)$$

式中，$\mathrm{d}\rho$ 表示椭球体面上纬度的微小变化而产生投影后纬线半径的微小增量，子午线曲率半径和纬圈半径为：

$$M = \frac{a(1-e^2)}{(1-e^2\sin^2\varphi)^{3/2}}$$

$$r = N\cos\varphi = \frac{a\cos\varphi}{(1-e^2\sin^2\varphi)^{1/2}}$$

将上式代入式(3-36)并积分：

$$\begin{aligned} -\int\frac{\mathrm{d}\rho}{\rho} &= a\int\frac{M\mathrm{d}\varphi}{N\cos\varphi} - \ln\rho = a\int\frac{(1-e^2)\mathrm{d}\varphi}{(1-e^2\sin^2\varphi)\cos\varphi} - \ln K \\[2mm] &= a\int\frac{(1-e^2\sin^2\varphi) - e^2\cos^2\varphi}{(1-e^2\sin^2\varphi)\cos\varphi} \cdot \mathrm{d}\varphi - \ln K \\[2mm] &= a\int\frac{\mathrm{d}\varphi}{\cos\varphi} - a\int\frac{e^2\cos\varphi}{1-e^2\sin^2\varphi} \cdot \mathrm{d}\varphi - \ln K \end{aligned} \quad (3\text{-}37)$$

为了便于积分，设 $\sin\psi = e\sin\varphi$，两边微分，$\mathrm{d}\sin\psi = \mathrm{d}(e\sin\varphi)$，得 $\cos\psi\,\mathrm{d}\psi = e\cos\varphi\,\mathrm{d}\varphi$，又 $1 - \sin^2\psi = 1 - e^2\sin^2\varphi = \cos^2\psi$，于是式(3-37)右边第二项可改写为：

$$a\int \frac{e^2\cos\varphi\,\mathrm{d}\varphi}{1 - e^2\sin^2\varphi} = ae\int \frac{e\cos\psi\,\mathrm{d}\psi}{\cos^2\psi} = ae\int \frac{\mathrm{d}\psi}{\cos\psi}$$

将上式代入(3-37)式，得

$$-\ln\rho = a\int \frac{\mathrm{d}\varphi}{\cos\varphi} - ae\int \frac{\mathrm{d}\psi}{\cos\psi} - \ln K$$

$$-\ln\rho = a\ln\tan\left(45° + \frac{\varphi}{2}\right) - ae\ln\tan\left(45° + \frac{\psi}{2}\right) - \ln K \tag{3-38}$$

式中，K 为积分常数，当 $\varphi = 0$ 时，$\rho = K$，故 K 的几何意义是赤道的投影半径，上式可写成：

$$\ln \frac{K}{\rho} = a\ln \frac{\tan\left(45° + \dfrac{\varphi}{2}\right)}{\tan^e\left(45° + \dfrac{\psi}{2}\right)} \tag{3-39}$$

令 $U = \dfrac{\tan\left(45° + \dfrac{\varphi}{2}\right)}{\tan^e\left(45° + \dfrac{\psi}{2}\right)}$，将 U 代入式(3-39)，并约去对数，得

$$\frac{K}{\rho} = U^a$$

转换得等角圆锥投影的纬圈半径：

$$\rho = \frac{K}{U^a}$$

式中 a、K 均为投影常数。

由以上可得出等角圆锥投影的一般公式：

$$\left.\begin{aligned} &\delta = a \cdot \lambda \\ &\rho = \frac{K}{U^a},\ U = \frac{\tan\left(45° + \dfrac{\varphi}{2}\right)}{\tan^e\left(45° + \dfrac{\psi}{2}\right)},\ \sin\psi = e\sin\varphi \\ &e = \sqrt{\frac{a^2 - b^2}{a^2}} \\ &x = \rho_s - \rho\cos\delta \\ &y = \rho\sin\delta \end{aligned}\right\} \tag{3-40}$$

将 ρ 代入式(3-35)可以写出变形公式：

$$\left.\begin{aligned} &m = n = \frac{a\rho}{r} = \frac{aK}{rU^a} \\ &P = m^2 = n^2 = \left(\frac{aK}{rU^a}\right)^2 \\ &w = 0 \end{aligned}\right\} \tag{3-41}$$

在上式中有两个常数，即 a、K 尚须进一步加以决定。为此先研究本投影中长度比 n 的变化情况，从上式可以看出，n 仅是纬度 φ 的函数。要确定长度比为最小的纬线，为此先求 n 对 φ 的一阶导数。

由式(3-41)，有

$$n = \frac{a\rho}{r}$$

$$\frac{\mathrm{d}n}{\mathrm{d}\varphi} = \frac{a}{r^2}\left(\frac{\mathrm{d}\rho}{\mathrm{d}\varphi}r - \frac{\mathrm{d}r}{\mathrm{d}\varphi}\rho\right)$$

由式(3-36)，有

$$\frac{a\rho}{r} = -\frac{\mathrm{d}\rho}{M\mathrm{d}\varphi}$$

$$\frac{\mathrm{d}\rho}{\mathrm{d}\varphi} = -\frac{aM\rho}{r}$$

因为

$$\frac{\mathrm{d}r}{\mathrm{d}\varphi} = -M\sin\varphi$$

将上两式取得的微分式代入 $\dfrac{\mathrm{d}n}{\mathrm{d}\varphi}$ 式有：

$$\frac{\mathrm{d}n}{\mathrm{d}\varphi} = \frac{a}{r^2}\left(-\frac{a\rho M}{r}r + M\sin\varphi \cdot \rho\right)$$

$$= \frac{a\rho}{r} \cdot \frac{M}{r}(\sin\varphi - a) \tag{3-42}$$

当 $\varphi = \varphi_0$ 时，$\dfrac{\mathrm{d}n}{\mathrm{d}\varphi}$ 有极限值，令 $\dfrac{\mathrm{d}n}{\mathrm{d}\varphi_0} = 0$，在一般情况下，$a$、$\rho$、$M$、$r$ 不可能为 0，则有

$$\sin\varphi_0 - a = 0$$

$$a = \sin\varphi_0 \tag{3-43}$$

故式中的 φ_0 为长度比最小的纬线的纬度。

为了证实 φ_0 处纬线的长度比为最小值，应该再求 n 对 φ 的二阶导数。由高等数学可知，若二阶导数大于 0，则证明 φ_0 处的长度比为最小值。为此，对式(3-43)再取导数：

$$\frac{\mathrm{d}^2 n}{\mathrm{d}\varphi^2} = \frac{\mathrm{d}}{\mathrm{d}\varphi}\left(\frac{a\rho}{r} \cdot \frac{M}{r}\right)(\sin\varphi - a) + \left(\frac{a\rho}{r} \cdot \frac{M}{r}\right)\frac{\mathrm{d}}{\mathrm{d}\varphi}(\sin\varphi - a)$$

$$= \frac{\mathrm{d}}{\mathrm{d}\varphi}\left(\frac{a\rho}{r} \cdot \frac{M}{r}\right)(\sin\varphi - a) + \left(\frac{a\rho}{r} \cdot \frac{M}{r}\right)\cos\varphi$$

将 φ_0 代入上式中，同时 $\sin\varphi_0 - a = 0$，$n_0 = \dfrac{a\rho_0}{r_0}$，$r_0 = N_0\cos\varphi_0$，得

$$\frac{\mathrm{d}^2 n}{\mathrm{d}\varphi_0^2} = \frac{a\rho_0}{r_0} \cdot \frac{M_0}{N_0\cos\varphi_0} \cdot \cos\varphi_0 = n_0 \cdot \frac{M_0}{N_0}$$

$$= n_0 \frac{(1 - e^2)}{1 - e^2 \sin^2\varphi_0} > 0 \tag{3-44}$$

由于 $\dfrac{\mathrm{d}^2 n}{\mathrm{d}\varphi_0^2} > 0$，可知 φ_0 处纬线长度比最小。

现在来探讨决定常数 a、K 的方法。

①指定制图区域中一条纬线无长度变形：这种情况通常指定制图区域内某一条指定纬线或沿着制图区域内的一条中间纬线上无长度变形。为了使通过 φ_0 处长度比 n_0 为最小，即在该纬线上保持主比例尺不变的条件（$n_0 = 1$）来决定投影常数。

根据所提出的条件，根据式（3-42），得

$$a = \sin\varphi_0 \tag{3-45}$$

由公式（3-41）第一式，并根据所提出的条件 $n_0 = 1$，即

$$n_0 = \frac{aK}{r_0 U_0^a} = 1$$

$$K = \frac{r_0 U_0^a}{a}$$

将 $a = \sin\varphi_0$ 代入上式中，得

$$K = \frac{r_0 U_0^a}{a} = \frac{N_0 \cos\varphi_0 U_0^{\sin\varphi_0}}{\sin\varphi_0} = N_0 \cot\varphi_0 U_0^a \tag{3-46}$$

这种投影由于在制图区域内具有一条标准纬线，称为单标准纬线等角圆锥投影。

②指定制图区域中两条纬线无长度变形：在指定制图区域中两条纬线无长度变形，它们的长度比均为 1，故称双标准纬线等角圆锥投影。这种情况通常指定制图区域内某两条纬线 φ_1、φ_2，要求在这两条纬线上没有长度变形，即长度比等于 1。

由条件，有 $n_1 = n_2 = 1$，根据式（3-41）有

$$\frac{aK}{r_1 U_1^a} = \frac{aK}{r_2 U_2^a} = 1 \tag{3-47}$$

化简后可写成

$$\left(\frac{U_1}{U_2}\right)^a = \frac{r_2}{r_1}$$

取对数，

$$a(\lg U_1 - \lg U_2) = \lg r_2 - \lg r_1$$

移项得，

$$a = \frac{\lg r_2 - \lg r_1}{\lg U_1 - \lg U_2} \tag{3-48}$$

投影常数 a 求出后，代入式（3-47），求得

$$K = \frac{r_1 U_1^a}{a} = \frac{r_2 U_2^a}{a} \tag{3-49}$$

这种投影具有两条标准纬线，称为双标准纬线圆锥投影。很多中纬度国家和地区多采用这种投影来制作中、小比例尺地图。

现将这种投影公式汇集如下：

$$a = \frac{\lg r_2 - \lg r_1}{\lg U_1 - \lg U_2}$$

$$K = \frac{r_1 U_1^a}{a} = \frac{r_2 U_2^a}{a}$$

$$\delta = a \cdot \lambda$$

$$\rho = \frac{K}{U^a}$$

$$x = \rho_s - \rho \cos \delta \qquad (3\text{-}50)$$

$$y = \rho \sin \delta$$

$$m = n = \frac{aK}{rU^a}$$

$$P = m^2 = n^2$$

$$w = 0$$

（3）等面积圆锥投影

在等面积圆锥投影中，制图区域的面积大小保持不变，面积比等于 1（$P = a \cdot b = 1$）。正轴圆锥投影中沿经纬线长度比就是极值长度比，故 $P = a \cdot b = m \cdot n = 1$。

按式（3-34）确定正轴等面积圆锥投影方程：

$$m \cdot n = -\frac{\mathrm{d}\rho}{M\mathrm{d}\varphi} \cdot \frac{a\rho}{r} = 1 \qquad (3\text{-}51)$$

则有 $-\rho \mathrm{d}\rho = \dfrac{1}{a} Mr\mathrm{d}\varphi$，取积分

$$-\int \rho \mathrm{d}\rho = \frac{1}{a} \int Mr\mathrm{d}\varphi$$

$$\frac{\rho^2}{2} = -\frac{1}{a} \int Mr\mathrm{d}\varphi = \frac{1}{a}\left(C - \int MN\cos\varphi\mathrm{d}\varphi \right)$$

$$\text{或 } \rho^2 = \frac{2}{a}(C - S) \qquad (3\text{-}52)$$

式中：C 为常数，$S = \int Mr\mathrm{d}\varphi = \int MN\cos\varphi\mathrm{d}\varphi$ 为经差 1 弧度，纬差为 0 到 φ 的椭球体上梯形面积，可在制图用表中查取。表中载有每隔纬度半度的 S 值。

由此，正轴等面积圆锥投影一般公式为：

$$\delta = a \cdot \lambda, \quad \rho^2 = \frac{2}{a}(C - S)$$

$$x = \rho_s = \rho \cos\delta, \quad y = \rho \sin\delta$$

$$n = \frac{a\rho}{r}, \quad m = \frac{1}{n} \qquad (3\text{-}53)$$

$$P = 1, \quad \tan\left(45° + \frac{w}{4} \right) = a$$

在本投影中也有两个常数 a、C 需要确定，先取长度比为最小的纬线，为此，求 n^2 对 φ 的一阶导数，并使之等于零，则

$$n^2 = \frac{a^2 \rho^2}{r^2} = \frac{2a(C-S)}{r^2} \tag{3-54}$$

$$\frac{\mathrm{d}n^2}{\mathrm{d}\varphi} = \frac{2a}{r^4}\left[r^2 \frac{\mathrm{d}}{\mathrm{d}\varphi}(C-S) - (C-S)\frac{\mathrm{d}r^2}{\mathrm{d}\varphi}\right]$$

$$= \frac{2a}{r^4}[-r^2 Mr + (C-S)2r \cdot M\sin\varphi]$$

$$= \frac{2aM}{r^3}[2(C-S)\sin\varphi - r^2] \tag{3-55}$$

设在 φ_0 处有极值，则 $\dfrac{\mathrm{d}n^2}{\mathrm{d}\varphi} = 0$，由于 $\dfrac{2aM}{r^3} \neq 0$，故必有

$$2(C-S_0)\sin\varphi_0 - r_0^2 = 0$$

$$或 \ 2(C-S_0) = \frac{r_0^2}{\sin\varphi_0}$$

代入式(3-54)，有

$$n_0^2 = \frac{2a(C-S_0)}{r_0} = \frac{a}{r_0^2} \cdot \frac{r_0^2}{\sin\varphi_0} = \frac{a}{\sin\varphi_0}$$

或写成

$$a = n_0^2 \sin\varphi_0 \tag{3-56}$$

继之，需检验 $\dfrac{\mathrm{d}^2(n^2)}{\mathrm{d}\varphi^2}$ 在 $\varphi = \varphi_0$ 处是否大于零，于是对式(3-56)取二阶导数：

$$\frac{\mathrm{d}^2(n^2)}{\mathrm{d}\varphi^2} = \frac{\mathrm{d}}{\mathrm{d}\varphi}\left\{\frac{2aM}{r^3}[2(C-S)\sin\varphi - r^2]\right\}$$

$$= \frac{2aM}{r^3}[2(C-S)\sin\varphi - 2MN\cos\varphi\sin\varphi + 2Mr\sin\varphi]$$

令 $\varphi = \varphi_0$ 处有极值，

$$\frac{\mathrm{d}^2(n^2)}{\mathrm{d}\varphi^2} = \left(\frac{2aM_0}{r_0^3}\right)(2(C-S_0)\cos\varphi_0) = 2\left[\frac{2a(C-S_0)}{r_0^2}\right]\frac{M_0\cos\varphi}{N_0\cos\varphi}$$

$$= 2n_0^2 \frac{M_0}{N_0} = 2n_0^2 \frac{(1-e^2)}{1-e^2\sin^2\varphi} > 0 \tag{3-57}$$

由此证明 $\dfrac{\mathrm{d}^2(n^2)}{\mathrm{d}\varphi^2}$ 处大于零，就可说明 n_0 为极小值，故式(3-57)为常数 a 与最小长度比及其纬度之间的关系式。

现在来进一步研究决定常数 a、C 的方法：

①指定制图区域一条纬线上无长度变形而且长度比为最小。

根据投影条件，可指定无长度变形的纬线纬度为 φ_0，其上 $n_0 = 1$，且为最小，由式 (3-56) 得 $a = \sin\varphi_0$。

因为 $n_0 = \dfrac{a\rho_0}{r_0} = 1$，将 a 代入，解出 ρ_0：

$$\rho_0 = \frac{r_0}{a} = \frac{N_0\cos\varphi_0}{\sin\varphi_0} = N_0\cot\varphi_0 \tag{3-58}$$

代入式 (3-53)，得

$$C = \frac{a\rho_0^2}{2} + S_0 \tag{3-59}$$

在本投影中，指定的一条纬线上没有长度变形，即为单标准纬线投影，又可称为正轴等面积切圆锥投影。

②指定制图区域中两条纬线上无长度变形。

指定两条纬线 φ_1，φ_2 上长度比 $n_1 = n_2 = 1$，则按条件可写出

$$n_1^2 = n_2^2 = 1$$

按式 (3-53) 有，

$$2a(C - S_1) = r_1^2$$
$$2a(C - S_2) = r_2^2$$

两式相减后可得，

$$a = \frac{r_1^2 - r_2^2}{2(S_2 - S_1)} \tag{3-60}$$

利用已得的 a 求出标准纬线 φ_1、φ_2 的投影半径

$$\rho_1 = \frac{r_1}{a}, \ \rho_2 = \frac{r_2}{a}$$

又根据式 (3-53)，将已知的 ρ_1、ρ_2 代入

$$\rho_1^2 = \frac{2}{a}(C - S_1), \ \rho_2^2 = \frac{2}{a}(C - S_2)$$

可解算，得

$$C = \frac{a\rho_1^2}{2} + S_1 = \frac{a\rho_2^2}{2} + S_2 \tag{3-61}$$

可得纬线投影半径

$$\rho^2 = \rho_1^2 + \frac{2}{a}(S_1 - S) = \rho_2^2 + \frac{2}{a}(S_2 - S) \tag{3-62}$$

本投影在两条纬线上无长度变形，即为双标准纬线投影，又称正轴等面积割圆锥投影，有的地图上所称的亚尔勃斯 (H. C. Albers) 投影就是指这种投影。该投影在制图实践中应用较广，故将公式汇集如下：

$$a = \frac{r_1^2 - r_2^2}{2(S_2 - S_1)}$$

$$C = \frac{a\rho_1^2}{2} + S_1 = \frac{a\rho_2^2}{2} + S_2$$

$$\delta = a \cdot \lambda$$

$$\rho^2 = \rho_1^2 + \frac{2}{a}(S_1 - S) = \rho_2^2 + \frac{2}{a}(S_2 - S) \qquad (3\text{-}63)$$

$$x = \rho_s - \rho\cos\delta$$

$$y = \rho\sin\delta$$

$$m = \frac{1}{n}, \quad n = \frac{a\rho}{r}, \quad P = 1$$

$$\tan\left(45° + \frac{w}{4}\right) = a$$

（4）等距离圆锥投影

等距离圆锥投影，通常是指沿经线保持等距离，即 $m = 1$，这样由一般公式得

$$m = -\frac{\mathrm{d}\rho}{M\mathrm{d}\varphi} = 1, \quad 或 \quad -\mathrm{d}\rho = M\mathrm{d}\varphi$$

积分后，得

$$\rho = C - s \qquad (3\text{-}64)$$

式中：C 为积分常数，s 为赤道到某纬度 φ 的经线弧长，当 $\varphi = 0$ 时，$s = 0$，故知 C 即为赤道的投影半径。

本投影的公式为：

$$\left.\begin{array}{l} \delta = a \cdot \lambda, \quad \rho = C - s \\[4pt] x = \rho_s - \rho\cos\delta, \quad y = \rho\sin\delta \\[4pt] m = 1, \quad P = n = \frac{a\rho}{r} = \frac{a(C - s)}{r} \\[4pt] \sin\frac{w}{2} = \frac{a - b}{a + b} \end{array}\right\} \qquad (3\text{-}65)$$

由上式可知，等距离圆锥投影也有两个常数需要决定。为此，同样也要求定长度比最小的纬线。

按纬线长度比

$$n = \frac{a\rho}{r} = \frac{a(C - s)}{r}$$

求 n 对 φ 的导数，并将 $\frac{\mathrm{d}n}{\mathrm{d}\varphi} = -M\sin\varphi$ 代入整理，得

$$\frac{\mathrm{d}n}{\mathrm{d}\varphi} = \frac{aM}{r^2}[(C - s)\sin\varphi - r]$$

欲求极值，须令 $\frac{\mathrm{d}n}{\mathrm{d}\varphi} = 0$，显然应使 $(C - s)\sin\varphi - r = 0$。

设 φ_0 处有极值，则

$$(C - s_0)\sin\varphi_0 - r_0 = 0$$

将式(3-64)代入，得

$$\rho_0 = \frac{N_0\cos\varphi_0}{\sin\varphi_0} = N_0\cot\varphi_0 \tag{3-66}$$

为证明 φ_0 在 n_0 处为极小，可求二阶导数，验证其是否大于零，则有

$$\frac{\mathrm{d}^2 n}{\mathrm{d}\varphi^2} = a\left(\frac{M}{r^2}\right)\left[(C - s)\cos\varphi\right]$$

设在 $\varphi = \varphi_0$ 处，n_0 有极小值，于是

$$\frac{\mathrm{d}^2 n}{\mathrm{d}\varphi_0^2} = \frac{a(C - s_0)}{r_0} \cdot \frac{M_0}{r_0}\cos\varphi_0 = n_0\left(\frac{1 - e^2}{1 - e^2\sin^2\varphi_0}\right) > 0$$

由此可以证明 n_0 为极小值。

将 $\rho_0 = N_0\cot\varphi_0$ 代入长度比公式，有

$$n_0 = \frac{a\rho_0}{r_0} = \frac{a}{\sin\varphi_0}$$

$$\text{或 } a = n_0\sin\varphi_0 \tag{3-67}$$

下面来求定投影参数 a、C：

①指定制图区域中某纬线 φ_0 上长度比等于 1 且为最小。

根据条件 $n_0 = 1$，按式(3-67)有

$$a = \sin\varphi_0 \tag{3-68}$$

又

$$\rho_0 = N_0\cot\varphi_0 \tag{3-69}$$

按式(3-65)可得

$$C = s_0 + N_0\cot\varphi_0 \tag{3-70}$$

s_0 是自赤道到纬度 φ_0 的子午线弧长。

②指定制图区域边缘纬线变形相等并且有一条标准纬线。

根据条件 $n_N = n_s$，则 $\dfrac{a\rho_N}{r_N} = \dfrac{a\rho_s}{r_s}$。由此可求得：

$$C = \frac{s_N r_s - s_s r_N}{r_s - r_N} \tag{3-71}$$

为了确定最小长度比的纬线 φ_0，必须解下列超越方程：

$$C = s_0 + N_0\cot\varphi_0$$

式中，C 为已知值，可用排列制图区域中部开始向北若干纬度的 $s + N\cot\varphi$ 的数值来确定。求定 φ_0 后，a 即可按 $n_0 = 1$ 的条件得，

$$a = \sin\varphi_0 \tag{3-72}$$

这种投影仍属于等距离切圆锥投影，但这样一条标准纬线是由条件求出来的，通常不是整度数。

③指定制图区域中两条纬线上无长度变形。

在制图区域中，设 φ_1、φ_2 两条纬线上无长度变形，要求 $n_1 = n_2 = 1$，根据条件有

$$\frac{a\rho_1}{r_1} = \frac{a\rho_2}{r_2} = 1$$

$$或 \quad \frac{a(C - s_1)}{r_1} = \frac{a(C - s_2)}{r_2} = 1$$

得

$$C = \frac{s_2 r_1 - s_1 r_2}{r_1 - r_2} \tag{3-73}$$

$$a = \frac{r_1}{C - s_1} = \frac{r_2}{C - s_2} \tag{3-74}$$

本投影中的两条标准纬线是指定的，通常称为等距离割圆锥投影。它是等距离圆锥投影中运用最广泛的一种投影，其公式汇集如下：

$$\left. \begin{array}{l} a = \dfrac{r_1}{C - s_1} = \dfrac{r_2}{C - s_2} \\[2mm] C = \dfrac{s_2 r_1 - s_1 r_2}{r_1 - r_2} \\[2mm] \delta = a \cdot \lambda, \ \rho = C - s \\[2mm] x = \rho_s - \rho\cos\delta, \ y = \rho\sin\delta \\[2mm] m = 1, \ n = P = \dfrac{a(C - s)}{r} \\[2mm] \sin\dfrac{w}{2} = \dfrac{a - b}{a + b} \end{array} \right\} \tag{3-75}$$

（5）圆锥投影变形分析及应用

正轴圆锥投影的变形只与纬度发生关系，而与纬差无关，因此同一条纬线上的变形是相等的，也就是说，圆锥投影的等变形与纬线一致。

在圆锥投影中，变形的分布与变化随着标准纬线选择的不同而不同（图3-18）。

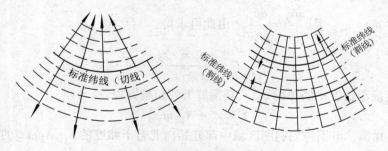

图3-18　圆锥投影等变形线

等角圆锥投影变形的特点是：角度没有变形，沿经、纬线长度变形是一致的（即 $m = n$），面积比为长度比的平方。

等面积圆锥投影变形的特点是：投影保持了制图区域面积投影后不变，即面积变形为零，但角度变形较大，沿经线长度比和沿纬线长度比互为倒数 $\left(m = \dfrac{1}{n}\right)$。

等距离圆锥投影变形的特点是：变形大小介于等角圆锥投影和等面积圆锥投影之间，除沿经线长度比保持为 1 以外，沿纬线长度比与面积比相一致（$n = p$）。

根据圆锥投影变形的特征可以得出结论：圆锥投影最适合于作为中纬度处沿着纬线伸展的制图区域之投影。

圆锥投影在编制各种比例尺地图中得到了广泛的应用，这是有一系列原因的。首先是地球上广大陆地位于中纬地区，其次是这种投影经纬线形状简单，经线为辐射直线，纬线为同心圆弧，在编图过程中比较方便，特别在使用地图和进行图上量算时比较方便，通过一定的方法，容易改正变形。

在制图实践中，等角圆锥投影得到了广泛的采用，如前面介绍的双标准线等角圆锥投影用于百万分之一地图。一些小型分省（区）地图集的普通地图也采用等角圆锥投影编制。

正轴等面积圆锥投影应用在编制一些行政区划图、人口地图及社会经济图等地图中。中国科学院地理研究所编制的 1 : 400 万《中国地势图》采用该投影编制时所采用的两条标准纬线是 $\varphi_1 = 25°$，$\varphi_2 = 45°$ 的纬线。

正轴等距离圆锥投影在我国应用较少，在一些图集中可见少量采用。

3. 圆柱投影

（1）圆柱投影的一般公式及其分类

圆柱投影是假想用一圆柱表面与地球表面相切或相割，将地球面经纬网投影到圆柱表面上，再沿圆柱面上的某一条母线剪开展为平面，即成圆柱投影（图 3-19）。按圆柱与球面的相对位置，可分为正、横、斜轴投影（图 3-20）。按变形性质不同可分为等角、等面积、等距投影。其中，常用于世界地图投影的有正轴等角圆柱投影，及适用于陆地卫星影像的空间斜轴墨卡托（Mercator）投影（胡毓钜，1992）。

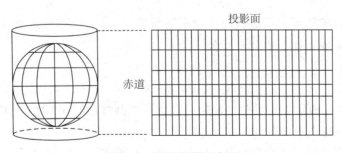

图 3-19　圆柱投影示意图

在正常位置的圆柱投影中，纬线表象为平行直线，经线表象也是平行直线。且与纬线正交。从几何意义上看，圆柱投影是圆锥投影的一个特殊情况，设想圆锥顶点延伸到无穷远时，即成为一个圆柱面。显然在圆柱面展开成平面以后，纬圈成了平行直线，经线交角

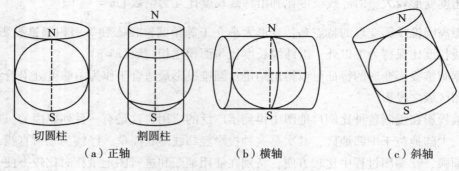

切圆柱　　　　割圆柱

（a）正轴　　　　　　　（b）横轴　　　　　　（c）斜轴

图 3-20　圆柱投影分类

等于 0，也是平行直线（图 3-21）。

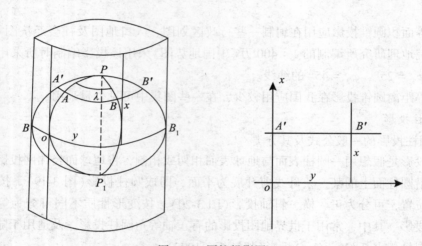

图 3-21　圆柱投影图

根据经纬线表象特征，不难看出，投影直角坐标 x、y 分别是 φ 和 λ 的函数，而且 y 坐标简单地与经差成正比。由此一般公式

$$\begin{cases} x = f(\varphi) \\ y = a \cdot \lambda \end{cases} \tag{3-76}$$

式中，函数 f 取决于投影变形性质。a 为一常数，当圆柱面与地球相切于赤道上时，等于赤道半径 a，相割时小于 a。

通常采用投影区域的中央经线 λ_0 作为 x 轴，赤道或投影区域最低纬线为 y 轴。

在正轴圆柱投影中经纬线正交，故沿经纬线长度比就是极值长度比（即 $m = a$，$n = b$ 或 $m = b$，$n = a$）。代入长度比一般公式中，得圆柱投影沿经纬线长度比一般公式：

$$m = \frac{\mathrm{d}x}{M\mathrm{d}\varphi}, \quad n = \frac{a}{r} \tag{3-77}$$

而面积比与最大角度变形的一般公式为：

$$P = ab = mn \\ \sin\frac{w}{2} = \frac{a-b}{a+b} \\ \text{或 } \tan\left(45° + \frac{w}{4}\right) = \sqrt{\frac{a}{b}} \right\} \qquad (3\text{-}78)$$

这就是圆柱投影的一般公式。

圆柱投影可以按变形性质而分为等角、等面积和任意投影(其中主要是等距离投影)。此外尚有所谓透视圆柱投影,其特点是建立 x 轴坐标的方法不同,从变形性质上看,也是属于任意投影。

按"圆柱面"与地球不同的相对位置可分为正轴、斜轴和横轴投影。又因"圆柱面"与地球相切(于一个大圆)或相割(于两个小圆)而分为切圆柱或割圆柱投影。

在应用上,以等角圆柱投影最广,其次为任意圆柱投影,而等面积圆柱投影极少用。故以下主要阐述等角圆柱投影。其他投影仅简单介绍。

(2)等角圆柱投影(墨卡托投影)与等角航线

等角、等距离、等面积或其他圆柱投影,当投影面与地球相对位置在正常(正轴)情况下,其差别仅是 x 的表达式。

下面,来具体推导等角圆柱投影公式。

在等角圆柱投影中,微分圆的表象保持为圆形,即一点上任何方向的长度比均相等。也就是没有角度变形,即 $m=n$,按一般公式有

$$\frac{\mathrm{d}x}{M\mathrm{d}\varphi} = \frac{a}{r}$$

由此可求定 $x = f(\varphi)$,将上式移项积分得,

$$\int \mathrm{d}x = a\int \frac{M\mathrm{d}\varphi}{r} = a\int \frac{1-e^2}{(1-e^2\sin^2\varphi)} \cdot \frac{\mathrm{d}\varphi}{\cos\varphi}$$

上式中右边的积分,故

$$x = a\ln U + C,$$

式中 $\ln U = \ln\dfrac{\tan\left(45° + \dfrac{\varphi}{2}\right)}{\tan\left(45° + \dfrac{\psi}{2}\right)}$,$C$ 为积分常数,当 $\varphi = 0$ 时,$x=0$,故 $C=0$。化为以 +10 为底的对数,则上式成为:

$$x = \frac{a}{\mathrm{Mod}}\lg U \qquad (3\text{-}79)$$

式中 $\mathrm{Mod} = 0.4342945$。

在上式中尚有一个常数需要确定,为此令纬度 φ_K 上长度比 $n_K = 1$,则

$$n_K = \frac{a}{r_K} = 1$$

得

$$a = r_K \qquad (3\text{-}80)$$

这就是割圆柱投影常数，r_K 为所割纬线半径。特别当 $\varphi_K = 0$ 时，$a = a$。这就是切圆柱投影常数，a 为赤道半径。

得到 a，可得本投影长度比公式：

$$\left.\begin{array}{l} \text{割圆柱，} m = n = \dfrac{r_K}{r} \\[3mm] \text{切圆柱，} m = n = \dfrac{a}{r} \end{array}\right\} \tag{3-81}$$

这是一个重要的常用投影，所以把该投影公式汇集如下：

$$\left.\begin{array}{l} x = \dfrac{a}{\text{Mod}}\lg U \\[2mm] y = a\lambda \\[2mm] a = r_K(\text{在切圆柱中 } a = a) \\[2mm] m = n = \dfrac{a}{r} \\[2mm] P = m^2 \\[2mm] w = 0 \end{array}\right\} \tag{3-82}$$

这个投影是 16 世纪荷兰地图学家墨卡托创造的，故又称为墨卡托投影，迄今还是广泛应用于航海、航空方面的重要投影之一。

等角航线是地面上两点之间的一条特殊的定位线，它是两点间同所有经线构成相同方位角的一条曲线。由于这样的特性，它在航海中具有特殊意义，当船只按等角航线航行时，则理论上可不改变一固定方位角而到达终点。它在墨卡托投影中的表象成为两点之间的直线。这点不难理解，墨卡托投影是等角投影，而经线又是平行直线，那么两点间的一条等方位曲线在该投影中当然只能是连接两点的一条直线。在地球面上，只有两点间的大圆弧才是最短距离，等角航线不是地球面上两点间的最短距离，而且它是以极点为渐近点的一条螺旋曲线。这个特点也就是墨卡托投影之所以被广泛应用于航海、航空方面的原因。

等角航线的特征：等角航线是两点间对所有经线保持等方位角的特殊曲线，所以它不是大圆(对椭球体而言不是大地线)，也就不是两点间的最近路线，它与经线所交之角，也不是一点对另一点(大圆弧)的方位角。

等角航线在墨卡托投影图上表现为直线，这一点对于航海航空具有重要意义。因为有这个特征，航行时，在墨卡托投影图上只要将出发地和目的地连一直线，用量角器测出直线与经线的夹角，船上的航海罗盘按照这个角度指示船只航行，就能达到目的地。

但是等角航线不是地球上两点间的最短距离，地球上两点间的最短距离是通过两点的大圆弧(又称大圆航线或正航线)。大圆航线与各经线的夹角是不等的，因此它在墨卡托投影图上为曲线。

(3)等距离圆柱投影

当 $N = 0$ 时，即得等距离条件，故有

$$m = \frac{\mathrm{d}x}{M\mathrm{d}\varphi} = 1$$

移项积分后

$$x = \int M\mathrm{d}\varphi + C = s + C$$

式中：s 为赤道到 φ 的子午线弧长，C 为常数，当横坐标与赤道相合，$\varphi = 0$ 时，$x = 0$，故 $C = 0$，即 $x = s$。

至于另一个坐标 y 和变形表达式的推导，同等角圆柱投影相同，故从略。但须指出在切圆柱投影中，如把地球当作球，则

$$\begin{cases} x = R\varphi \\ y = R\lambda \end{cases} \tag{3-83}$$

由上式可见，这时经纬网的表象成为正方形的格子，故该投影又称为方格投影。

（4）等面积圆柱投影

当 $N = -1$ 时，即得等面积条件，故 $m = 1/n$，或 $mn = 1$，则

$$mn = \frac{\mathrm{d}x}{M\mathrm{d}\varphi} \cdot \frac{a}{r} = 1$$

故 $\mathrm{d}x = \dfrac{1}{a} Mr\mathrm{d}\varphi$

由此可决定 x，将上式积分得：

$$x = \frac{1}{a} S + C$$

式中，$S = \int_0^\varphi Mr\mathrm{d}\varphi$，是经差一弧度，纬差（由赤道到 φ）的椭球上梯形面积。当 $\varphi = 0$ 时，$x = 0$，故 $C = 0$，即

$$x = \frac{1}{a} S \tag{3-84}$$

此处的 a 及另一坐标 y 的求法与等角圆柱投影相同。

（5）高斯-克吕格投影

由于这个投影是由德国数学家、物理学家、天文学家高斯于 19 世纪 20 年代拟定，后经德国大地测量学家克吕格于 1912 年对投影公式加以补充，故称为高斯-克吕格投影。即等角横切椭圆柱投影。假想用一个圆柱横切于地球椭球体的某一经线上，这条与圆柱面相切的经线，称中央经线。以中央经线为投影的对称轴，将东西各 3° 或 1°30′ 的两条子午线所夹经差 6° 或 3° 的带状地区按数学法则、投影法则投影到圆柱面上，再展开成平面，即高斯-克吕格投影，简称高斯投影。这个狭长的带状的经纬线网叫做高斯-克吕格投影带。

假想有一个椭圆柱面横套在地球椭球体外面，并与某一条子午线（此子午线称为中央子午线或轴子午线）相切，椭圆柱的中心轴通过椭球体中心，然后用一定投影方法，将中央子午线两侧各一定经差范围内的地区投影到椭圆柱面上，再将此柱面展开即成为投影面（图 3-22），此投影为高斯-克吕格投影。高斯-克吕格投影是正形投影的一种（胡毓钜，1992）。

高斯-克吕格投影可由下面三个条件确定：

①中央经线为直线，其他经线是对称于中央经线的曲线，中央纬线为直线，其他纬线是对称于中央纬线的曲线；

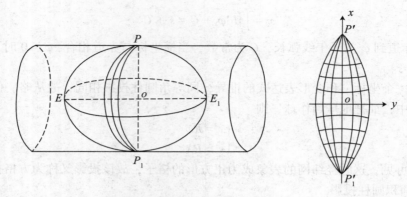

图 3-22　高斯-克吕格投影示意图

②投影具有等角性质；

③中央经线投影后保持长度不变。

根据以上三个条件可得高斯-克吕格投影的直角坐标公式：

$$\begin{cases} x = s + \dfrac{\lambda^2 N}{2}\sin\varphi\cos\varphi + \dfrac{\lambda^4 N}{24}\sin\varphi\cos^3\varphi(5 - \tan^2\varphi + 9\eta^2 + 4\eta^4) + \cdots \\ y = \lambda N\cos\varphi + \dfrac{\lambda^3 N}{6}\cos^3\varphi(1 - \tan^2\varphi + \eta^2) + \dfrac{\lambda^5 N}{120}\cos\varphi(5 - 18\tan^2\varphi + \tan^4\varphi) + \cdots \end{cases}$$

高斯-克吕格投影的长度变形公式为：

$$\mu = 1 + \frac{1}{2\rho''^2}\cos^2\varphi(1 + \eta^2)\lambda^2 + \frac{1}{24\rho''^4}\cos^4\varphi(5 - 4\tan^2\varphi)\lambda^4$$

高斯-克吕格投影子午线收敛角公式为：

$$\gamma = \lambda\sin\varphi + \frac{\lambda^3}{3}\sin\varphi\cos^2\varphi(1 + 3\eta^2) + \cdots$$

分析高斯-克吕格投影长度变形公式，可得其变形规律如下：

①中央子午线投影后为直线，且长度不变。

②除中央子午线外，其余子午线的投影均为凹向中央子午线的曲线，并以中央子午线为对称轴，投影后有长度变形。

③赤道线投影后为直线，但有长度变形。

④除赤道外的其余纬线，投影后为凸向赤道的曲线，并以赤道为对称轴。

⑤经线与纬线投影后仍然保持正交。

⑥ 所有长度变形的线段，其长度变形比均大于1。

⑦离中央子午线愈远，长度变形愈大。

此投影无角度变形，中央经线无长度变形，其他经线长度比大于1。中央经线附近变形小，向东、向西方向变形逐渐增大。长度、面积变形均不大，其中长度变形 ≤0.14%，面积变形 ≤0.27%。

为保证精度，采用分带投影方法：按经差 6°或3°进行分带。

我国规定 1 : 2.5 万、1 : 5 万、1 : 10 万、1 : 25 万、1 : 50 万采用 6° 分带投影, 从 0° 子午线起, 依次编号 1, 2, 3, …。自西向东每隔经差 6° 分成一带, 全球共 60 带。我国 6° 带中央子午线的经度, 由 75° 起每隔 6° 而至 135°, 共计 11 带(13~23 带), 带号用 N 表示。

高斯-克吕格投影 3 带, 它的中央子午线一部分同 6 带中央子午线重合, 一部分同 6 带的分界子午线重合, 如用 n 表示 3 带的带号, 表示带中央子午线经度, 它们的关系如图 3-23 所示。我国带共计 22 带(24~45 带)。

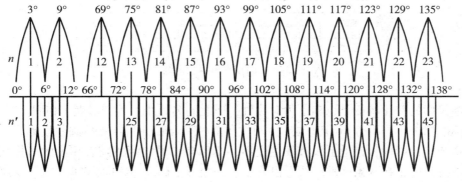

图 3-23　投影分带

(6)通用横轴墨卡托投影

通用横轴墨卡托投影简称 UTM 投影。与高斯-克吕格投影相比, 这两种投影之间存在着很少的差别。从几何意义看, UTM 投影属于横轴等角割投影, 圆柱割地球于两条等高圈(对地球而言)上, 投影后两条割线上没有变形, 中央经线上长度比小于 1(图 3-24)。

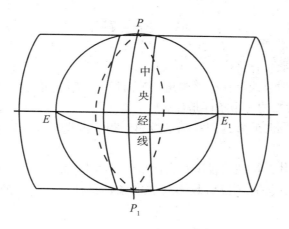

图 3-24　UTM 投影示意图

该投影在一些国家和地区的地形图上得到了广泛使用, 但各国和地区采用的椭球体很不一致。

（7）圆柱投影的变形分析与应用

通过研究圆柱投影长度比公式（指正轴投影）可知，圆柱投影的变形与圆锥投影一样，也是紧随纬度而变化的。在同纬线上的变形相同而与经度无关。因此，在圆柱投影中等变形线与纬线相合，成为平行直线，如图 3-25 所示。

图 3-25　圆柱投影等变形线

圆柱投影的变化特征是以赤道为对称轴，南北同名纬线上的变形大小相同。

因标准纬线不同可分切（切于赤道）圆柱及割（割于南北同名纬线）圆柱投影。

在切圆柱投影中，赤道上没有发生变形，变形自赤道向两侧随着纬度的增加而增大。在割圆柱投影中，在两条标准纬线上没有变形，变形自标准纬线向内（向赤道）及向外（向两极）增大。

圆柱投影中，经线表象为平行直线，这种情况与低纬度处经线的近似平行相一致。因此，圆柱投影一般比较适用于低纬度沿纬度伸展的地区。

在斜轴或横轴圆柱投影中，变形沿着等高圈的增大而增大，在所切的大圆上（横轴为中央线上）没有变形。所以对于沿着某大圆方向伸展的地区，为使变形分布均匀而较小，可以选择一斜圆柱切于大圆上，对于沿经线伸展的地区，则可以采用横轴圆柱投影。

思　考　题

1. 地图投影的实质是什么？

2. 方位投影的一般公式是什么？等角、等面积、等距离方位投影建立的条件是什么？

3. 高斯-克吕格投影的三个条件是什么？

4. 为什么编制地图时通常选用割圆锥投影，割圆锥投影与切圆锥投影变形分布有什么规律？

5. 墨卡托投影是什么特性的投影？为什么广泛用于航海、航空图？

6. 等角、等面积和等距离圆锥投影建立的条件是什么？它们的变形分布规律如何，各有哪些用途？

第4章 地图符号

4.1 地图符号概述

地图是通过特有的符号系统表现各种复杂的空间和非空间对象。广义上说，目前地图符号包括点线面符号、色彩、图像以及文字、声音、动画视频等，地图的这种符号系统不仅能表现制图对象的地理位置、范围、质量特征、数量指标等静态的空间结构特征，而且能够直观地显示各种制图对象分布变化及其相互关系等动态信息。通过符号的基本视觉变量和动态视觉变量表达二维、三维以及多维地理信息静态特征和动态特征。

本章主要介绍目前常用的传统二维点、线、面状地图符号的基本概念和设计方法，以及电子地图符号设计的特殊要求和设计方法。

4.1.1 地图符号概念

地图符号是用于传递空间信息的重要工具，是一种特殊的图形视觉语言。地图使用地图符号表达图形要素，反映客观世界的自然、人文现象和过程及其位置、质量与数量特征、结构与动态演变等。地图符号并不是孤立的而是按照一定法则、互相联系的符号系统。它作为符号的一个子类，和语言一样具有语义、语法和语用规则。地图语言的语义就是地图上各种地图符号所代表的地图信息含义，即地图符号与所表示的客观对象之间的对应关系，通常通过地图的图例表现出来；地图语言的语法就是地图上各种地图符号之间的关系，即地图符号系统的特性和空间关系构成的规则；地图语言的语用就是地图符号系统的实用性，即地图符号与用图者之间的关系，保证地图语言能够快速、准确、方便地被用图者理解。同文字语言相比较，地图符号最大的特点是形象直观，一目了然；同其他符号相比，地图符号既能提供对象的质量和数量特征，又能反映其空间结构的动态变化。

①地图符号是空间信息和视觉形象的复合体。

地图符号是一种专用的图解符号，它采用便于空间定位的形式来表示各种物体与现象的性质和相互关系。地图符号用于记录、转换和传递各种自然和社会现象的知识，在地图上形成客观实际的空间形象。因此，地图符号可以用来表示实际的和抽象的目标，并以可视的形象表现出来，是空间信息和视觉形象的复合体。

②地图符号有一定的约定性。

地图符号本身可以说是一种物质的对象（图形），用它来代指抽象的概念，并且这种代指是以约定关系为基础的。这是地图符号的本质特点。地图符号化的过程就是建立地图符号与抽象概念之间的对应关系的过程，即约定过程。在约定过程中，可以选择不同的图形去代指一个抽象的概念。而当这种选择确定下来之后，这些图形就成了地图符号，具有特定的约束和规定性。例如，在一幅图内，一旦用三角形符号表示控制点，其他的内容就不能再采用三角形符号表示。

③地图符号可以等价变换。

地图符号在知识概念的约定过程中，不同形式的符号存在等价关系，多个符号可以代指同一概念。例如，在不同的图幅中，用三角形、圆形、方形甚至文字等符号都可以作为等价符号表示一个城市。这是地图设计和地图符号设计中内在的本质规律。它使得地图设计者可以任意地根据制图对象的特征、地图用途、比例尺、周围环境及设计者水平，设计出最佳的式样来，而这又是合理的。这样，符号自身的本性同符号的实际应用、地图设计中的内部作用规律和外部作用规律就可以区别开来。

地图符号的特性决定了我们可以将空间数据通过分类、分级、简化后，根据其基本的空间分布特征、相对重要性和相关位置，用地图符号表达出来，使空间数据成为视觉可见的图形。而在这当中，地图内容要素的空间分布特征与表达它的地图符号之间有着密切的关系。

4.1.2　地图符号功能

用符号表示地图内容具有许多优点，它把地面上错综复杂的物体和现象抽象出来，用符号反映在地图上，使读图者能够看到本质的、全局的现象与规律。这是现代地图最重要的特征之一。

①地图符号是地理空间信息的载体和传递手段。

地图作为"客观世界的模型"，并非真实世界，而是经过认知、抽象，有选择、有区别地表现世界的过程和结果。显然，地图符号及其组合具有揭示客观地理世界的结构、分布特征和相互关系的功能。人们在认知地理环境时，不可能直接接触所要了解的一切对象，很多时候都是通过阅读和解译地图符号即通过地图模型了解客观世界，获取其空间信息的。同时，由于地图是一种"图形"即形象符号模型，地图符号与它所代指的制图对象之间具有约定关系，具有一种特殊的、区别于并在很多方面优于自然语言的视觉感受效果，所以地图符号可以形象、直观、生动地表达和传递地理空间信息。如图4-1所示，人们很容易从这些符号，联想到相应的客观地理实体如烟囱、塔形建筑物，获得控制点的位置和类别信息或者人口流动的方向；从河流与道路符号的组合可以获取两要素的位置信息以及它们之间的关系信息等。

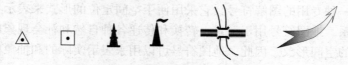

图 4-1　地图符号可以表达地理空间信息

②地图符号是地理空间信息的抽象概括。

地图符号是对客观世界的物体或现象进行抽象、概括和简化的结果，本质上是一种科学的综合方法。地图符号构成的符号模型，可以对地理空间进行不同程度的抽象、概括和简化，并不受比例尺的限制，使可视化结果清晰易读(游雄，2008)。地图上的一个点可以表达很多意义，如图 4-2 所示。例如，它可以表示某些实体的位置，如高程点、机场的位置；可以表示现象的空间变化，如人口的空间分布变化；可以表示某些无形的空间现象，如气温、降水；可以表示时空变化，如人口随时间变化的特征；可以表示制图对象的数量差异，如城市的人口数及国民经济总产值等的数量差异；可以表示某种质量概念，像干出滩、沼泽等。线状和面状符号也是如此，它们都是对空间现象的抽象表达，并且不受比例尺的限制。

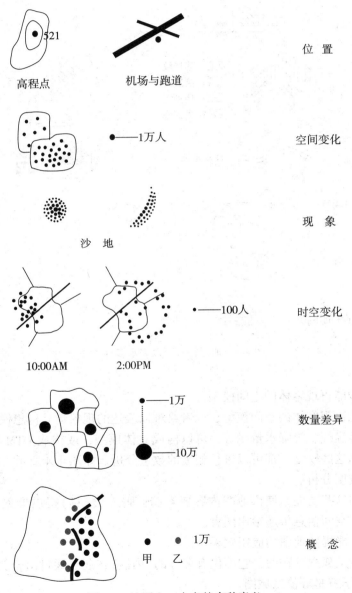

图 4-2　地图上一个点的多种意义

③地图符号可以赋予可视化极大的表现力。

地图符号不仅可以表现具体的、抽象的、过去的、现存的、预期的、运动的事物，还可以表现事物的外形和内部特征等。如图4-3所示，它可以表示具体的事物，如一个居民地、一棵树；可以表示抽象的事物，如基督教、佛教、天主教的分布等；可以表示过去的事物，如古迹；可以表示现在的事物，如房屋、山脉；可以表示预期的事物，如计划修建的道路；可以表示事物的外形，如湖泊的轮廓形状；还可以表示事物的内部特征，如海滩的内部特征为淤泥、沙滩等。

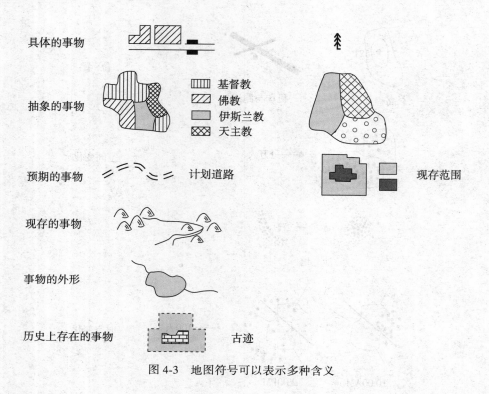

图4-3　地图符号可以表示多种含义

④地图符号能再现客体的空间模型。

地图符号能再现客体的空间模型，或者给难以表达的现象建立构想模型。例如，等高线、等深线、等温线、等降水量线等，可以构成立体模型，或构成DTM模型、趋势面模型等。在符号和这些模型上都可以进行相关的数量分析。如图4-4所示，在等高线图上可进行高度带和坡度分析。

地图符号的这些功能，使得地图内容要素（地理空间信息）得以形象、直观、准确地表达，并将地理空间信息传递给用图者。

⑤地图符号能提高地图的应用效果。

地图符号不是孤立存在的，它不仅有名称的"内涵"，还可通过组合关系反映某种"外延"。典型的例子就是等值区域图。

等值区域图是以一定区划为单位，根据各区某专题要素的数量平均值进行分级，如人口密度、人均收入、人均产量等。用面状符号表示该要素在不同区域内的差别的方法。通

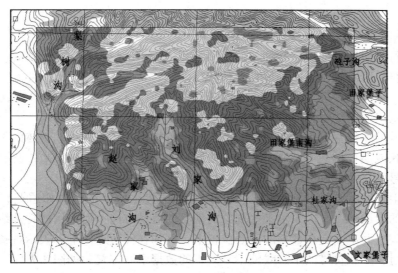

图 4-4　在等高线图上进行高度带分析

过符号的组合关系可以获得制图对象的数量多少、变化速度、实力强弱和水平高低,以及区域内同一指标的部分量占总量的比例,能够给人以深刻印象。

4.1.3　地图符号分类

1. 按符号表示的制图对象的几何特征分类

地图上按符号表示的制图对象的几何特征,地图符号主要分为点状符号、线状符号和面状符号三类。

(1)点状符号

当一个地图符号所代表的概念在抽象的意义下可认为是定位于几何上的点时,则称为点状符号。这时,符号的大小与地图的比例尺无关,且具有定位特征,而且采用的图形符号都是具有定位点的个体图形符号,如图 4-5 所示,(a)图显示的是普通地图上常见的点状符号,(b)图显示的是专题地图上常见的点状符号。

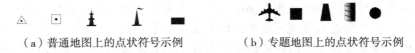

　　(a)普通地图上的点状符号示例　　　　　(b)专题地图上的点状符号示例

图 4-5　地图上的点状符号

点状符号的作用主要是说明物体的含义、位置及物体重要性。物体的含义,通过点状符号的形状或颜色的色相来表示;物体的位置,通过符号的定位点来表示;物体重要性等级或数量值,通过符号的尺寸来表示。

在普通地图上,点状符号的几何中心与地物实际位置是一致的,例如测量控制点、独立地物、不依比例尺的居民地符号和窑洞符号等;在专题地图上,点状统计图表符号的位置只要求合理,并不一定在数据的中心位置上,而且如果它代表的是一个区域的数据,通常定位在这个区域的中心位置上。

（2）线状符号

当一个符号所代表的概念在抽象的意义下可认为是定位于几何上的线时，称为线状符号。这时，符号沿着某一方向延伸且其长度与地图比例尺发生关系（图4-6），例如河流、沟渠、道路、等高线、等深线等符号。而有一些等值线符号，如等人口密度线、等气温线、等降雨量线等，尽管几何特征是线状的，但并不是线状符号。

线状符号的作用主要是说明物体的类别、位置特征及物体等级。物体的类别，通过线状符号的形状或颜色的色相来表示；物体的位置，通过符号的中心线来表示；物体的等级，通过符号的尺寸（线的粗细）或颜色的亮度变化来表示。

在地图上，线状符号的几何中心与地物实际位置是一致的，例如道路、河流、境界等；在特殊的专题地图上，表示某些现象的动态的流动方向，而采用的特殊线状符号的位置只要求合理，并不一定在数据的中心位置上，例如在经贸地图上，表示各省之间农业产品贸易往来时，线状符号的中心线就不是真正的数据中心位置，如图4-7所示。

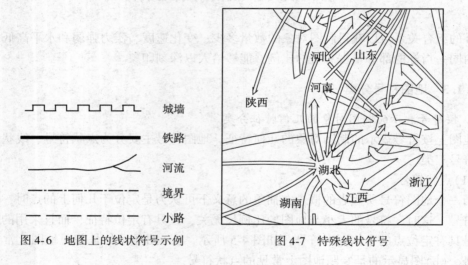

图4-6　地图上的线状符号示例　　　　图4-7　特殊线状符号

（3）面状符号

当一个地图符号所代表的概念在抽象的意义下可认为是定位于几何上的面时，称为面状符号。这时，符号所处的范围同地图比例尺发生关系，且不论这种范围是明显的还是隐喻的，是精确的还是模糊的。用这种地图符号表示的有水域范围、森林范围、各种区划范围、动植物和矿藏分布范围等，图4-8所示的是沼泽、树林和湖泊等面状符号。

面状符号的作用主要是说明物体（现象）的性质和分布范围。物体的性质，通过面状符号内部颜色的色相、亮度、饱和度、网纹的变化或内部点状符号的形状变化来表示；物体的分布范围，通过面状符号的外围轮廓线来表示。面状符号都是依比例尺变化的，所以，分布范围就是它的实际的位置。当其面积小于一定尺寸无法用面状符号表示时就转化为点状符号。

特殊地，对于一些体现象，如地貌、海洋、降雨量、人口密度等，在二维地图上，通常用线状符号和面状符号的组合加以表示。例如，地貌用等高线加分层设色来表示；人口

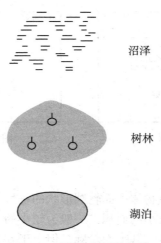

沼泽

树林

湖泊

图 4-8　地图上的面状符号

密度用等值线加等值区域来表示等。

所有地图符号都可以采用尺寸、方向、亮度、密度和色彩(统称为图形变量)的变化来区分和表示各种不同事物的分布、数量和质量等特征。图形变量的灵活应用极大地增强了地图符号的表现力。

2. 按符号与地图比例尺的关系分类

地图上符号与地图比例尺的关系,是指符号与实地物体的比例关系,即符号反映地面物体轮廓图形的可能性。由于地面物体平面轮廓的大小各不相同,符号与物体平面轮廓的比例关系可以分为依比例、半依比例和不依比例三种。据此,符号按其与地图比例尺的关系也分为依比例符号、半依比例符号和不依比例符号三种。

(1)依比例符号

依比例符号是指能够保持物体平面轮廓图形的符号,又称真形符号或轮廓符号。依比例符号所表示的物体在实地占有相当大的面积,因而按比例缩小后仍能清晰地显示出平面轮廓形状,其符号具有相似性,且位置准确,即符号的大小和形状与地图比例尺之间有准确的对应关系。例如,地图上的街区、湖泊、森林、海洋等符号,如图 4-9 所示。

依比例符号由外围轮廓和其内部填充标志组成。轮廓表示物体的真实位置与形状,有实线、虚线和点线之分;填充标志包括符号、注记、纹理和颜色,这里的符号仅仅是配置符号,它和纹理、颜色一样起到说明物体性质的作用,注记是用来辅助说明物体数量和质量特征的。

(2)半依比例符号

半依比例符号是指只能保持物体平面轮廓的长度,而不能保持其宽度的符号,一般多是线状符号。半依比例符号所表示的物体在实地上是狭长的线状物体,按比例缩小到图上后,长度依比例表示,而宽度却不能依比例表示。例如一条宽为 6m 的公路,在 1∶10 万比例尺图上,若依比例表示,只能用 0.06mm 的线显示,显然人眼很难辨认,因此地图上采用半依比例符号表示它。半依比例符号只能供量测其位置和长度,不能量测其宽度,如地图上的道路符号、境界符号等,如图 4-10 所示。

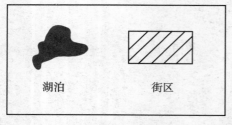

图 4-9　依比例符号

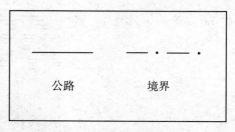

图 4-10　半依比例符号

（3）不依比例符号

不依比例符号是指不能保持物体平面轮廓形状的符号，又称记号性符号。不依比例符号所表示的物体在实地上占有很小的面积，一般为较小的独立物体，按比例缩小到图上后只能呈现一个小点，根本不能显示其平面轮廓，但由于其重要而要求表示它，因此采用不依比例符号表示。不依比例符号只能显示物体的位置和意义，不能用来量测物体的面积大小和高度（但可以通过说明注记辅助表示）。例如，地图上的油库符号、灯塔符号、三角点符号等，如图 4-11 所示。

图 4-11　不依比例符号

地面物体究竟是采用依比例符号、半依比例符号还是不依比例符号表示，这不是绝对的，随物体大小的差异和地图比例尺的变化而变化。原来依比例表示的物体，随着比例尺缩小，可能就会变成半依比例符号甚至不依比例符号。

3. 按符号表示的制图对象的属性特征分类

按符号表示的制图对象的属性特征可以将符号分为定性符号、定量符号和等级符号，如图 4-12 所示。

（1）定性符号

表示制图对象质量特征的符号称为定性符号。这种符号主要反映制图对象的名义尺度，即性质上的差别。

（2）定量符号

表示制图对象数量特征的符号称为定量符号。这种符号主要反映制图对象的定量尺度，即数量上的差别。在地图上，通过定量符号的绝对比率（或相对比率）关系，可以获取制图对象的数量值。

（3）等级符号

表示制图对象大、中、小顺序的符号称为等级符号。这种符号主要反映制图对象的顺序尺度，即等级上的差别。在地图上一般通过符号的大小来判定其等级大小。

居民地　　　　25　15　5　　　　　大　中　小

（a）定性符号　　　（b）定量符号　　　（c）等级符号

图 4-12　按符号表示的制图对象的属性特征分类

4. 按符号的形状特征分类

根据符号的外形特征还可将符号区分为几何符号、透视符号、象形符号和艺术符号等。

几何符号，指用简单的几何形状和颜色构成的记号性符号，这些符号能体现制图现象的数量变化，例如三角形符号、圈形符号等（图 4-13（a））。透视符号，指从不同视点将地面物体加以透视投影得到的符号，根据观测制图对象的角度不同，可将地图符号分为正视符号和侧视符号，普通地图上的面状符号大多属于正视符号（图 4-13（b）），点状符号大多属于侧视符号（图 4-13（c））。象形符号，指对应于制图对象形态特征的符号，如房屋、岸线、树木、桥梁等（图 4-13（d）），普通地图上的符号大多是象形符号。艺术符号，指与被表示的制图对象相似、艺术性较强的符号，如各种专题地图上的牛、羊、马等符号（图 4-13（e）），多数是以缩小简化图片（或位图）的形式出现。

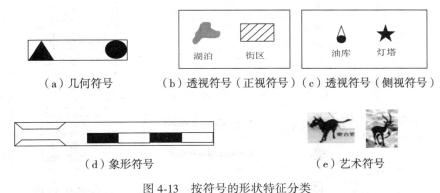

（a）几何符号　　（b）透视符号（正视符号）（c）透视符号（侧视符号）

（d）象形符号　　　　　　　（e）艺术符号

图 4-13　按符号的形状特征分类

4.2　地图符号的视觉变量及视觉感受

4.2.1　地图符号的视觉变量

1. 视觉变量的概念

视觉变量有时也称图形变量，是引起视觉的生理现象差异的图形因素。这种视觉上可以察觉到的差别不仅包含于认识的初级阶段——感觉阶段，同时也受认识的因素和人的心理现象的影响。在对图形的辨别水平上存在一个关于图形的广度、强度和持续时间的基本变量，即视觉变量。视觉变量的研究对图形符号设计的科学性、系统性、规范性、可视性起到了重要作用。因此，视觉变量理论引起了许多地图学家的兴趣，并根据地图符号的特点，提出了构成地图符号的视觉变量。但是，由于人们的理解和认识不同，所以给出的内容也不完全相同。目前在二维图形视觉变量的研究方面，普遍采用的地图符号视觉变量是法国图形学家贝尔廷(J. Bertin)提出的形状、尺寸、方向、亮度、密度、色彩六个基本视觉变量，它们分别包括点、线、面三种形式。

2. J. Bertin 的视觉变量

法国图形学家 J. Bertin 提出的六个基本视觉变量，如图 4-14 所示。

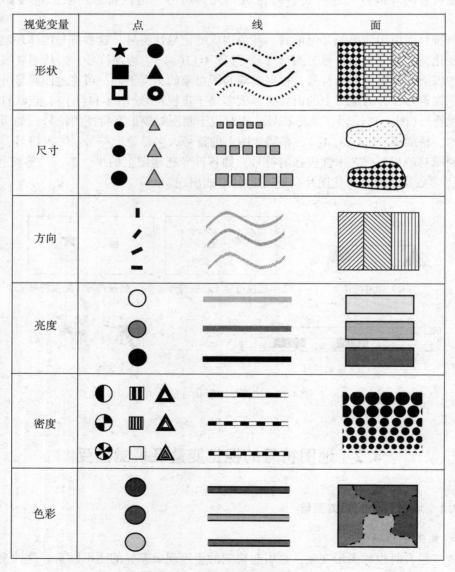

图 4-14　J. Bertin 的六个视觉变量

（1）形状变量

形状变量是点状符号与线状符号最重要的构图因素。对点状符号来说，形状变量就是符号本身图形的变化，它可以是规则的或不规则的，从简单几何图形如圆形、三角形、方形到任何复杂的图形。对于线状符号来说，形状变量指的是组成线状符号的图形构成形式，如双线、单线、虚线、点线以及这些线划形状的组合与变化。直线与曲线的变化不属于形状的变化，只是一种制图现象本身的变化。面状符号无形状变量，因为面状符号的轮廓差异是由制图现象本身所决定的，与符号设计无关，如图 4-15 所示。

图 4-15　形状变量

（2）尺寸变量

尺寸变量对于点状符号，指的是符号图形大小的变化。对于线状符号，指的是单线符号线的粗细，双线符号的线粗与间隔，以及点线符号的点子大小、点与点之间的间隔，虚线符号的线粗、短线的长度与间隔等。面状符号无尺寸变化，因为面状符号的范围大小由制图现象来决定，如图 4-16 所示。

图 4-16　尺寸变量

（3）方向变量

方向变量是指符号方向的变化。对于线状和面状符号来讲，指的是组成线或面状符号的点的方向的改变，如图 4-17 所示。并不是所有符号都含有方向的因素，例如圆形符号就无方向之分，方形符号也不易区分其方向，并在某一角度上会产生菱形的印象从而和形状变量相混淆。

（4）亮度变量

亮度不同可以引起人眼的视觉差别，利用它作为基本变量指的是点、线、面符号所包含的内部区域亮度的变化。当点状符号与线状符号本身尺寸很小时，很难体现出亮度上的差别，这时可以看作无亮度变量。面状符号的亮度变量，指的是面状符号的亮度变化，或

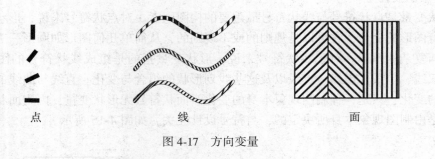

图 4-17　方向变量

者说是印刷网线的线数变化，如图 4-18 所示。

图 4-18　亮度变量

（5）密度变量

密度作为视觉变量是指保持亮度不变，即黑白对比不变的情况下改变像素的尺寸及数量。这可以通过放大或缩小符号的图形来实现。对于全白或全黑的图形无法体现密度变量的差别，因为它无法按定义体现这种视觉变量，如图 4-19 所示。

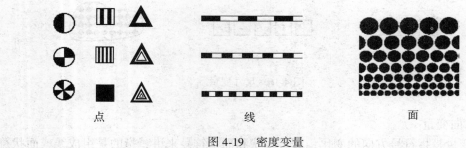

图 4-19　密度变量

（6）色彩变量

色彩变量对于点状符号和线状符号来说，主要体现在色相的变化上，如图 4-20 所示。对于面状符号，色彩变量指的是色相与饱和度。色彩可以单独构成面状符号，当点状符号与线状符号用于表示定量制图要素时，其色彩的含义与面状符号的色彩含义相同。

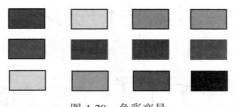

图 4-20　色彩变量

4.2.2　动态地图(动画地图)的视觉变量

电子地图和虚拟地理环境的动态性和交互性特征拓展了视觉变量,主要用于描述动态信息。动态视觉变量与静态视觉变量的联合应用使电子地图符号视觉变量的运用更加灵活多样。目前,动态视觉变量还没有一个完整的公认的标准,艾廷华(1998)在 J. Bertin 视觉变量的基础上,从制图实用的角度,提出了动态地图符号的动态参量,包括发生时长、变化速率、变化次序、节奏。

1. 发生时长

发生时长是读者从视觉上感知符号的存在到符号消亡的持续时间。发生时长反映了事件在时间轴上的延展,与事件在空间 X、Y、Z 轴上投影覆盖的范围是一致的,如图 4-21 所示。地图设计中发生时长可以用于表现动态现象的延续过程,发生时长的帧值越大,现象发生的时间就越长。

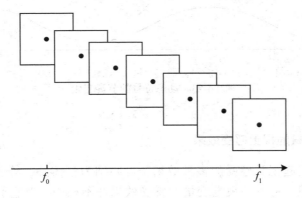

图 4-21　符号的发生时长

2. 变化速率

变化速率描述动态符号所处变化状态的速率,是一个复合变量,需要借助于符号的其他变量表述,如图 4-22 所示。

3. 变化次序

变化次序描述符号的状态改变过程。每一帧都是动态符号的一个组成部分,因此可以对每一帧的状态进行处理,使它们能有序地出现。符号的变化次序可以用于任意有序量的可视化表达,升序变化对应着特征的显著增强,降序变化对应着特征的显著减弱。例如,

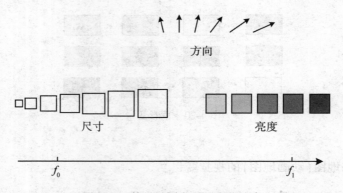

图 4-22　符号不同变量的变化速率

用色相灰—淡红—红—蓝—淡蓝—灰表示天气由阴到晴，再由晴到阴的过程。

4. 节奏

节奏描述符号周期性变化的特征，它是由发生时长、变化速率以及其他参量融合到一起而生成的复合变量，同时又表现出独立的视觉意义，用于地理信息的时态特征及变化规律的描述。如图 4-23 所示，曲线描述了正方形图形大小变化的节奏特征。

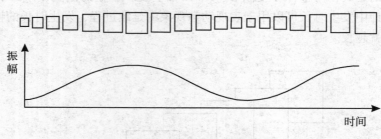

图 4-23　动态符号的节奏变化

4.2.3　视觉变量的视觉感受效果

视觉变量能够引起视觉感受的多种效果，可归纳为整体感、等级感、数量感、质量感、动态感、立体感。每一种视觉变量的感受效果并不相同。对它们各自感受效果的分析，有助于使每个变量能较好地参与地图符号的设计，提高地图设计的水平。下面分别加以叙述。

1. 整体感

整体感就是由不同像素组成的一个图形，看上去在整体上没有哪一种像素特别突出，如图 4-24 所示。形状、方向、色彩中的近似色都可产生整体感。整体效果的好坏，取决于形状、方向、色彩的差别大小和相应的外围环境。亮度、尺寸和密度由于本身的差别较大，整体感的效果不好。

2. 等级感

等级感就是将观察对象迅速而明确地分出几个等级的感受效果，如图 4-25 所示。尺

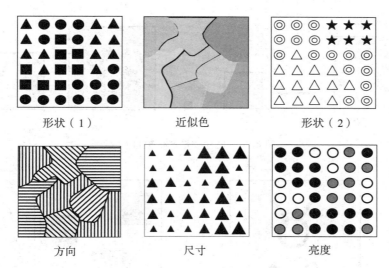

图 4-24　产生整体感的视觉变量

寸、亮度和密度都能产生等级感。消色的亮度显示是灰度尺，即从白到黑可以排列出符号的顺序，尺寸的大小，密度的黑白对比都可产生等级的变化。

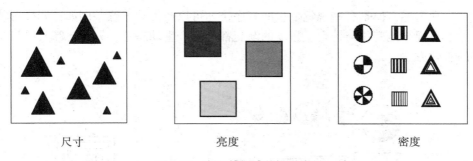

图 4-25　产生等级感的视觉变量

3. 数量感

数量感就是从图中获得绝对差值的感受效果。只有二维平面上的尺寸变量可以表达这种效果，如图 4-26 所示。由于数量感要求变量的可量度性，所以采用抽象的几何图形作变量的形态较好，如圆形、三角形、方形等。图形越简单，判别数量的准确性越强；反之，图形越复杂，判别数量的准确性越差。

4. 质量感

质量感就是将观察对象区分出几个类别的感受效果，如图 4-27 所示。形状和色彩是产生质量感的两个变量。色彩主要表达不同性质的面状现象，而表达不同地物分布特点的点状现象，一般用形状变量并配合色彩来表达其质量差别。

5. 动态感

动态感就是构图上给读者一种运动的视觉效果，如图 4-28 所示。单一的视觉变量一

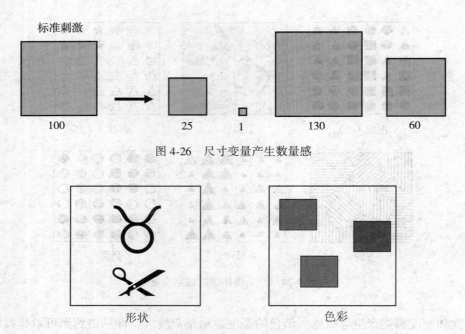

标准刺激

100   25   1   130   60

图 4-26   尺寸变量产生数量感

形状   色彩

图 4-27   产生质量感的视觉变量

般不能产生动态感,但是有些视觉变量的有序排列可以产生动态感。例如,同样形状的符号在尺寸上有规律地变化与排列、亮度的渐变都可以产生动态感;另外,箭头符号是产生动态感的有效方法。

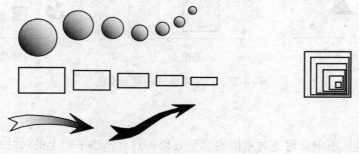

图 4-28   通过构图产生动态感

6. 立体感

立体感就是通过变量组合,使读者从二维平面图上产生三维立体视觉的感受效果,如图 4-29 所示。尺寸变化、亮度变化、纹理梯度、空气透视、光影变化等都能产生立体感。

通过以上讨论,我们可将视觉变量能够产生的最佳感受效果列成一张表,见表 4-1。

在地图符号设计中,我们可以参照表 4-1 来选择视觉变量,使制作的地图达到最佳的视觉效果。另外,为了增加符号间的差别与联系,一个符号往往使用两个或更多的视觉变量,这就是视觉变量的联合应用,例如尺寸、亮度、形状的联合应用,如图 4-30 所示。

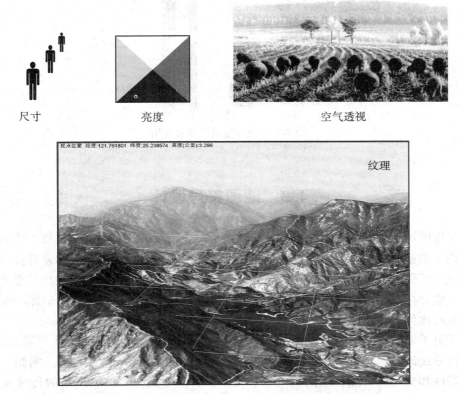

尺寸　　　　　　亮度　　　　　　　　　空气透视

纹理

视点位置 经度:121.761801 纬度:25.238574 高度(公里):3.296

图 4-29　尺寸变化、空气透视、光影纹理变化等产生的立体感

J. Bertin 在他的视觉变量理论中，提出了任何两种视觉变量相加其感受效果总是增强的观点。但实际上，视觉变量的相加其感受效果并不都是增强的。因为，每一种视觉变量都有其最适宜的感受效果，所以在它们联合应用时必须注意，如果它们的最佳效果是一致的，则联合后总效果会增强，否则反而会减弱。例如，为了反映现象的质量差别，用尺寸和亮度的组合效果不好，但若是反映现象的数量等级差别，则它们的组合却是最好的。另外，还应注意组合时每个变量的变化方向，如递增的尺寸变量系列与递减的亮度变量系列的联合，效果是减弱的。

表 4-1　　　　　　　　　　　　　视觉变量产生的感受效果

	整体感	等级感	数量感	质量感	动态感	立体感
尺寸		●	●		●渐变	●有规律
亮度		●			●渐变	●有规律
密度		●				
色彩	●近似色			●	●渐变	●有规律
方向	●角度相近					

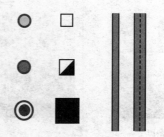

图 4-30   视觉变量的联合应用

4.3   地图符号设计

对于地图制图来说，地图符号设计实质上是一个系统工程，在整个过程中受到多种因素的制约。概括起来主要有主观因素和客观因素。影响符号设计的主观因素有符号的视觉变量及视觉感受效果，符号构图的视觉生理、心理因素，地图信息的视觉感受水平，符号的传统习惯和标准。影响地图符号设计的客观因素包括地图的资料特点、地图的用途和内容、地图的比例尺和地图使用环境等。

由于电子地图在使用环境、使用方式等方面都不同于传统的纸质地图，所以在进行电子地图符号设计时，必然要考虑一些新的因素的影响(陈毓芬等，1999)，例如，电子地图的动态性和交互性特点，不同浏览器和显示插件，不同分辨率，网络的传输速度等因素。另外，电子地图用户使用地图的方式也不同于纸质地图，例如，人眼与屏幕之间的距离增大(是观察纸质地图时的两倍)，用户可以利用各种交互工具帮助查询、搜索信息等。所以，设计电子地图的符号系统，需要从电子地图的应用需求出发，考虑各种因素，确定每个符号的图案、尺寸、颜色及其在系统中的作用。

4.3.1   地图符号的设计原则

地图符号设计中要把握的基本原则是使符号具有可定位性、概括性、易感受性、组合性、逻辑性和系统性(游雄，2008)。

1. 可定位性

地图符号的可定位性，其实质是符号定位的精确性。空间数据可视化需要表达现象的定位特征，这就要求符号本身具有可定位性。所以，设计的地图符号必须有相应的定位点和方向点。

不同的应用目的对于符号定位精度的要求是不同的。普通地图以指明定位点为目的，因此要求定位精度高。专题地图强调区域、区划和分布的概念，对定位精度的要求相对较低。统计地图强调统计区域内的定量概念，对精度的要求也较低。定位性较强的符号常用简单的几何符号，如圆形、三角形、方形符号等，如图 4-31 所示。

2. 概括性

地图符号的概括性体现了人类心智的发展。对于设计者而言，要善于抓住现象的主要

图 4-31　易于定位的地图符号

特征，并以最简洁明了的符号加以表示，即地图符号的构图应简洁、易于识别和记忆，图形要形象、简单和规则，如图 4-32 所示。对于读者而言，要善于从这种概括了的表现手法中洞察事物的细节，从中获得更多的信息。符号概括程度受地图用途和比例尺的制约，不同的用途，同一现象的符号细节不同，如图 4-33 所示。

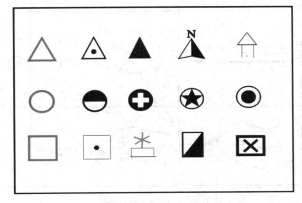

图 4-32　符号构图的概括性示例（用途不同）

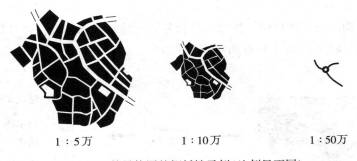

1∶5万　　　　1∶10万　　　　1∶50万

图 4-33　符号构图的概括性示例（比例尺不同）

3. 易感受性

地图符号应使读者不费更多的记忆、辨别就可感受到其内涵。易感受的图形显得生动活泼，能激发起美感，进而提高可视化的传输效果。例如，用不同形状的符号，分别表示机场、学校和医院，如图 4-34 所示。

图 4-34　易感受的符号（机场、学校和医院）示例

4. 组合性

地图符号应充分利用符号的组合和派生，构成新的符号系统。例如，用齿线和线条的组合，就可以组成凸出地面的路堤，高出地面的渠、土堆，凹于地面的路堑、冲沟、土坑，以及单面凸凹于地面的梯田、陡崖、采石场等多种地图符号，如图 4-35 所示。

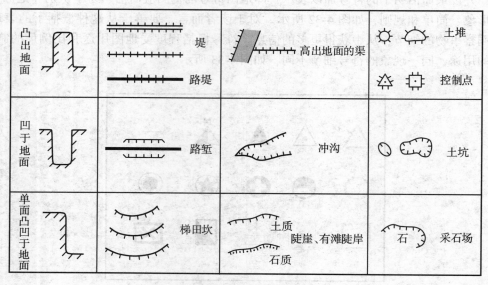

图 4-35　符号的组合性示例

5. 逻辑性

地图符号的构图要有逻辑性，保持同类符号的延续性和通用性，符号的图形与符号的含义建立起有机的联系，如图 4-36 所示。

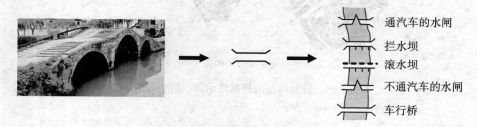

图 4-36　符号构图的逻辑性

6. 系统性

地图符号的系统完整协调，能够最佳地表现出整个地理现象之间的关系。为此，需要考虑到构图与用色以及地理现象的相互关系等因素，不能孤立地设计每种类型或每个符号，而要考虑整个符号系统的设计。

4.3.2　地图符号设计的一般方法

地图符号设计是一个非常复杂的过程。对于单幅地图，当内容不太复杂时，地图符号设计并不困难；但对于内容复杂的系列地图或地图集来说，既要求单个符号简洁明了，又要求多种类型符号之间有很强的系统性和可比性。此时，符号设计很复杂，也很困难。

因此，符号设计必须遵循一定的顺序进行，才能很好地设计出相应的符号系统以实现不同的用途。符号设计的基本步骤是：

第一步，根据地图的用途，确定地图应表达的内容，并区分出内容表达的层次；

第二步，分析所收集到的地图资料，拟定分类分级原则，确定相应的符号类型、采用的视觉变量及其组合效果；

第三步，进行符号的具体设计；

第四步，进行符号的局部试验；

第五步，进行符号修改，并制作相应的样图再进行试验；

第六步，符号的再修改及整体协调、艺术加工，形成符号系统表。

4.3.3　电子地图符号的特殊性

电子地图符号设计时，应当尽量采用目前已经公认的、习惯的符号表示方法。在符号的构图、色彩设计中，也尽量考虑符号与所表达信息之间的内在的自然联系，最大限度保留对象的形态、结构特征，或者直接采用与对象有密切联系的形象作为符号，以方便用户对地图内容的理解。如图4-37中的火车站、医院、商场等符号。在电子地图中，通常采用蓝色表示河流、绿色表示植被，这些都和传统地图的习惯一致。同时还要考虑电子地图特殊的使用环境。电子地图特殊的使用环境包含两层含义：一是电子地图的显示、操作是基于计算机或各种电子设备的；二是用户使用电子地图时的外部环境。计算机和不同电子设备(如导航仪、手机)的屏幕分辨率限制了地图符号的尺寸和精细程度，显示器的大小限制了有效的地图显示范围，网络带宽限制了地图文件的大小。用户使用电子地图时外部环境的改变，如视距以及对地图操作方式的改变对地图符号设计都提出了新的要求。电子地图符号的特殊性主要体现在以下几个方面。

图4-37　电子地图中的符号

1. 符号视觉变量运用的特殊性

电子地图符号设计中视觉变量的特殊性表现在两个方面，一是视觉变量的扩展，二是视觉变量的运用更加灵活。由于电子地图的动态性和交互性特征，在其符号设计中出现了一些新的视觉变量，主要用于描述动态信息，包括发生时长、变化速率、变化次序和节奏。动态视觉变量与静态视觉变量的联合应用使电子地图符号视觉变量的运用更加灵活多样，例如，可以采用亮度有节奏地变化来设计地图符号，特别重要的要素可以使用闪烁符号，但一幅地图上不宜设计太多的闪烁符号，否则将适得其反。

113

　　尺寸变量是符号设计的重要视觉变量，由于电子地图的显示区域较小，符号尺寸不宜过大，大了以后会压盖其他要素，增加地图载负量。但如果尺寸过小，在一定的视距范围内看不清符号的细节或形状，符号的差别也就体现不出来。点状符号尺寸应保持固定，一般不随着地图比例尺的变化而改变大小，大多通过设置符号的缩放比例实现地图符号显示。值得注意的是，如果地图显示尺度跨度较大，可以设计几种有限尺度的地图符号(包括结构变化和尺寸变化)，这样既可保证地图符号尺寸的有限变化，又使地图符号满足屏幕分辨率的要求。

　　电子地图符号与纸质地图符号相比，尺寸大、结构简单，这就决定了单个符号所代表的信息量少。然而，从使用者的角度看，这也不是坏事，特别是对于大部分没有地图使用经验的网络用户而言，这样的地图图面清晰，视觉效果好，易于感受和使用。另外，地图设计者可以充分利用电子地图的交互性特点，将更多的信息放在地图的第二个层面上，这样，既顾及了视觉效果，又能够为用户提供充分的信息量。

　　2. 符号形式设计的特殊性

　　电子地图通过多种感觉通道来传达与空间相关的各种信息，因此其地图符号形式的设计也应当多样化，不仅有视觉形式的图形符号，还有通过声音或动画传递信息的听觉符号与动画符号等。相对于纸质地图而言，电子地图的使用环境较为复杂，有限的地图显示区域给用户形成整体概念造成困扰，屏幕发光的特性也缩短了用户的眼睛停留在电子地图上的时间。如果是在移动设备上使用电子地图，用户还要顾及千变万化的外部环境。因此，电子地图符号在视觉形式上要具有较强的可视性和清晰性。由于多媒体技术的应用，电子地图中出现了很多具有声音效果的听觉符号和动画符号以及交互功能符号。这些符号通过声、画、动作来传达信息。与传统纸质地图单一的图形符号相比，这些形式的地图符号所表示的地理信息更加直接、生动，更易于满足一些特殊用户的需求。例如，为儿童制作的电子地图中就可以适当增加这些听觉符号和动画符号，儿童识字有限，又比较好动，因而通过声音和动画传递信息是最容易被他们理解和接受的方式。

　　3. 符号分类分级尺度的特殊性

　　通常电子地图符号设计所采用的分类分级尺度应略大于纸质地图，这是由电子地图的使用环境所决定的。由于显示区域的限制，特别是在移动设备上，无法在显示地图的同时显示图例，因此应尽量增大要素的分类分级尺度，才能确保用户得到正确的信息。此外，分类分级尺度的增大还能减小地图的数据量，这对于实时传输数据的网络地图而言是十分重要的。例如，目前的网络地图中将所有的森林、果林等都表示为植被，而不区分具体的品种；对水系的表示也一样，都采用同样的蓝色符号表示。图 4-38 中所示的是 MapQuest 地图网站中的对道路实时信息的分级尺度设计。

　　4. 符号色彩设计的特殊性

　　色彩是电子地图符号设计的重要方面。我们通常认为计算机设备的色彩还原能力大于印刷机，因此电子地图的色彩更为丰富。然而在实际应用中，过多的色彩不利于用户的视觉感受，甚至还会降低用户对信息的理解。所以，单个符号中应用的色彩不宜过多，以两种颜色结合表示就足够了；不同类别符号应采用不同的色相表示，但是要保证其亮度和饱和度的一致；电子地图符号的色彩要与整个地图产品的风格相一致，符号之间的色彩要和谐统一。此外，不同品牌的显示器、显卡、不同浏览软件、显示设备对色彩的显示都有差

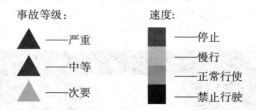

图 4-38　MapQuest 地图网站中道路信息分级

别，因而为了确保电子地图的显示效果，符号的色彩设计应当尽量采用 256 色以内的颜色，当然，随着计算机技术的发展，该色板会适当扩大，还可以采用一些特殊效果来增加透明度、运用阴影等来增加地图符号的艺术性。

4.4　地 图 色 彩

4.4.1　色彩的基本概念

人们对颜色的感受涉及人的视觉生理机制和心理机能，因此不同的学科对颜色的认识与应用也不同。

1. 光与色

光是一种电磁波，是通过波长与频率来描述的。太阳光线是由许多不同波长的电磁波组成的。电磁波波长范围很广，最长的交流电，波长可达数千千米；最短的宇宙射线，波长仅有十分之几纳米。电磁波中只有波长在 800~400nm（通常是 780~380nm）范围的光线，人眼才能看见，因此将这段范围的波长所构成的光谱叫做可见光谱（图 4-39）。

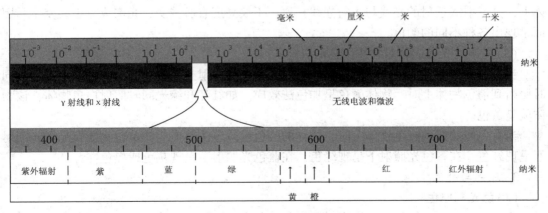

图 4-39　电磁波谱与可见光谱

可见光谱（visible spectrum）是一个连续的波谱，牛顿将其分为红、橙、黄、绿、青、蓝、紫 7 个谱段。其中，波长最长的是红色光，居于可见光谱的一端；最短的是紫色光，居于可见光谱的另一端。它们和其他各色光的波长大体如下：红色光 750~630nm，橙色

115

光 630~600nm，黄色光 600~570nm，绿色光 570~490nm，青色光 490~460nm，蓝色光 460~430nm，紫色光 430~380nm（图 4-40）。

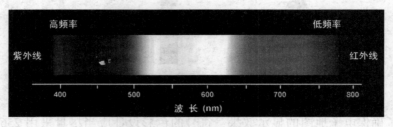

图 4-40　可见光谱的波长与颜色分布

2. 物体的色

物体的色是人的视觉器官受光后在大脑的一种反映。

物体的色取决于物体对各种波长光线的吸收、反射和透视能力。物体分消色物体和有色物体。

（1）消色物体的色

消色物体指黑、白、灰色物体，它们对照明光线具有非选择性吸收的特性，即光线照射到消色物体上时，被吸收的入射光中的各种波长的色光是等量的；被反射或透射的光线，其光谱成分也与入射光的光谱成分相同。当白光照射到消色物体上时，反光率在 75% 以上，即呈白色；反光率在 10% 以下，即呈黑色；反光率介于两者之间，就呈深浅不同的灰色。

（2）有色物体的色

有色物体对照明光线具有选择性吸收的特性，即光线照射到有色物体上时，入射光中被吸收的各种波长的色光是不等量的，有的被多吸收，有的被少吸收。白光照射到有色物体上，其反射或透射的光线与入射光线相比，不仅亮度有所减弱，光谱成分也改变了，因而呈现出各种不同的颜色。

（3）光源的光谱成分对物体颜色的影响

当有色光照射到消色物体时，物体反射光颜色与入射光颜色相同。两种以上有色光同时照射到消色物体上时，物体颜色呈加色法效应。如红光和绿光同时照射白色物体，该物体就呈黄色。

当有色光照射到有色物体上时，物体的颜色呈减色法效应。如黄色物体在品红光照射下呈现红色，在青色光照射下呈现绿色，在蓝色光照射下呈现灰色或黑色。

3. 原色与补色

（1）色光三原色

在颜色光学中，把红光、绿光、蓝光称为色光三原色光。等量的红光、绿光、蓝光相加即产生白光。

（2）色光的补色

任何两种色光相加后如能产生白光，这两种色光就互称为补色光。红、绿、蓝三原色光的补色光分别为青、品红、黄色光。红光与青光、绿光与品红光、蓝光与黄光互为补色光。图4-41为色光三原色及其补色。

（3）色料三原色

在色料的调和中（如印刷过程），黄色、青色和品红色称为色料三原色。理论上，等量的黄色、品红色和青色相加即产生黑色。但实际上，由于颜料的颜色难以达到理想的纯度，因此，通常由三原色混合出来的颜色呈深灰色。也正因为如此，在原色印刷中，常常用黑色来替代三原色等量叠加的部分，所以，将这种印刷机制称为"四色印刷"。

（4）色料的补色

任何两种色料相混后如能产生黑色，这两种色料就互为补色。图4-42为色料三原色及其补色。

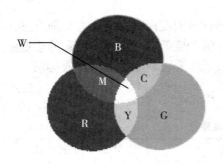

图4-41　色光三原色及其补色

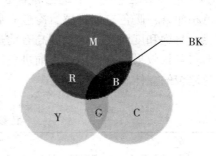

图4-42　色料三原色及其补色

4. 加色过程和减色过程

色光相加后，光亮度增加，即越加越亮，因此，把色光的相加过程称为"加色过程"；色料相加后，亮度降低，即越加越暗，因此，把色料的相加过程称为"减色过程"。

5. 颜色的三要素

颜色的三要素是色相、明度和饱和度，它们是评价颜色的主要依据。

（1）色相

色相也称色别，是指色与色的区别，色别是颜色最基本的特征，它是由光的光谱成分决定的，由于不同波长的色光给人以不同的色觉，因此，可以用单色光的波长来表示光的色别。

（2）明度

明度是指颜色的明暗、深浅，又称亮度，通常用反光率表示明度大小。同一色别会因受光强弱的不同而产生不同的明度，同一色别之间也存在明度的异同。人眼对不同颜色的视觉灵敏度不同，不同色别在反光率相同时，也会产生不同的明度感受。

（3）饱和度

饱和度是指色的纯度，也称色的鲜艳程度。饱和度取决于某种颜色中含色成分与消色成分的比例。含色成分越大，饱和度就越高；消色成分越大，饱和度就越低。物体的表面结构和照明光线性质也影响饱和度，相对来说，光滑面的饱和度大于粗糙面的饱和度；直射光照明的饱和度大于散射光照明的饱和度。

颜色的明度改变，饱和度也随之变化。明度适中时饱和度最大；明度增大时，颜色中的白光增加，色纯度减小，饱和度也就降低；明度减小时，颜色很暗，说明颜色中的灰色增加，色纯度也减小，饱和度也就降低。当明度太大或太小时，颜色会接近白色或黑色，饱和度也就极小了。

4.4.2 色彩的视觉感受

1. 温度感与膨胀感——暖色和冷色

暖色具有膨胀感，冷色具有收缩感。暖色是指波长较长的色(红、橙、黄)，给人以温暖感，习惯上称红色系列为暖色系列。冷色指波长较短的色(紫、蓝、绿)给人以寒冷感，称蓝色系列为冷色系列。色彩的冷暖感如表 4-2 所示。

2. 前进感与后退感——前进色和后退色

对色相而言，暖色有前进感，冷色有后退感；对明度而言，明度大有前进感，明度小有后退感；对饱和度而言，饱和度高有前进感，饱和度低有后退感。色彩的进退感是加强地图图形与背景效果的有效措施，前进色用来表示图形；利用进退感有效排列，一定程度上可表现地貌的立体感。

表 4-2　　　　　　　　　　　　　　色彩的冷暖感

色　彩	温度感	刺激作用
红	暖	有刺激
橙	暖	有刺激
黄	微暖	有微刺激
黄绿	中性	平静
绿	中性	平静
蓝绿	微寒	微平静
蓝	寒	沉静
蓝紫	微寒	微沉静
紫	中性	平静

3. 色彩的感情含义

人们对色彩的感情反应不尽相同，但仍有一些可供参考的规律，见表 4-3。

表 4-3　　　　　　　　　　　　　人们对色彩的感情反应

色　彩	含　　义
红色	紧张、兴奋、热情、活泼、勇敢、暴力、危险等
橙色	快乐、欢乐、积极、健壮、收获、富裕等
黄色	光明、向上、愉快、明快、乐观等

色彩	含　义
绿色	安稳、平静、随和、纯真、和平、自然、年轻等
蓝色	沉静、冷淡、沉着、纯洁、浮沉等
紫色	优美、高贵、问候、神秘、优雅、尊严等
白色	清洁、纯洁、病态等
灰色	平静、沉默、压抑、素净等
黑色	神秘、消极、沉闷、哀悼等

4. 色彩的偏爱性

来自心理学和广告业的研究表明：4～5 岁的幼儿喜欢暖色，红色、橙色最受欢迎，蓝绿色次之；少年也喜欢高饱和度的颜色，但是六年级后，此倾向减弱；成年人受多种因素的影响，偏爱不一致，通常喜欢波长较短的色。

5. 色彩的组合感受

色彩的组合感受一般是指图形与背景的色彩感受。最满意的组合是具有较大的亮度差别。高亮度对比能使图形-背景组合满意；明亮或深浅的背景较满意，中等亮度的效果差；理想的图形色应是从绿到蓝的任何色相，或包含大量灰色的色相。表 4-4 是适合于建立图形与背景的色彩组合。

表 4-4　　　　　　　　　　　**适合于建立图形与背景的色彩组合**

图形色	最佳背景色	最糟背景色
中红	墨绿	艳紫红
棕橙	墨绿	艳紫红
浅草黄	墨绿	艳红
强炎绿	墨绿	中绿
中绿	淡灰红	灰蓝
中蓝绿	黑	中绿
中绿蓝	艳黄	中绿
极淡蓝	黑红	强黄绿
棕紫红	黑	艳橙
中灰	淡红	灰蓝

4.4.3　地图符号色彩设计

1. 基本要求

①地图的色彩应与地图的用途相协调。

地图的用途不同，对色彩的要求也有所差别。因此，要根据用户的特殊需求进行色彩设计。例如，从地图内容上来看，普通地图除了阅览、查询外，大多作为制作专题地图的底图，用于标绘各种专题信息，因此普通地图的色彩要求清淡、浅亮，整体协调性强，而且普通地图的用色一般都会有一个约定俗成的标准；专题地图的色彩要突出主题，因此主要要素颜色浓而重，次要要素浅而淡，甚至有些不用色，专题地图的用色没有固定的标准；对于一些特殊地图，像地质图、旅游景点图、儿童地图、动物与植物地图，其色彩更为浓艳和特殊。从地图使用方式上来看，挂图颜色浓而重，桌面用图浅而淡。

②地图的色彩应层次分明，突出重点内容。

色彩是否与内容相适应相平衡，是色彩设计中很重要的问题。在地图色彩设计中，首先要根据不同的设色对象、目的及功能要求确定图幅或图组的主色调，然后再进行局部的色彩设计，这时如何把握好各类色彩的对比与调和关系是关键所在。图面上各种重叠的点、线、面状色彩对比关系处理得好，图面充满生机、主题突出、富有层次感，色彩明亮；倘若处理得不好，则图面暗淡，主题形象模糊，缺乏形式美感。所以，地图的色彩应层次分明，突出重点内容，其中色彩对比是色彩设计中很重要的手法。

色彩对比有明度对比、色相对比，纯度对比、冷暖对比、色面积对比、色形状对比，色位置对比等类型。其中，特别要注重色彩的明度对比，不同明度的色彩组合便构成色彩的层次。重点内容应位于色彩的第一层次，以达到突出主题内容的目的。

③地图的色彩应系统协调，突出特色。

地图色彩表达的是地图内容的分类分级特征，即质量和数量特征的变化。因此，地图的色彩必须有其明显的系统性，否则就会给读者带来杂乱甚至错误的信息。

地图色彩的协调是指图面上两种以上的颜色的组合在视觉上达到令人满意的效果。协调可以是颜色排列的某种秩序，Ostwald 认为：秩序越简单，协调性越好。协调也可以是颜色间有规律的变化。

④考虑地图上颜色的习惯用法。

不同的国家和地区对地图的设色都有一定的习惯用法和喜好，不同用途的地图也都有各自的设色体系。在地图设计中，有些颜色经过长期的使用已经形成了一种习惯。地质图除外，它的用色方案是全世界统一的，1881 年在意大利波伦亚的一次国际地质学术会议上已正式确定这一点。在设计颜色时，应该尽量遵循这些习惯性的用法。例如：蓝色表示水系(所有地图)；红色表示温暖、蓝色表示寒冷(气候图)；黄色和褐色表示干燥、无植被(分层设色)；棕色表示地表，如等高线(地形图)；绿色表示植被(所有地图)；红色表示正值，蓝色表示负值(气压图)，等等。

2. 点状符号色彩设计

①利用不同色相表示现象的类别及质量差异。

点状符号多采用对比颜色。例如，工业分布图中，在半径相同的圈形符号内分别填入灰、蓝、红、黄色以代表金属工业、机械工业、化学工业、食品工业。又如，在用点值法表示玉米、小麦分布范围的图上，分别用红点、蓝点代表玉米和小麦。由于色相对比强烈，玉米和小麦的分布清晰易读。

②点状符号的色彩应尽量与地物的固有色相似，便于读者引起联想。

例如，火力发电站用红色，水利发电站用蓝色，森林用绿色。当然，并不是图上每种要素均能同地物的自然色取得一致，它还受到多方面因素的影响。例如，在同一幅图上用点值法表示三种作物，分别用红、蓝、黑点代表小麦、大豆和棉花。若考虑棉花的固有色，应该用白色表示，但为了与浅淡的底色形成对比，而用黑色表示。

③点状符号的色彩必须考虑地图用途的要求。

挂图用色多偏鲜艳、浓烈，桌面用图多偏于和谐、素雅。专题要素点状符号要鲜明、醒目、突出；而作为底图的点状符号，则要求色彩素雅、清淡。此外，还要考虑符号本身的图形、大小以及印刷的经济、技术条件等。

④点状符号的色彩面积应与饱和度成反比，以突出符号本身并且形成符号间的对比效果。

点状符号色彩面积较小，需要加强饱和度，多用原色、间色，少用复色，使符号与符号之间有一个鲜明的对比，尤其在结构符号中，多用对比色表示各种结构。

3. 线状符号色彩设计

①利用色彩对比，表达主、次要素，达到图面层次分明、清晰易读的目的。

线状符号色彩的设计，首先应确定各类线状物体(如境界、交通线、河流、岸线等)本身的主、次，然后利用色彩对比，表达主、次关系。例如，在行政区划界线图上，各级境界线用色应浓艳、醒目，常用红色、黑色、白色(深底留白线)，而河流、岸线、道路等属于辅助要素，其符号一般用淡蓝色和青冈色表示；反之，在气候图中，等温线用红色(或其他鲜艳色)表示，而境界线则用黑点组成的细虚线表示。

②利用不同的色相表示制图现象的质量差异。

地图上可以利用不同的色相，来区分线状物体或现象的质量差异。例如，普通地图上，用棕色表示等高线、蓝色表示等深线，以此来区分陆地和海洋的高度变化；专题地图上可以用黑色表示大车路，红色表示气温图上的等温线，蓝色表示等降雨量线等，从而区分不同性质的制图物体或现象。

③利用色彩的深浅即色彩的饱和度变化表示专题要素的发展动态。

对于有些专题要素，如各种进攻路线、人口的迁移变化等，可以用运动线符号的宽窄表示数量大小、用色彩的深浅表示其变化的线路，从而较生动地描述这些专题要素的发展动态。

4. 面状符号色彩设计

①反映现象质量特征的面状符号色彩，设色时应尽量考虑到能符合自然色彩(或具有一定的象征性)及相互间的质量差别。

例如，在世界气候图上，表示各类气候区的分布范围，通常采用象征性色彩。热带气候区用朱红色调，干燥气候区用中黄、柠檬色调，温带气候区用黄绿、浅绿色调，亚寒带气候区用紫色调，寒带气候区用青色调。另外，也可以利用颜色的冷、暖对比，反映气候现象随纬度变化的地带性规律。再如，在政区图上，要显示各区域分布的范围及相互关系，设色时应使它们之间具有较明显的差别，并使整个图面协调均匀。因此，不宜采用类似色，尤其是相邻区域，应多用对比色配合。为避免设色过多，不相邻区域可以重复采用同一底色。

②表示现象数量特征的面状符号色彩，应利用色彩的饱和度变化或冷暖色变化进行设色。

当数值增大时，应相应地增加其面状色彩的饱和度，或者使色彩向偏暖方向变化；当数量减少时，则相反。例如，人口分布图，随着人口密度增大，颜色由浅黄向橙红过渡；反之，颜色由黄向浅蓝过渡。再如，地形图上，随着地势的增高，分层设色的颜色就会有由浅向深的过渡变化。

③对于起衬托作用的底色，要求颜色浅淡。

一方面，底色不能给读者以刺目的感觉；另一方面，底色不能影响图上其他主要要素的显示，应该能与它所衬托的各专题要素的颜色相协调。地图上常用不饱和色或间色，如淡黄、米色、淡红、肉色、淡绿，也可采用淡紫色、浅棕色等复色色调来表示。

4.5 地 图 注 记

4.5.1 地图注记的作用和种类

地图注记从广义上讲也属于地图符号(凌善金，2007)，它是地图内容的一个重要组成部分，也是制图者和用图者之间信息传递的重要工具。用户需要从注记中获得要素名称、数量(如高度、深度等)等信息。因此，注记的字体、字大、字色、字位、字向、字隔、注记内容、注记的排列方式等都需要进行精心的设计。地图注记设计包括的内容很多，像地图注记的功能与特点、注记字体的分类与特点、地图字体的设计与排版、地名的解译和译名要求、地名注记的配置要求等。这里主要讨论两个问题，即地图注记的作用与种类、地图注记的配置原则和方法。同时基于电子地图特点，说明电子地图注记设计的一些特殊要求。

1. 地图注记的作用

地图符号用于显示地图物体(现象)的空间位置和大小，地图注记用来辅助地图符号，说明各要素的名称、种类、性质和数量特征等。其主要作用是标识各种制图对象、指示制图对象的属性、说明地图符号的含义。

①标识各种制图对象。

地图用符号表示地表现象，同时用注记注明各种制图对象的名称，采用注记与符号相配合，准确标识制图对象的位置和类型。例如，北京、南极、38度(北纬)、大西洋等各种地理名称。

②指示制图对象的属性。

各种说明注记可用于指示制图对象的某些属性(质量和数量)。常用文字注记指示制图对象的质量。例如，森林符号中的说明注记"松"，是补充说明森林的性质以松树为主。也可以用数字注记说明制图对象的数量，例如，河宽、水深、各种比高等。

③说明地图符号的含义。

通过各种图例、图名的文字说明，使地图符号表达的内容更容易被理解和接受。

2. 地图注记的种类

地图上的注记可分为名称注记和说明注记。

(1)名称注记

名称注记是用文字注明制图对象专有名称的注记。如图 4-43 所示的居民地名称注记

"岳家屯"、"双龙台"等。

（2）说明注记

说明注记分为文字注记和数字注记两类。

文字注记是用文字说明制图对象的种类、性质或特征的注记，以补充符号的不足，当用符号还不足以区分具体内容时才使用。例如，说明海滩性质的注记"泥"、"沙"、"珊瑚"等。

数字注记是用数字说明制图对象数量特征的注记。如经纬度、地面高程、水深、路宽、桥长等。如图 4-43 所示的"9（12）"表示道路路面宽度为 9m，铺面宽度为 12m；"$\frac{24-12}{13}$"表示桥的长度为 24m，宽度为 12m，载重量为 13t。

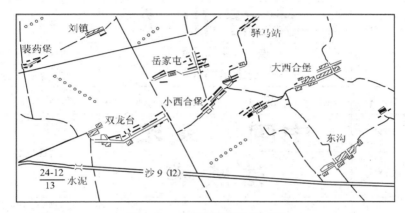

图 4-43　名称和说明注记示例

4.5.2　地图注记字体及选择

1. 地图注记的字体

地图上使用的汉字字体主要有宋体及其变形体（长、扁、倾斜等）、等线体及其变形体（长、耸肩）、仿宋体、隶体、魏碑体及美术体等。

地图注记的字体用于区分不同内容的要素。例如，水系物体的名称注记一般采用左斜宋，居民地名称一般采用等线体（或细等线体）、宋体、仿宋体等，山脉名称一般采用耸肩等线体，如图 4-44 所示。

2. 地图注记的颜色

地图注记的颜色是为了进一步强调分类的效果和区分层次。地图上，注记的颜色有约定俗成的规定，例如，水系注记用蓝色，居民地注记用黑色，地貌注记用棕色，行政区划名称用红色等。对于特殊的专题地图，可以参照这些约定，进行设计。

3. 地图注记的字大

地图注记的字大用于反映被标注对象的重要性等级或数量等级。字的大小要根据地图的用途、比例尺、图面载负量、阅读地图的可视距离等因素综合确定。对于一种要素可以先确定最小和最大等级的字号，然后根据要素的特点确定分级数，注意级差须可以用肉眼

字 体		式 样	用 途
宋 体	正宋	成都	居民地名称
	宋变	湖海 长江	水系名称
		山西 海南	图名、区划名
		江苏 杭州	
等级体	粗中细	北京 开封 青州	居民地名称 细等线说明
	等变	太行山脉	山脉名称
		珠穆朗玛峰	山峰名称
		北京市	区域名称
仿宋体		信阳县 周口镇	居民地名称
隶体		中国 建元	图名、区域名
魏碑体		浩陵旗	
美术体		河南省图	图 名

图 4-44 地图注记常用字体

分辨。

4. 地图注记的字隔

地图注记的字间隔是指字与字之间的间隔距离。在地图上字的间隔与所表达要素的分布特点有关系。对于点状物体，多采用水平无间隔方式；对于线状物体，则要根据物体的长度拉大间隔，距离很长时，可分段重复注记；对于面状物体，要根据其面积大小确定字的间隔，面积很大时，可分段重复注记。

5. 电子地图注记设计特殊要求

在纸质地图设计中，注记设计包括了字体、字号和字色的设计，并与相应的地图符号一致，如用蓝色字表示水系注记，棕色表示地貌注记等。经过长时间的使用，人们已经习惯了表示不同种类地图要素及其相应的字体，例如，镇、乡级以上居民地用黑色等线体表示；用蓝色左斜仿宋表示水系注记等。电子地图中注记的表示要考虑这种延续性，但是由于显示区域的缩小和分辨率的降低，电子地图上不可能使用过多的注记，因此，目前常见的电子地图注记字体很少，颜色也相对单一。例如，在谷歌和百度网站中，所有的注记都采用了同一种字体，仅仅在颜色上不同。为了提高注记的清晰度，还采用加粗和描边的方法。另外，电子地图注记之间的距离不能太大，传统地图中的散列或"之"字形注记排列形式不适合在电子地图上使用。

电子地图具有无级缩放的功能，但注记的字号不应随地图显示比例尺的变化而变化，同时要保证注记的完整性，例如道路名称注记往往沿街道方向配置，由于显示区域有限，应注意避免出现道路名称注记不全的情况；如果表示行政区划，一般应在行政区划表面注记，并且通常用较浅的色彩表示，字体要大一些。由于屏幕尺寸与分辨率所限，电子地图注记不应小于八个像素。出现注记压盖问题时，应尽量通过位置移动使得所有注记尤其是高等级注记得以配置，而实在无法配置的注记可以略去。动态注记是电子地图的一大特点，设计动态注记时，基本要求是保证其始终符合人的阅读习惯。

为使电子地图中能够更好地使用注记，要设计专门的注记绘制器，其功能包括完成注记位置、方向和内容的确定，决定注记是否显示，以怎样的方式显示等。其中要包含点位优先级、线状要素注记位置以及注记表达式引擎三个工具。点位优先级工具，用来指定点状要素注记的位置优先级。例如，规定点状要素周围有八个可以标注的位置，包括左、右、上、下、左上、左下、右上、右下，而标注时该八个位置的优先级可以由用户指定；线状要素注记位置工具，用于处理沿线状要素标注时点位的确定；注记表达式引擎用来将注记按照指定的格式表达。

4.5.3 地图注记的配置

1. 地图注记配置的原则

地图注记的配置就是选择注记的位置，一般应遵循的原则是：注记位置应能明确说明所显示的对象，不产生异义；注记的配置应能反映所显示对象的空间分布特征(集群式、散列式、沿特定方向)；地图注记不应压盖地图要素的重要特征处。

(1)点状要素注记配置要求

对于点状物体或不依比例尺表示的面积很小的物体(如小湖泊、小岛等)，其注记多用水平字列无间隔排列，如图 4-45 中居民地名称"北郭丹"、"万安"采用水平无间隔排列方式。配置注记的最佳位置是符号的右上方、右下方，最好不要将注记放在符号的左边。位于河流或境界线一侧的点状地物的名称应配置在同一侧。海洋和其他大水域岸线上的点状地物，一般应将地名完全水平配置，不要压盖岸线。

(2)线状要素注记配置要求

对于线状的和伸长的地物(如河流、考察路线、海峡、山脉等)，多用雁形字列或屈曲字列，其注记与符号平行或沿其轴线配置。如果线状要素很长时，可沿要素多处重复注记，以便辨认。线状要素注记的理想位置是要素的上方，最好能沿水平方向展开(图 4-46)。不要使注记挤在要素中间，如果可能，河流注记的倾斜方向最好与河流流向一致。

(3)面状要素注记配置要求

对于面状地物或在地图上占据很大面积的制图对象，如行政区划名称。其注记配置在相应的面积内，沿该轮廓的主轴线配置，呈直线(图 4-47)、雁形或屈曲字列，注记配置的空间要能使要素的范围一目了然。

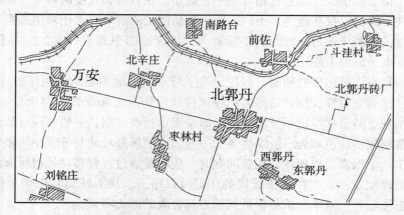

图 4-45　点状物体注记的配置

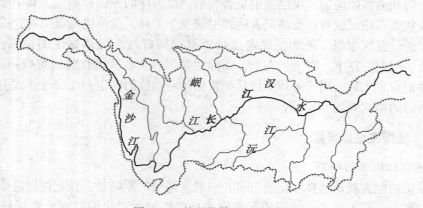

图 4-46　线状物体注记的配置

图 4-47　面状物体注记的配置

2. 地图注记配置的方法

目前，在数字制图过程中，地图注记的方法包括自动注记和交互注记两种，自动注记的难点在于注记的自动定位。常遇到的问题是，注记速度慢、注记效果不理想。因此，目前自动注记的算法都是希望在尽量短的时间内，得到尽可能好的注记效果。这里主要对地图自动注记需要考虑的因素以及点、线、面要素注记自动配置和交互配置常用的方法加以介绍。

（1）地图注记自动配置需要考虑的因素

根据几何特征类型分层处置，在进行注记时，由于地物几何特征的不同，自动处理的算法、思路、数据的存储结果会有很大的不同，这意味着，不同特征类型的要素有完全不同的处理方法。例如，点要素的注记通常是环绕点位进行，主要考虑与注记点结合的紧密程度，与其他注记是否冲突、压盖；而线要素的注记则以沿线要素形状分布为宜，当然也要考虑与其他注记冲突和与其他要素压盖的问题；面状要素又可以分为面团状（如居民地）、小面积面状、大面积面状和条形面状。各种情况要进行不同的处理，面团状要求沿着外轮廓线注记；小面积面状宜作点状要素处理；大面积面状需要沿主骨架线注记；条形面状宜沿该条状的外沿形状注记。因此，注记配置原则应考虑分成点、线、面三种不同的几何类型分别进行处理。

第一，考虑点、线、面注记的优先级。在地图注记中，由于涉及多种特征类型的多种要素，因此有一个综合平衡和优先考虑的问题。一般的顺序是先点、后线、再面。根据不同的输出要求，可能有不同的优先级顺序。

第二，考虑冲突避让优先级。理想的注记位置是所有居民的注记都分布在居民地的右上方，所有线状注记都分布在河流右侧或居中且均匀分布，面状注记分布在居民地的周围居右且结合紧密。当无法在理想位置配置时，必须通过调整其位置来解决注记冲突问题。冲突避让的优先级，一般由地物本身的等级属性来决定。因此，在进行自动注记之前，需要根据用图要求，对冲突避让优先级先给出一个综合的考虑。

第三，考虑压盖避让优先级。编图时注记完全不压盖地物是不可能的，如居民的注记可能压盖河流或道路等。因此，与处理冲突避让优先级一样，必须根据用图要求，对压盖避让优先级，在编图前也要先给出一个综合的考虑。

第四，考虑屏幕显示与图纸输出。对于图纸输出，应按相应的规范或规定确定注记参数。对于屏幕显示，由于计算机屏幕显示可以方便地进行缩放、漫游，所以注记参数可以更为灵活处理，在给出系统缺省值的情况下，再提供方便的交互式手段让用户可以根据自己的需要进行设定和改变。

（2）地图注记自动配置的方法

根据地图注记的配置原则，由计算机自动判断注记的字体、字大、字色等参数，确定注记的定位点。然后按照优先级顺序依次对优先方向作出判断，看是否压盖其他重要地物（境界的关键点、河流转折点、重要方位物等）、是否与其他注记产生矛盾、是否与同种颜色的要素重叠等，直至找到合适的注记配置位置为止。

①点状要素自动注记方法。目前，在自动注记的研究中，点状要素的注记是研究得最多的，这是因为一般地图上点状要素最多，实现起来也比线状、面状要素容易（华一新等，2001）。而且，点状要素注记的研究也可用于线和面状要素。点状注记通常有矢量和栅格两种处理方式，解决冲突和压盖的方法有很多，包括贪心法、回溯法（华一新等，2001）和神经元网络法（樊红等，1999）。

②线状要素自动注记方法。线状要素的注记也有基于矢量和栅格两种数据结构的注记方法。线状要素注记之间彼此冲突的问题已不存在，但要考虑线状要素注记与已有点状要

素注记的冲突问题，以及与其他地物的压盖问题。前者因为线状注记位置的允许空间比较大，一般容易解决；后者通过设立压盖优先级可以解决。线状要素注记要解决的主要难点在于提高平行线生成的精确性，以及提高处理冲突和压盖时的搜索比较速度。线状要素注记方法的一般过程是(以河流为例)：

第一步，提取河流空间点位及相应注记的参数数据；

第二步，计算河流长度，对河流进行分段；

第三步，为各段求取左、右(或上、下)平行线；

第四步，沿着平行线搜索第一组可选位置；

第五步，检测该组位置是否与已有注记发生冲突，如有，则该组位置作废，转到第四步，否则转到下一步；

第六步，记录该组位置及与已有地物的压盖情况；

第七步，选出 N 组位置，转到下一步，否则转到第四步；

第八步，比较已经选出各组位置的压盖情况，选取最佳位置，结束。

③面状要素自动注记方法。面状要素的自动注记问题可以归并为点要素或线要素的注记。

对于团状居民地的注记，在提取外轮廓线后，按点状要素注记方法实施；对于小的湖泊、面状水库等，根据其形状和大小，按点或线要素的注记方法实施。

对于双线河流和狭窄而细长的湖泊、水库等，按线要素注记方法实施；

对于大的面状湖泊、行政区域等，在提取骨架线后，沿着骨架线，按线要素注记方法实施；面积太小、主骨架线太短、容纳不下注记时按点要素注记方法实施。

(3)地图注记的交互配置方法

当注记不能自动配置时，可以采用交互式的方式进行。其基本方法是，首先对注记的字号、字体、字的颜色和字的间隔等参数进行人工设置，然后用计算机鼠标，将注记移动到相应的位置，同时记录相关参数和注记定位点坐标。这种方法的关键是设计好人机交互界面，便于用户灵活、方便地选择字体、字号等参数并可进行快速、准确的注记定位。它适合任意地图比例尺点、线、面要素的注记配置。

4.5.4　地名注记的导航作用

地名注记是一种特殊的注记，它是用文字说明作为一种导航方式，构成了电子地图中的导航系统。导航系统是电子地图中最常用的注记形式之一，它帮助我们确定在哪里能够找到需要的信息，并提供访问途径。在物理空间中，人可以依靠方向感给自己定位；而在数字世界，这种方向感就失去了作用。因此，清晰地告诉用户"他们在哪"以及"他们能去哪"十分重要，这需要依靠导航系统。常用的导航系统有：全局导航，提供了覆盖整个网站的通路；局部导航，提供给用户在这个架构中到附近地点的通路；辅助导航，提供了全局导航或局部导航不能快速到达的相关内容的快捷途径；上下文导航，有时也叫内联导航，是嵌入页面自身内容的一种导航；友好导航，提供给用户他们通常不会需要的链接，但它们是作为一种便利的途径来使用的；远程导航，指没有包含在页面结构中的导航，它们独立于网站的内容而存在。在网络地图网站中，通常会使用多重导航系统，每一个都要完成在不同情形中成功引导用户的任务。不同的导航系统在同一页面中使用，需要对页面进行分区，这种分区既包含了功能上的划分，也包含了不同的内容和导航。我们以天地图地图为例来说明，如图 4-48 所示。

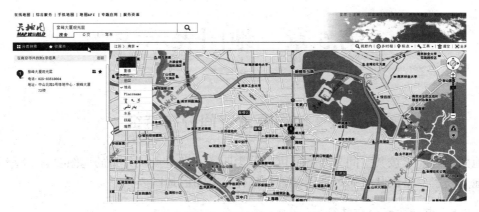

图 4-48　天地图地图中导航系统

（图片来源：http：//www.tianditu.cn/map/index.html）

在地图网站中，全局导航、局部导航是最常用的方式。它们分别与网站的信息组织相对应。全局导航一般都在页面的最上方水平放置。局部导航也可以作为栏目导航，它为不清楚自己要找什么的用户提供了一些选择，然而局部导航的类别不能过多，否则容易造成迷失。地图网站还为用户提供了一些内容导航，它能够帮助用户快速找到自己需要的信息。

思 考 题

1. 地图符号与一般符号相比，有何特点？
2. 地图符号如何分类？试分别举例说明。
3. 地图符号的功能有哪些？
4. 地图符号的设计受到哪些因素的影响？为什么？
5. 地图符号的设计应注意哪些原则？试举例说明。
6. 电子地图符号设计的原则和特点是什么？
7. 电子地图符号设计与纸质地图符号设计的差异主要体现在哪些方面？
8. 地图注记设计的原则是什么？
9. 电子地图注记设计有哪些特殊要求？
10. 电子地图中的地名注记是如何进行导航的？

第5章　地图表示法

5.1　地图要素空间分布特征

地图内容要素按其空间分布特征可以分为四类，即呈点状分布的地图要素、呈线状分布的地图要素、呈面状分布的地图要素和呈体状分布的地图要素。

5.1.1　点状要素分布特征

地面上真正呈点状分布的地物很少，一般都占有一定的范围，只是大小不同罢了。在地图上，点状要素，是指那些实地面积较小，不能依地图比例尺表示，又要按点定位的小面积地物(如气象站、庙宇、圈形居民地等)和实际的点状地物(如控制点等)。

点状地物的分布是多种多样的，大致可概括为三种：集群式分布；沿特定方向分布；散列式分布。集群式分布，是指点状地物集中分布于某一区域范围内，如石灰岩地区的溶斗群、大规模冰川表面的冰塔群等；沿特定方向分布，是指沿某一线状地物分布，如独立房屋沿河流、沟渠分布等；散列式分布，是指点状地物的分布没有明显的规律，如各种独立地物的分布。

5.1.2　线状要素分布特征

地面上呈线状分布的物体或现象有很多，例如，海岸线、河流、交通线、境界等。在地图上，线状要素是指一种表达线状延伸分布的地物的图形符号。这些符号可以保持地物线状延伸的相似性，对其宽度往往都夸大表示。线状符号的中心线(轴线)代表线状地物的实际位置，线状符号的轮廓表示制图物体的空间位置，反映它们的类型特征，例如，根据海岸(湖岸)线的轮廓图形可以推断海岸的类型和成因，根据河流的轮廓图形可以推断河流的类型和发育阶段，根据道路的轮廓图形可以推断道路与地形的关系。线状符号的形状和颜色表示制图物体的质量特征，例如，黑白相间的线状符号表示铁路，红色实线表示公路，蓝色等粗的细实线表示岸线，蓝色由细到粗的渐变线表示河流。线状符号的宽度表示制图物体的数量或等级特征，例如，主要和次要公路、不同行政等级的境界等。

5.1.3　面状要素分布特征

地面上呈面状分布的地物很多，其分布状态各不相同。植被、湖泊、岛屿、居民地等是呈面状分布的制图物体，它们的分布是不连续的。在地图上，面状要素是指一种能按地图比例尺表达地物轮廓形状的地物。通常这种地物的轮廓能按真形表达出来，并在其中填绘符号和注记，以说明其质量和数量特征。其中，范围固定的，用封闭实线表示；范围不固定的，用虚线表示。采用这种方法能使用图者直接从图上获得地物位置、轮廓形状、面积大小及质量和数量特征等方面的信息。

5.1.4　体状要素分布特征

地面上呈体状分布的地物(现象)一般指地貌、海洋、大气等。这些要素在实地呈立体分布，是连续、布满整个区域的。但有些现象由于它们与体现象很相似，通常也归入呈体状分布的地图要素之列，例如，温度、降雨量、生长季节、人口密度及疾病死亡率等。对于呈体状分布的地图要素或现象，在地图上是用二维的等高线、等深线、等降雨量线等线状符号或一些特殊的专题符号来表达的。

5.2　点状要素制图表示

点状现象的表示法常用的有两种：定点符号法和定位图表法。定点符号法用来表示有精确定位的点状分布要素，定位图表法主要用来表示不精确定位的点状分布要素。

5.2.1　精确点状要素的表示

精确定位的点状分布要素是指具有确切定位坐标的地物，如居民地、水塔、矿井、石油井、变电所、烟囱等。有精确定位的点状分布要素通常采用定点符号法来表示。

定点符号法，是用以点定位的点状符号表示呈点状分布的专题要素各方面特征的表示方法。定点符号法可以简明而准确地显示出各要素的地理分布和变化状态。定点符号法强调的是符号的定位。因此，一般设计时采用简洁的几何符号，这样可以把所示物体的位置准确地定位于底图上，而符号的大小是不依比例的。即地物符号绘于地图相应位置，其大小并不代表实际地物的数量。

常用的点状符号有几何符号、文字符号和象形符号，如图 5-1 所示。符号的形状、色彩和尺寸等视觉变量可以表示专题要素的分布、内部结构、数量与质量特征。

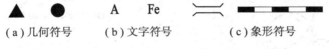

　　(a)几何符号　　　　(b)文字符号　　　　(c)象形符号

图 5-1　定点符号法中的点状符号的类型示例

在定点符号法中，一般用符号形状和色相这两种视觉变量表示专题要素的质量特征。例如，在一幅旅游图上，用不同形状和颜色的符号分别表示国家级风景名胜地、纪念馆、陵墓等，如图 5-2 所示。再如，一幅环境图上，用蓝色小圆表示地表水采样点，黄色小圆表示大气采样点等。

在定点符号法中，一般用符号的尺寸大小或图案的亮度变化表示专题要素的数量特征和分级特征，如图 5-3 所示。

用定点符号的大小表示事物的数量差别时，若符号的尺寸同它所代表的数量有一定的比率关系，称为比率符号，否则是任意比率符号。比率符号的大小同它所代表的数量有关。任意比率符号一般表示非常模糊的数量关系，例如，用大小不同的符号表示粮食产量的高、中、低，而不显示其具体的数量关系和对比。专题地图上大部分是用比率符号。

图 5-2　用符号形状、色相表示专题要素的质量特征

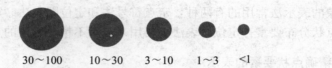

| 30～100 | 10～30 | 3～10 | 1～3 | <1 |

图 5-3　用符号尺寸表示专题要素数量特征(表示某城镇人口,单位:万人)

比率符号分为绝对比率和条件比率两种。另外,再根据制图数据是否连续,又分为绝对连续和绝对分级、条件连续和条件分级比率,如图 5-4 所示。

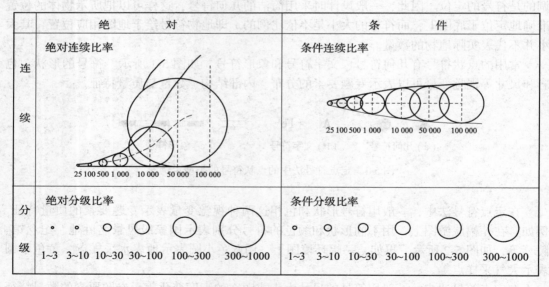

图 5-4　符号的各种比率

5.2.2　非精确点状要素的表示

非精确定位的点状分布要素是指代表某一地区或区域特征的观测点位或中心点位,如

气象站、环境监测站等。通常采用定位图表法来表示。

定位图表法是一种定位于地图要素分布范围内某些地点上的以相同类型的统计图表表示范围内地图要素数量及其内部结构或周期性数量变化的方法。当在同一地点需要表示多种要素及其结构时，可以采用点状结构符号，即将一个圆形环形、扇形或矩形符号，按照各种要素所占比例分为几部分，每一部分用不同的颜色或网纹表示不同的要素。当然，每一部分比例也可以同时表示其数量特征，如图 5-5 和图 5-6 所示。当反映周期性现象的特征时，如温度与降水量的年变化、潮汐的半月变化、相对湿度等，可用沿河流线上各水文站的水文图表表示。图 5-7 是用定位图表法表示某地区特定地点上温度与降水量的年变化。

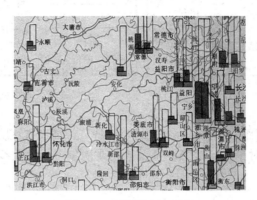

图 5-5　定位图表法示例

图 5-6　圆形结构符号　　　　　图 5-7　方形结构符号

5.3　线状要素制图表示

线状现象的二维表示法常用的有两种：线状符号法和动线符号法。线状符号法用来表示有精确定位的线状分布要素，动线符号法主要表示无确定位置的线状分布现象。

5.3.1　精确线状要素的表示

有确定位置的线状分布要素如道路、河流、岸线、境界线等线状地物。通常采用线状符号法来表示。线状符号法是用来表示呈线状或带状延伸的专题要素的一种方法。

线状符号在普通地图上的应用是常见的，如用线状符号表示水系、交通网、境界线等。在专题地图上，线状符号除了表示上述要素外，还表示各种几何概念的线划，如分水线、集水线、坡麓线、构造线、地震分布线和地面上各种确定的境界线、气象上的锋、海岸等，可以表示用线划描述的运动物体的轨迹线、位置线，如航空线、航海线等，能显示目标之间的联系，如商品产销地、空中走廊等，以及物体或现象相互作用的地带。这些线划都有其自身的地理意义、定位要求和形状特征。

线状符号可以用色彩和形状表示专题要素的质量特征，如图 5-8 所示。

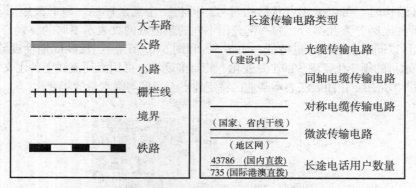

图 5-8　用线状符号的色彩和形状表示专题要素的质量特征

线状符号的尺寸(粗细)表示专题要素的等级特征，如图 5-9 所示，也可区分要素的顺序，如山脊线的主次。对于稳定性强的重要地物或现象一般用实线，稳定性差的或次要的地物或现象用虚线。

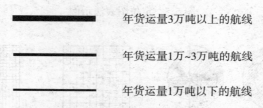

图 5-9　用线状符号的尺寸表示专题要素的等级特征

专题地图上的线状符号常有一定的宽度，在描绘时与普通地图不完全一样。在普通地图上，线状符号往往描绘于被表示物体的中心线上；而在专题地图上，线状符号有的被描绘于被表示物体的中心线上(如地质构造线、变迁的河床)，有的被描绘于线状物体的某一边，形成一定宽度的颜色带或晕线带，如海岸类型和海岸潮汐性质。

5.3.2　非精确线状要素的表示

无确定位置的线状分布现象如台风、寒潮等自然现象路径轨迹，人口迁移、进出口贸易等社会经济现象路径轨迹，通常采用动线法来表示。

动线法是用箭形符号的不同宽窄来显示地图要素的移动方向、路线及其数量和质量特征，如自然现象中的洋流、风向，社会经济现象中的货物运输、资金流动、居民迁移、军队的行进和探险路线等。

动线法可以反映各种迁移方式。它可以反映点状物体的运动路线(如船舶航行)、线状物体或现象的移动(如战线移动)、面状物体的移动(如熔岩流动)、集群和分散现象的移动(如动物迁徙)、整片分布现象的运动(如大气的变化)等。

　　动线法实质上是用带箭头的线状符号，通过其色彩、宽度、长度、形状等视觉变量表示现象各方面的特征。图 5-10 表示某地区气流趋势状态，运动线符号的方向表示气压流动的路径和方向，符号的长短表示气压的高低；图 5-11 表示世界各国贸易往来的流动状况，运动线符号方向表示流向间关系，线状符号的宽度尺寸表示现象的数量等级，不同的色彩表示不同国家。这两张图中符号的位置并不表示其准确位置，前者是途径的大致位置趋势，后者是拓扑关系，即节点间关系。

图 5-10　某地区气流趋势图

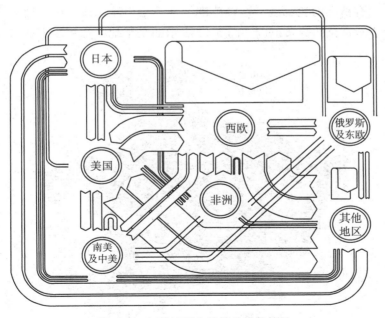

图 5-11　拓扑地图上的特殊线状符号

5.4 面状要素制图表示

5.4.1 不连续分布面状要素的表示

不连续分布的面状要素包括零星面状分布要素、间断而成片分布的面状要素和在大面积上分散分布的面状要素。

零星面状分布要素如小比例尺地图上矿藏分布、沙漠地区绿洲分布、高原上山间的耕地等；间断而成片分布的面状要素如旱地、水田、森林、草场等分布要素；在大面积上分散分布的面状要素如人口密度分布、土壤分布等。

不连续分布的面状要素通常采用范围法、点值法表示。

1. 范围法

范围法是用面状符号在地图上表示某专题要素在制图区域内间断而成片的分布范围和状况，如煤田的分布、森林的分布、棉花等农作物的分布等。范围法在地图上标明的不是个别地点，而是一定的面积，因此又称为面积法。

范围法实质上也是进行面状符号的设计，其轮廓线以及面的色彩、图案、注记是主要的视觉变量。范围法也只是表示现象的质量特征，不表示其数量特征，即表示不同现象的种类及其分布的区域范围，不表示现象本身的数量。

区域范围界线的确定一般是根据实际分布范围而定，其界线有精确和概略之分。精确的区域范围是尽可能准确地勾绘出要素分布的轮廓线。概略范围是仅仅大致地表示出要素的分布范围，没有精确的轮廓线，这种范围经常不绘出轮廓线，用散列的符号或仅用文字、单个符号表示现象的分布范围。图 5-12 表示的是某地区三种小麦病虫害的实际分布

图 5-12 范围法轮廓线的表示

范围，从图上可以很清楚地看出，哪个地区只有一种病虫害，哪个地区受到两种甚至三种病虫害的侵蚀。

2. 点值法

对制图区域中呈分散的、复杂分布的现象，如人口、动物分布、某种农作物和植物的分布，当无法勾绘其分布范围时，可以用一定大小和形状的点群来反映，即用代表一定数值的大小相等、形状相同的点，反映某要素的分布范围、数量特征和密度变化，这种方法叫做点值法。

点子的大小及其所代表的数值是固定的；点子的多少可以反映现象的数量规模；点子的配置可以反映现象集中或分散的分布特征；在一幅地图上，可以有不同尺寸的几种点，或不同颜色的点。尺寸不同的点表示数量相差非常悬殊的情况；颜色不同的点，表示不同的类别，如城市人口分布和农村人口分布。点值法主要是传输空间密度差异的信息，通常用来表示大面积离散现象的空间分布，如人口分布、农作物播种面积、牲畜的养殖总数等。图 5-13 表示芝加哥地区不同国家人口分布特征及密度。点的颜色表示不同国家，点的大小表示人口的多少。

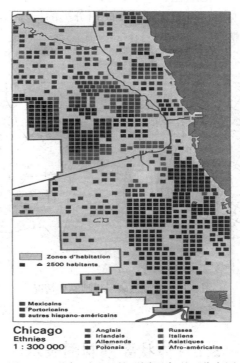

图 5-13　芝加哥地区的不同国家人口分布图

点值法中的一个重要问题是确定每个点所代表的数值(权值)以及点子的大小。点值的确定应顾及各区域的数量差异，但点值确定得过大或过小都是不合适的。点值过大，图上点子过少，不能反映要素的实际分布情况；点值过小，在要素分布稠密地区，点子会发生重叠，现象分布的集中程度得不到真实的反映。因此，确定点值的原则是，在最大密度区点子不重叠，在最小密度区不空缺。例如，在人口分布图上，首先规定点子的大小（一般为0.2~0.3mm），然后用这样大小的点子在人口密度最大的区域内点绘，使其保持彼此分离但又充满区域，数出排布的点子数再除以该区域的人口数后凑成整数，即为该图上合适的点值。

5.4.2 连续分布面状要素的表示

连续而布满整个制图区域的面状分布要素是指社会经济现象按某区域单元汇总值，如某县市单位人口数、工业总产值，以及土地类型、行政区划等，通常采用质底法来表示。

质底法是把全制图区域按照专题现象的某种指标划分区域或各类型的分布范围，在各界线范围内涂以颜色或填绘晕线、花纹、注记，以显示连续而布满全制图区域的现象的质的差别（或各区域间的差别）。此法常用于各种行政区划图、土地利用图、地质图、地貌图等。用质底法显示两种不同性质的现象时，通常用颜色表示现象的主要系统，而用晕线或花纹表示现象的补充系统。

采用质底法时，首先按专题内容性质确定要素的分类、分区；其次勾绘出分区界线；最后根据拟定的图例，用特定的颜色、晕线（图5-14(a)）、字母（图5-14(b)）等表示各种类型的分布。注意图例说明要尽可能详细地反映出分类的指标、类型的等级及其标志，并注意分类标志的次序和完整性。

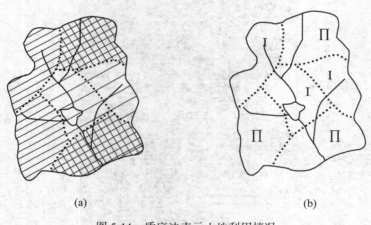

(a)   (b)

图5-14　质底法表示土地利用情况

5.5 体状要素制图表示

呈体状分布的专题要素是指在空间上连续分布的自然或社会要素，如地形、降水、气温、重力磁场、电波、电磁环境等要素均是在空间上连续分布的。这些呈体状分布的专题要素在二维平面上，只能用相应的线状和面状符号加以表示，通常采用等值线和等值区域法来表示。

5.5.1　等值线法与等值区域法

1. 等值线法

等值线是由某现象的数值相等的各点所连成的一条平滑曲线，如等高线、等温线、等降雨量线、等磁偏线、等气压线等。等值线法就是利用一组等值线表示制图现象分布特征的方法。等值线法的特点是：

①等值线法适宜表示连续分布而又逐渐变化的现象，此时等值线间的任何点可以用插值法求得其数值，如自然现象中的地形、气候、地壳变动等现象。如图 5-15 所示的是某地区气压分布特征。

②等值线法既可反映现象的强度，还可反映随着时间变化的现象，如磁差年变化；既可反映现象的移动，如气团季节性变化，还可反映现象发生的时间和进展，如冰冻日期等。

③采用等值线法时，每个点所具有的数量指标必须完全是同一性质的。

④等值线的间隔最好保持一定的常数，这样有利于依据等值线的疏密程度判断现象的变化程度。另外，如果数值变化范围大，间隔也可扩大(如地貌等高距)。

⑤在同一幅地图上，可以表示两三种等值线系统，显示几种现象的相互联系。但这种图易读性相应降低，因此，常用分层设色辅助表示其中一种等值线系统，如图 5-15 所示。

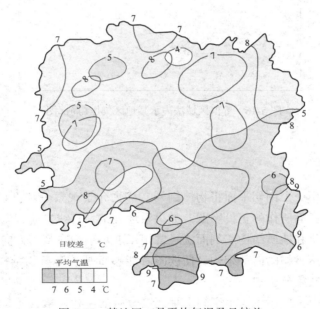

图 5-15　某地区一月平均气温及日较差

2. 等值区域法

等值区域法是以一定区划为单位，根据各区划内某专题要素的数量平均值进行分级，通过面状符号的设计表示该要素在不同区域内的差别的方法。其中，平均数值主要有两种基本形式：一种是比率数据或相对指标，又称强度相对数，是指两个相互联系的指数比较，如人口密度(人口数/区域面积)、人均收入(总收入/人口数)，人均产量，等等。这些比率数据可以说明数量多少、速度快慢、实力强弱和水平高低，能够给人以深刻印象。

另一种形式是比重数据，又称结构相对数，表示区域内同一指标的部分量占总量的比例。如耕地面积占总面积的百分比，大学文化程度人数占总人数的百分比，等等。这些数据也可以用来表示制图现象随时间的变化，如各行政区单位人口增减的百分比或千分比。比重数据可以较准确地显示区域发展水平。

如图 5-16 所示，等值区域法实质上就是用面状符号表示要素的分级特征。具体地说，就是用面状符号的色彩或图案(晕线)表示分级的各等值区域，通过色彩的同色或相近色的亮度变化以及晕线的疏密变化，反映现象的强度变化，而且要有等级感受效果。现象指标增长的用暖色，指标越大，色越浓(晕线越密)；现象指标减少的用冷色，指标越小，色越淡(晕线越稀)。

等值区域法是一种概略统计制图方法，因此对具有任何空间分布特征的现象都适用。但由于等值区域法显示的是区域单元的平均概念，不能反映单元内部的差异，所以，区划单位愈小，其内部差异也愈小，反映的现象特点愈接近于实际真实情况。

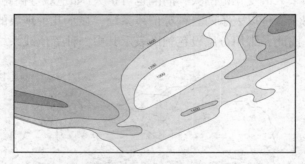

图 5-16　等值区域法表示某地区气压(局部图)

5.5.2　剖面法

剖面法是假想用一个剖切平面将物体剖开，移去介于观察者和剖切平面之间的部分，对剩余的部分向投影面所作的正投影图。如果沿地表某一直线方向剖切，则可以显示剖面线上断面的地势起伏和地质结构。剖面法经常用于展示事物在某一方向上的内部构造，剖面法可以形象地表达事物的内部结构，使读图者能够直观了解事物结构和局部详细构造，经常用在地质图、气象分析中。

剖面法在地图中主要用于表示空间上呈连续分布的体状要素，尤其适合于揭示这些要素的内部空间结构，因此常常用于表示地区地质、岩石结构等。图 5-17 和图 5-18 是这种方法的典型应用。

剖面法在气象学中也有很多应用。它通过对有关的气象要素在垂直面上分布的分析，来揭示大气结构或天气演变，通常用它们表示有关天气系统及相关天气现象的热力和动力结构。将剖面法制作的剖面图与地形图、等压面分析图配合，能够形成完整的气象现象三维空间分布图。常用的有空间剖面图和时间垂直剖面图两种。一般研究大气环流时，需了

比例尺：1：100000

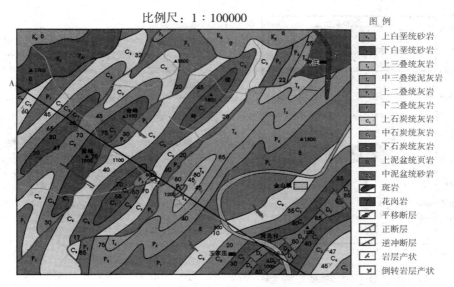

图 5-17　金山镇地质剖面图

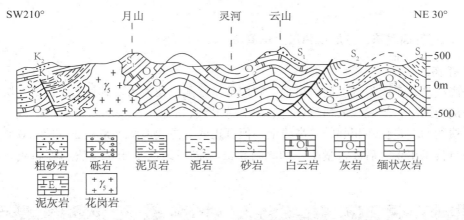

图 5-18　地质剖面图

解某一子午面上温度场、风场等构造，可将切剖面定在子午线上，即作南北方向剖面；在研究某一天天气系统时，取系统移动方向作为剖面方向。图 5-19 是在 700hPa 高度上的风场图。

根据剖切面位置，可以将剖面法分为全剖面法和半剖面法，可以根据要表达的主题选用不同的剖切方法。全剖面法是指用一个剖切平面将形体完整地剖切开而得到的剖面图的方法。如果形体是对称的，也可将形体的一半作为剖切面，另一半画成外形图，这样的组合剖切方法叫做半剖面法。这种作图方法可以节省投影图的数量，而且从一个投影图可以同时观察到立体的外形和内部构造。例如，可以用此方法表示地球内部构造，如图 5-20所示。

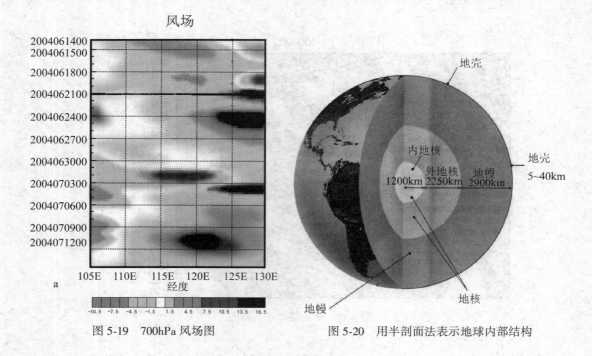

图 5-19　700hPa 风场图

图 5-20　用半剖面法表示地球内部结构

5.5.3　等高线法、分层设色法、晕渲法

1. 等高线法

等高线法几乎与晕滃法同时出现，它们都是以测量技术为基础而产生的。实际上，在制作晕滃地图时，晕滃线的描绘就以假想的等高线（imaginary contours）为控制线，即将每一根晕线的两端定位在相邻的等高线上。但真正的等高线地图，是在 20 世纪 20 年代航空摄影测量技术出现之后才大量生产的。图 5-21 是同一地区采用晕滃法和等高线法表示的地貌。

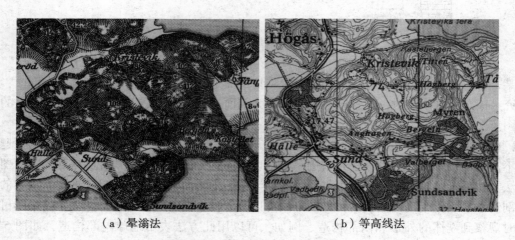

（a）晕滃法　　　　　　　　（b）等高线法

图 5-21　同一地区采用晕滃法和等高线法表示的地貌

等高线是在满足高程精度的前提下，能够反映地貌特征的近似等高程点的连线，它既可供判断地貌的平面位置，又可供测量地面高程。用等高线来表现地面起伏形态的方法，称为等高线法。

等高线法的实质是用一组有一定间隔的等高线的组合来反映地面的起伏形态和切割程度。等高线之间的间隔在地图制图中称为等高距。等高距就是相邻两条等高线高程截面之间的垂直距离，即相邻两条等高线之间的高程差，可以是固定等高距(等距)，也可以是不固定等高距(变距)。由于小比例尺地图制图区域范围大，如果采用固定等高距，难以反映出各种地貌起伏变化情况，所以小比例尺地图上的等高线通常是不固定等高距，随着高程的增加等高距逐渐增大；而大比例尺地图上的等高线通常是采用固定等高距。

地形图上的等高线分为首曲线、计曲线、间曲线和助曲线四种。

首曲线又叫基本等高线，是按基本等高距由零点起算而测绘的，通常用细实线描绘；计曲线又称加粗等高线，是为了计算高程的方便加粗描绘的等高线，通常是每隔四条基本等高线描绘一条计曲线，它在地形图上以加粗的实线表示；间曲线又称半距等高线，是相邻两条基本等高线之间补充测绘的等高线，用以表示基本等高线不能表示而又重要的局部地貌形态，地形图上常以长虚线表示；助曲线又称辅助等高线，是在任意的高度上测绘的等高线，用于表示那些任何等高线都不能表示的重要微小地貌形态。因为它是任意高度的，故也叫任意等高线，但实际上助曲线多绘在基本等高距 1/4 的位置上。地形图上助曲线是用短虚线描绘的。

等高线的实质是对起伏连续的地表作"分级"表示，这就使人产生阶梯感，而影响着连续地表在图上的显示效果。因此，等高线法表示地貌有两个明显的不足：其一，缺乏视觉上的立体效果，即立体感差；其二，两等高线间的微地貌无法表示，需要用地貌符号和地貌注记予以补充。为了增强等高线法的立体效果，经过长期的研究试验，提出了许多行之有效的方法，例如，明暗等高线法，就是使每一条等高线因受光位置不同而绘以黑色或白色，以加强立体感(图 5-22)；粗细等高线法，是将背光面的等高线加粗，向光面绘成细线，以增强立体效果(图 5-23)。普通地图上有一些特殊地貌现象，如冰川、沙地、火山、石灰岩等，必须借助地貌符号和注记来表示。

图 5-22　明暗等高线法

图 5-23　粗细等高线法

2. 分层设色法

地貌分层设色法是以等高线为基础，根据地面高度划分的高程层(带)，逐层设置不同的颜色，表示陆地和海域高低起伏变化的方法，如图 5-24 所示。分层设色法增强了高程分布的直观性，同时，如果设色时能够利用色彩有规律变化的立体特性，会增强地貌表示的立体效果，减少等高线法表示地貌的"阶梯感"。

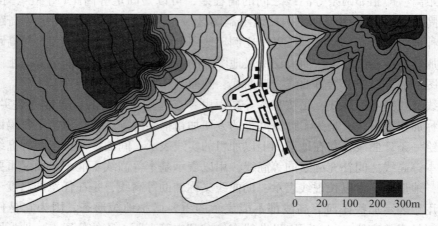

图 5-24 分层设色法

分层设色法的关键是合理地选择高程带和色层表(设了颜色的高度表)。

高程带一般是根据不同的地理单元来划分的，如平原、丘陵、中山、高山、冰川等。我国普通地图上一般的划分方法是：0 ~200m 为平原，200~500m 为丘陵，500~1000m 为低山，1000~3500m 为中山，3500~5000m 为高山，高于 5000m 为极高山。

3. 晕渲法

晕渲法是根据假定光源对地面照射所产生的明暗程度，用浓淡不同的墨色或彩色沿斜坡渲绘其阴影，造成明暗对比，以显示地貌的分布、起伏和形态特征。常用的地貌晕渲主要是单色晕渲和多色晕渲(即彩色晕渲)。

单色晕渲是用一种色相(消色或某种色彩)的浓淡，或者是某色相的不同亮度来反映山体的光影分布，如图 5-25 所示。由于晕渲的实质是用光影来显示立体感的，因此单色晕渲时的色相选择应当以连续色调丰富的复色为主，即含有黑灰成分的棕灰、青灰、绿灰、蓝紫、棕褐色等色。如果选用明亮的黄、鲜绿、橙、红等色，就难以产生立体效果。彩色晕渲是用色彩的浓淡、明暗和冷暖对比来建立地貌立体感的，它比单色晕渲有更强的表达能力，如图 5-26 所示。

传统制图中，地貌晕渲的实现都是手工作业完成的，随着计算机技术、图形图像技术和空间可视化技术的发展，目前主要采用计算机基于 DEM 数据自动进行地貌晕渲的方法。其基本原理是将地面立体模型的连续表面分解成许多小平面单元(如正方格网最大不超过 1/4mm 边长)，当光线从某一方向投射来时，测出每个小平面单元的光照强度，计算阴影浓淡变化的黑度值，并把它垂直投影到平面上。由于是用小平面单元构成一种镶嵌式的图形，所以选定的平面单元越小，自动晕渲图像就越连续自然。

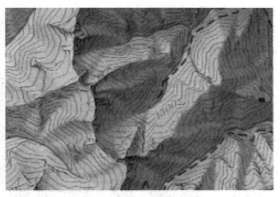

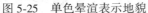

图 5-25　单色晕渲表示地貌　　　　　　　图 5-26　彩色晕渲表示地貌

5.6 地理信息动态表示

5.6.1 动态表示法的概念

动态表示方法就是利用计算机技术，设计各种动态符号或者利用各种电子技术来动态地表现地理信息。电子地图的动态表示方法是基于计算机软件的地图阅读系统，因此，运用动态表示方法是电子地图与传统纸质地图的重要区别。动态表示方法主要包括使用动态符号表示制图现象，运用动态显示技术如三维显示、空中飞行、虚拟环境漫游等，表现地理空间信息，以及地图内容的动态变化。

5.6.2 动态表示法的种类及特点

动态表示方法的种类主要包括动态符号、动态显示技术和地图内容的动态变化等。

1. 动态符号

动态符号是利用计算机技术实现的一种动态表示方法，主要有两种生成方式：一种方法是通过规定一组有序的静态符号及其相关变化过程的动态视觉变量来创建；还有一种方法是将动态视觉变量或静态视觉变量与用户的操作或鼠标的动作相结合，形成动态符号。动态符号是增强量化地图吸引力的方式之一，通过闪烁、跳跃、动画产生具有连续移动的可视化效果，引起人们视觉上的注意，动态地表达事物的时态变化特征，以及物体的重要性程度、质量差异、数量分级等非时态特征。最简单的动态符号是闪烁符号，图 5-27 中的符号就是采用亮度变量与时间变量的闪烁符号。第二种动态符号的典型代表是随鼠标动作或用户输入变化而改变符号的颜色、透明度、甚至整个符号的图形。如图 5-28 和图 5-29 中的滑雪场地图中饭店的表示就是随着用户鼠标的移动而改变符号的颜色。在电子地图上，动态符号一般都用于表示重点目标，或者用于具有特殊含义、指向其他链接和地理现象的动态变化。

图 5-27 电子地图中的动态闪烁符号(两帧变化,每帧持续 30 秒)

图 5-28 线路符号,鼠标未指向时为蓝色细线

图 5-29 线路符号,鼠标指向时为深蓝粗线

2. 动态显示技术

电子地图的动态显示技术包括三维显示技术以及动态效果,它们都是以数据建模、动态场景生成为基础的,与动画有本质区别。三维动态显示技术是基于计算机图形学、虚拟现实与空间数据建模技术,以虚拟现实技术为代表的三维环境建模仿真。三维显示技术为用户提供了一种多角度、全方位的观察地理空间现象的方式,图 5-30 所示的广州电子地图集就采用了这种方式,图 5-31 是一个虚拟地理环境。还有一些电子地图使用实景照片来表示空间信息,如图 5-32 所示的深圳电子地图集中就采用了地图加街景照片的表示方法。

图 5-30 广州电子地图集中的三维显示

动态显示技术还包括电子地图中各种动态效果的应用,主要体现在用户的交互操作

图 5-31　虚拟地理环境

图 5-32　深圳电子地图集中的全景照片

（图片来源：http://sz.city8.com）

中，主要包括页面和功能信息模块在切换时产生的动态效果，例如，通过变形、位移、加入图片等方式新奇、自然、有趣地过渡到下一页面，而且在交互中，鼠标滑过图表上方和点击会产生不同的动态效果，增加了交互过程中的趣味性和艺术性。

　　3. 地图内容的动态变化

　　传统的纸质地图一旦印刷完成就将信息固化了，其幅面、内容、形式都不会发生变化。而电子地图则不然，它允许用户对表达的地图内容进行选择，并通过缩放、漫游等方式对地图区域进行调整，因而电子地图内容可以根据用户的需求、地理区域特点、数据库情况发生动态变化。地图内容的动态变化包含三个层次：一是比例尺的变化；二是针对用户的交互操作而发生的内容变化；三是同一比例尺内地图要素的改变。并且这三种变化不是独立、分开的，而往往是相互关联的。电子地图的多尺度表达即采用细节分层技术的方法(level of detail，LoD)，就是典型的地图内容动态变化的例子，这种变化的地图内容适应于人类对空间地理环境的认知，适应于人眼的视觉感受，即人眼随距离产生的分辨率变化，图 5-33(a)表示地形随视点变化的 LoD 显示，图 5-33(b)是地图内容随距离产生的分辨率变化。

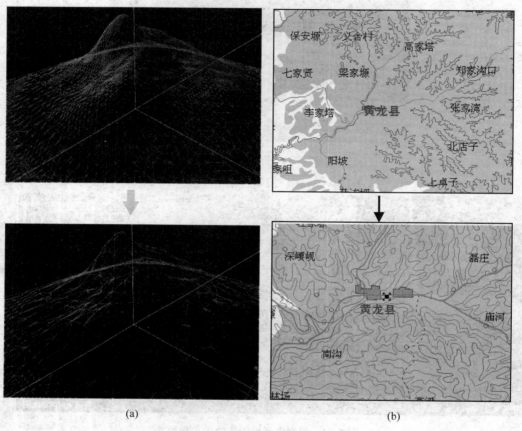

(a)   (b)

图 5-33   LoD 显示图

在电子地图上，用户可以对地理信息进行查询和分析，因而地图内容可以根据用户的操作而发生动态变化。图 5-34 是由灵图软件公司制作，人民交通出版社出版的中国电子地图(交通旅游版)，对于用户的查询需求，软件会将目的地动态地显示在窗口中心。

4. 多媒体表示方法

多媒体表示方法是利用音频、视频、图像、文字等多媒体信息综合地表现地理空间信息，是人与计算机系统之间的交互表示方法。多媒体表示方法将地理信息与其他形式的信息(统计信息等)相结合，并且将它们以自然的形式来表达，整合了空间数据和非空间数据。多媒体表示方法扩展了用户的感知通道，使地理空间信息可视化更为直观、生动。

多媒体表示方法本质上是一种多维信息表示方法，在这种表示方法中，图形不是唯一的构件，必须与文本、视频、音频或者动画相结合，是一种综合集成表示方法。

多媒体表示方法是人与计算机系统之间的交互表示方法，因此交互性是其重要特点。

图 5-34　中国电子地图中的路线选择

用户能够控制地图的一些元素，并在必要的时候进行交互，同时系统会按照用户的要求做出回应，即用户可以看到自己交互的结果，这一过程也可以看作是用户行为的可视化。这种交互探究有利于视觉思维，能够帮助用户深刻理解空间信息。

5.6.3　动画法

动画法是早期电子地图经常使用的一种表示方法。通常它有三种形式：一种将许多幅连续的位图按照顺序排列，利用浏览器进行重复播放；第二种方法的交互性稍微强一点，通过媒体播放器以 AVI、MPEG 或者 Quicktime 格式播放地图，这种地图通常会有暂停、前进和后退功能，其缺陷是数据量大，传输速度慢，功能上与普通电子地图基本相同；第三种动态交互基于 Java、JavaScript 或者 VRML 等编程语言。特别是 VRML，它允许用户使用三维数据，为自定义旅行路线、确定方向和高程提供了便利。

动画法表示的地图通常是预先生成的地图，不能按照用户的意愿修改或添加信息。这种地图经常用于新闻网站中，配合文字说明。例如，很多路线图中，都会使用动态的箭头表示路线和进程(图 5-35)。动画法的地图具有制作简单、表现效果生动、易于接受的特点，因此被广泛使用。

5.6.4　虚拟地形表示法

在水平投影法快速发展并被广泛运用的同时，写景符号法也并未停止发展。相反，由于技术的进步，特别是计算机技术的发展，借助于水平投影法的成果，写景符号法的描述精度和表现效果得到了极大的改进，现已发展成为可以逼真模拟实际地理景观并具有实用价值的三维地景仿真法。

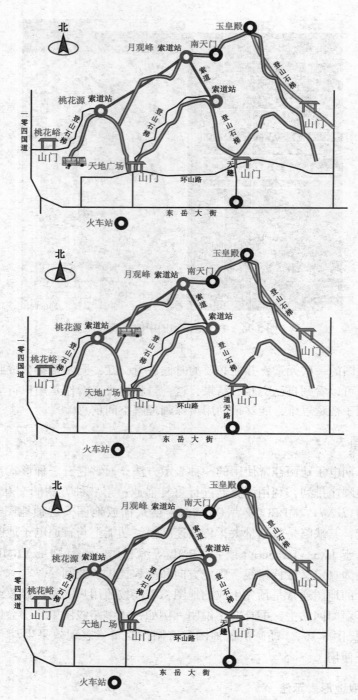

图 5-35　动画法表示某地区旅游路线

　　二维地貌表示法的立体感是利用能产生心理立体视觉的透视方法或晕渲方法产生的，而不具有真三维立体感。在虚拟现实技术和三维图形技术支撑下的三维地景仿真法，所表示的地貌具有生理立体视觉感。三维地景仿真法是利用计算机技术和可视化技术，将数字化的地貌信息用计算机图形的方式再现，加上双眼立体观察设备（头盔、数据手套等），使地貌具有"临场感、真三维立体感"（高俊等，1999）。虚拟地形表示法具有以下特点：

1. 基于数字信息的表示方法

传统地貌信息以图形的方式直接绘制在纸质地图上，现在是以数字信息（文件）的方式记录在计算机的存储介质中，如磁盘、光盘等，是快速量算和自动分析的基础，可直接参与各种数学模型和分析模型的计算。

2. 真三维空间特征表示

建立在三维模型基础上的真三维空间表示，在显示效果上更加符合人眼观察地貌的规律，借助于一定的设备，更能让人产生"身临其境"感，从而实现大多数读图者在读图时想"进入地图"的愿望，从而使人们对地貌信息的接受更加自然。

3. 实时动态性

传统纸质地图与数字地貌的立体表示都是静态的。而数字地貌虚拟表示则可放大、缩小、漫游、旋转，甚至"飞翔"。借助"虚拟现实"的技术和设备，更能产生逼真感，满足实时显示的要求。

4. 可交互性

传统纸质地图是不可交互的，一般的数字地貌表示的交互也是有限的，而数字地貌虚拟表示在虚拟环境中可借助专门的设备（头盔、数据手套、操纵杆等）进行交互式操作，获取新的信息。

5. 多比例尺（多分辨率）

传统纸质地图一旦制作完毕，比例尺是固定的，而现在三维数字地貌表示可以根据需求任意变化比例尺（图 5-36），并可在数学模型和分析模型的基础上，对地貌进行精确的量算和分析。

图 5-36　不同分辨率的三维地貌

地貌表示方法一直在逼真、精确和可量算之间徘徊，在以往的各种表示方法中，没有哪一种方法能够做到三者兼备，唯有地景仿真方法在三者之间找到了最佳的平衡点。不仅如此，地景仿真还具有可进入、可交互的特点，与这种环境（也是一种地图）打交道，用户能够产生身临其境的感觉，进而大大提高环境认知的效果。虚拟现实用于地形环境仿真并最终形成地景表示方法，是人类对环境认知的深化与科技进步的必然结果。图 5-37 是根据数字高程模型数据，用遥感影像作为纹理，建立的三维地貌图；图 5-38 是根据数字高程模型，用航空影像作为纹理，生成的三维地貌图，大大扩展了地图的空间表现力。

图 5-37　遥感影像作纹理生成的三维地貌　　　　图 5-38　航空影像作纹理生成的三维地貌

5.7　屏幕电子地图和纸质地图表示方法比较

5.7.1　屏幕电子地图表示方法的特点

①地图符号构图简洁，色彩鲜明。

屏幕电子地图的显示介质包括了计算机屏幕、手机屏幕以及各种电子设备的显示屏幕。通常，这类屏幕本身是发光体，具有一定的尺寸限制；对于经过网络传输的地图还有宽带限制。这就决定了屏幕电子地图的地图符号具有构图简洁，色彩鲜明的特点。

发光体导致人眼在地图上停留的时间相对较短；相对较小的显示空间要求更为精致、简洁和一目了然的表达方式。因此，电子地图的图形通常设计得比较醒目、简洁，具有较强的可视性。屏幕的呈色原理是 RGB 色光三原色，因此，屏幕地图对图形符号的色彩表示更加明亮、细腻、丰富。

网络电子地图通过 Internet 实现数据的异地传输，然后通过浏览器生成屏幕地图，供用户使用。由于中间有一个数据传输与地图生成的过程，所以地图显示与漫游的速度相对较慢，数据量越大，网速越慢，地图显示滞后越明显。为了减少数据量，必然要求地图符号结构简单，数据量小，便于快速显示与网上传输和浏览。

②表现形式灵活、生动，便于读者对地图信息的理解。

屏幕电子地图的表现形式灵活、生动；使用方法简单易学；分析过程高效准确且逐渐向智能化发展。许多屏幕电子地图都采取矢量和影像两种模式的多尺度显示。还有一些采用二维和三维、静态与动态相结合的显示方式。还有一些屏幕地图采用更为新颖的形式，如街景、可进入式地图。很多屏幕电子地图还提供了多种信息查询、目标搜索、定向定位、设计规划等功能，这些设计使电子地图更为生动形象，有利于提高地图的可用性，加深读者对地图信息的理解。

③超媒体结构，信息量巨大。

多媒体(图形、图像、文字、视频、音频等)技术和超媒体(媒体之间的超链接)技术在电子地图中的应用，为地图内容的表达提供了多样化的技术手段。多媒体数据目前已经能与空间数据和属性数据一体化存储，使多媒体在电子地图中的应用更为方便。尤其是网络电子地图融入超媒体技术后，通过链接可以很方便地实现地图目标与相关网页的信息查询，增加了地图目标的信息量。热点是屏幕电子地图的特殊表示方法，通过热点(兴趣点，它是空间位置、属性和多媒体特征的最佳结合点，是搭建空间数据库与属性数据库之间的桥梁)，用户可以查询与热点相关的多媒体信息，包括图片、文字资料、甚至是当地的三维景观。

5.7.2　纸质地图表示方法的特点

①具有二维和静态特点。

纸质地图所表达的地理信息是固化在二维平面上的，具有二维和静态特征。固化、静态的信息表现方式有利于读者形成完整的地理空间认知；缺点是在表示三维地理信息和动态信息时，不够直观和生动，这种二维表示方法有利于平面表示，优化图面效果，但是不利于用户的理解和使用。纸质地图具有固定的比例尺，因此其表示方法的选择更容易受到比例尺的限制。

②地图符号设计具有相对统一性。

纸质地图的地图符号使用静态视觉变量，在符号外形、结构和色彩设计上具有明显的传承性。特别在颁布了基本比例尺地形图的图式规范后，地图符号也基本标准化了。在专题地图和各种地图集中，地图符号设计相对灵活。由于印刷分辨率高，纸质地图符号设计较为精致，表达更为准确。

③受到印刷工艺和纸张性质的影响。

纸质地图的设计与印刷工艺和承印的纸张性质有密切关系。不同的印刷工艺对符号尺寸、色彩都有影响。彩色印刷是根据减色原理和油墨的性质进行的。通常，平色印刷采用不透明油墨，多色印刷使用透明油墨。与电子地图相比，纸质地图的色彩较为简单和灰暗，通常从印刷色卡中选择。不同的印刷工艺也会影响地图表示方法的设计。通常地图的多色印刷方法有两种，一种是制图员编制一幅彩色原稿；另一种就是将原图分色编制，军用地形图通常采用第二种方法制作。直接制作彩色原稿的可以使用连续的、更为丰富的色彩和表示方法；而分色编制原稿则必然限制地图符号的色彩使用。不同的纸张具有不同的油墨吸收率、反射率以及吸水率。因此，同样的颜色印刷在不同的纸张上，效果也会不一样。

为了提高纸质地图的表现力，设计者要充分考虑印刷工艺和纸张性质的影响。例如，在使用面状符号法时，避免使用黑色或深色色相。在黑白制图中，线划图形可加网，以避免使读者对线划图形产生反感，给图形加灰色调以满足叠印的需要。在彩色制图中，提供合适叠印的色彩色谱，等等。

5.7.3　两种地图在表示方法上的差异

①影响和制约表示方法选择的因素不同。

影响纸质地图表示方法选择的因素有：地图用途、印刷条件、地理区域特征等。屏幕电子地图的表示方法选择则需要从不同的角度考虑，主要有：目标用户的特征、用户的使用目的、技术实现难易程度、表现效果、可用性等问题。

②表示要素及其详略程度不同。

目前，国家已经制定了系列比例尺地图的相关标准，因此，纸质地图的表示要素比较标准、统一。通常，普通地图表示的要素有海洋、陆地水系、地貌以及土质植被等自然地理要素，还有居民地、交通、境界等社会经济要素。普通电子地图的表示要素在数量上少于纸质地图，并且其详细程度也略低于纸质地图。但是在很多专题地图中，电子地图的表示要素要远远多于纸质地图，例如，丁丁网地图不仅有各个城市的分布、交通、境界等要素，还对与人们生活紧密相关的信息予以详细表示，如房源位置、价格，饭店分布及介绍，加油站分布及油价等。这些优势是纸质地图无法比拟的。

③相同要素的表示方法不同。

由于制作工艺、技术的不同，纸质地图和电子地图中对相同的地理要素会采用不同的表示方法。例如，纸质地图常常采用等高线、分层设色法等表示地貌，但是电子地图则采用 DEM、虚拟地景等方法表示。对于动态信息，纸质地图只能利用能产生动态效果的视觉变量，如尺寸、亮度等表示；而电子地图可以直接使用动态符号或动态表示方法表示。有些适合于纸质地图的表示方法不适合于电子地图，如图形过于复杂、技术上实现困难的表示方法，像点值法、复杂符号等。

思 考 题

1. 地图要素按空间分布特征分为哪几类？各自有何特点？
2. 地图要素二维表示方法及其特点是什么？
3. 普通地图上地貌的表示方法主要有哪些？简述每种表示方法的特点。
4. 等高线法表示地貌有何缺点？如何弥补？
5. 分层设色法表示地貌时，色层表的设计应该遵循哪些基本要求？
6. 地景仿真法表示地貌的特点是什么？
7. 在地图设计时，常用哪些专题地图表示方法和视觉变量来描述制图现象的质量差别和数量等级？请分别举例加以说明。
8. 地理信息动态表示方法有哪些？特点是什么？
9. 电子地图与纸质地图相比，在表示方法上有哪些新特点？

第6章 地 图 综 合

地图是客观世界的模型而不是其本身(高俊,2004),既然是模型,就是经过对客观现实的抽象、概括和模型化后才产生的。这种对客观存在进行抽象概括,并以简化数据或地图符号表达实地的模型化过程,就是地图的制图综合,是地图编制过程中必不可少的创造性劳动。地图模型化的过程表现在实地到地图模型的转换中,表现在将较大比例尺地图转换为较小比例尺地图之间,而且还包括基于地图数据库的数据综合,以及空间数据的多尺度表达和显示问题。

无论是内容的选取、图形的化简以及数据的综合,都会减少地图信息容量,造成地图内容的详细性和客观实体的几何精确性的降低,而且随着比例尺的缩小,这一特性越来越明显。但是为了满足地图快速查询、准确解译、实时传输的要求,减少多余的干扰信息和碎部特征,保持研究对象最实质的特征,这又是必然的,也是制图综合的本质所在。在这个过程中,人要对地图内容取舍数量、概括程度和各要素相互关系等信息进行加工处理,根据综合约束条件作出判断和决策,分为传统制图综合(图形综合)和地理信息综合(主要模型综合)两个方面。

6.1 地图综合概述

6.1.1 传统制图综合的概念

传统制图综合主要是对地图图形和内容进行选取、化简与合并。目的是为了解决实地要素(现象)与缩小的地图表达之间存在的空间矛盾,保证地图内容的清晰性和要素空间关系的准确性。使地图阅读者快速准确地接收到他所关心的信息,达到地图信息传输的目的。

1. 传统制图综合的定义

根据以上制图综合的内容和特征,我们可以给制图综合下这样的定义:"制图综合是在地图用途、比例尺和制图区域地理特点等条件下,通过对地图内容的选取、化简、概括和关系协调,建立能反映区域地理规律和特点的新的地图模型的一种制图方法"(王家耀,1993)。从上述制图综合的定义不难看出,制图综合是地图制图的一种科学方法,是一项创造性的劳动。它的科学性在于制图综合具有科学的认识论和方法论特点,它要求制图人员对制图对象的认识和在地图上再现它们的方法都必须正确。只有这样,地图才能起到揭示区域地理环境各要素的地理分布及其相互联系与制约的规律性的作用。它的创造性在于编制任何一幅地图都并非各种制图资料的堆积,也不是照相式的机械取舍,它需要制图人员的智慧、经验和判断力,运用有关科学知识进行抽象思维活动。

关于什么是制图综合的问题，不同时期有不同的说法。代表性的有：制图综合是抽象和认识的工具（K. A. 萨里谢夫，1982）；制图综合是对图形和内容的化简与合并，选取和强调主要内容，舍去和压缩次要内容的制图方法（特普费尔，1982）；制图综合是对制图对象（地理环境综合体）进行选取和概括的理论和方法（《军事百科全书》军事测绘分册，1991）。数字地图综合是对制图要素与现象进行选取、化简、概括和位移等操作的数据处理方法（王家耀 等，1998）。制图综合是对客观存在进行抽象概括，并以简化数据或地图符号表达实地的模型化过程（高俊，2004）。

上述对制图综合的定义，在说法上略有不同，但实质上都反映了制图综合的本质，即以缩小的地图图形（地图数据）来反映客观实体时，都必须对客观实体（现象）进行思维的抽象概括——制图综合。在这个过程中受到地图用途、比例尺、制图区域特点、空间数据质量、符号尺寸等多种因素的影响。必须对地图或数据内容进行选取，质量和数量进行概括，图形关系进行处理，最终突出制图对象的类型特征，抽象出基本规律，更好地运用地图图形向读者传递信息。同时也说明随着地图品种的变化，制图综合的概念也有拓展，制图综合不单指图形综合，还包括数据综合、模型综合和地理空间信息的综合。

2. 制图综合的目的

制图综合的目的就是用制图综合的方法解决缩小、简化了的地图模型与实地复杂的现实之间的矛盾，实现资料地图内容到新编地图内容之间的转换，就是要实现地图内容的详细性与清晰性的对立统一和几何精确性与地理适应性的对立统一。

既详细又清晰，是我们对地图的基本要求之一。如果我们能够把地面上的物体全部表示到地图上，或者将较大比例尺地图上的一切碎部全部表示到较小比例尺地图上，那当然是再好不过的了。可是，实际上这是做不到的。如果硬是这样做，势必使地图不清晰，甚至无法阅读，这样的详细性也就失去其意义了。所以，详细性与清晰性是矛盾的两个方面。但是，也必须看到，详细性与清晰性都不是绝对的，而是相对的。在地图用途和比例尺一定的条件下，详细性与清晰性是能够统一的。因为我们所要求的详细性，是在比例尺允许的条件下，尽可能多地表示一些内容；而我们所要求的清晰性，则是在满足用途要求的前提下，做到层次分明，清晰易读。所以，详细性与清晰性统一的条件就是地图用途和比例尺，统一的方法就是制图综合。

在地图用途、比例尺和制图区域地理特点一定的条件下，缩小、简化了的地图模型与实地复杂的现实之间的矛盾得到了暂时的解决，而条件一经改变，就会产生新的矛盾，就要研究新的条件下的制图综合理论和方法，这种矛盾对立统一的过程，推动了制图综合理论和方法的发展。

6.1.2 地理信息综合的概念

1. 地理信息综合的定义

数字环境下的制图综合一方面沿用了传统制图综合的含义，但又不局限于仅仅对地图要素选取、化简和关系处理。制图综合已经从仅仅考虑可视化的地图图形处理拓展为地理信息的数据处理，目的是根据需求，获取相应比例尺或分辨率的地理空间信息的主要的、本质的特征，进行空间分析或可视化显示。因此，"地理信息综合就是对空间数据库中的地理实体（图形、属性）信息和它们之间的关系信息进行抽象与概括处理，实质是对空间数据库的综合"（高俊，2004）。

2. 地理信息综合的目的

在数字地图条件下，对于单纯的地图数据的综合，制图综合就是要用有效的算法、最大的数据压缩量、最小的存储空间来降低内容的复杂性，保持数据的空间精度、属性精度、逻辑一致性和规则适用的连贯性。地理信息综合的目的是解决空间数据的实时多尺度表达，信息的快速提取、处理、分析和在线传输问题。因此，信息数据综合驱动因素取决于电脑的智能能力，就是指计算机、处理器、网络、地图数据库等对数据处理的效率和智能化程度，即电脑能否按照人的要求，灵活、快速、准确地传输和提取信息。

比较地图图形综合和地理信息综合，可以看出地理信息综合与地图图形综合是有顺序的，即先要做信息抽象概括，然后再进行图形表达（毋河海，2004）。地图图形再现则是对已综合了的空间数据库中的地理物体按给定比例尺和图式符号进行图形表示。但是在传统制图综合时，这种顺序是不明显的。当物体选取后，在新比例尺条件下的图形简化与表示、冲突探测与处理等多种操作，几乎是同时完成的。而在数字地图环境下，数据与图形的分离，不仅使得综合过程的顺序明显化，同时可视化显示的电子地图阅读环境也发生了变化，这又给图形综合带来了一些新的问题。地理信息综合和地图图形综合都是对客观存在以及复杂现象的抽象概括，但是抽象、简化的内容和方法发生了变化。

6.2　地图数据的分类分级

分类分级是帮助人们揭示空间关系的一种方法。它的目的是为了便于描述和表示（包括语言表述和可视化）制图物体和现象，它的结果是将大量的个体（实体或现象）压缩成少量群类。虽然这样会损失细节，但通常都能作出实质性的解释，这是所有学科都在使用的有效手段。分类分级的过程实质上就是对地理要素进行综合取舍的过程，随着地图用途、地图比例尺和制图区域的不同，制图物体的分类分级会发生变化。

6.2.1　分类分级的要求

分类就是根据现象之间的相似性和亲疏程度，用数学方法把它们逐步地分成若干个类别，最后得到一个能够反映现象之间亲疏关系的客观分类系统，正确地反映事物之间的相似性和差异性。例如，在编制质底法、范围法或定点符号法、线状符号法地图时，必须根据分类指标体系划分类型或分区。

地图要素数据的分级是地图制图尤其是专题制图的主要方法。数据分级主要采用相应的数学模型来解决。分级数学模型主要解决分级数的确定和分级界线的确定，其中分级界线的确定是关键。

确定分类分级的基本原则是：应考虑到用途和主题对数值估计精度的要求，区域分布特征被强调的程度，比例尺的影响，数据的可视化方法；应保持数据的客观规律；在满足精度要求的前提下，尽量减少分级数。

确定分级界限的基本原则是：级内的数据差异尽可能小，级间的差异尽可能大；级内必须有数据，一个数据只能出现在一个级别中；界线可以连续，也可以不连续，这取决于数据特征；尽可能采用规则变化的分级界线，以便于阅读和记忆；分级界线应适当凑整。

6.2.2 分类分级的模型与方法

专题地图制图数据的分类，一般采用聚类分析方法。将制图对象中，有最大相似程度的现象聚合为类，反映呈地域分布的地理现象的特征，从而编制各种类型图或区划图。

分级，实质上是认识事物群体特征的一种概括手段，而且是常用的方法。对各种专题数据进行分级处理，并选择相应的表示方法，制成专题地图。这对于揭示现象的分布、发展变化规律有着重要作用。用定点符号法、动线符号法、统计图表法、等值区域法和等值线法表示的专题地图，都需对庞大的数据集进行分级。根据人对分级的短期记忆感受能力的极限，分级数一般在 4～7 级为好。分级数的确定不仅要考虑地图用途、地图比例尺，而且还应注意保持数据的客观分布特征。常用的分级方法有：

1. 等间隔分级

等间隔分级即等步度分级，是最简单的一种分级方法。设 H 为数列的最高值，L 为数列的最低值，N 为分级数，则级差为：

$$D = (H - L)/N$$

第 i 级的下限值 A_i 为：$A_i = L + (i - 1)D$

2. 有系统的不等间隔分级

有系统的不等间隔的分级包括：按某一恒定速率递增，按某一恒定速率递减，按某一加速度递增，按某一加速度递减，按某一减速度递增，按某一减速度递减。其通用模型为：

$$L + B_1X + B_2X + \cdots + B_NX = H$$

其中，X 为级差基数，B 为某级所需级差基数的倍数。

对于算术级数：

$$B_i = a + (i - 1)d$$

式中，a 为首项，d 为公差，i 为要确定的项的序数。

对于几何级数： $\qquad B_i = gr^{i-1}$

其中，g 为第一个非零项的值，通常取值为 1；r 为给定的比例，根据需要，其取值可以为：2，i，$i/(i-1)$，$1/2$，$1/i$，$(i-1)/i$。

3. 按某种变量系统确定分级间隔

按某种变量系统确定分级间隔，其分级间隔的大小并没有朝一个方向有系统地变化。包括完全不规则的分级界线和有规则但不具有单调递增或递减的规律两种类型。其方法有自然裂点法、按正态分布参数分级法、按嵌套平均值分级法、分位数分级法、面积相等分级法和面积正态分布分级法。

6.2.3 地图量表技术

1. 量表方法的概念

对地理实体和现象进行定量或定性的描述，需要借助心理物理学中常用的量表方法（scaling method）。量表技术是一种测量的尺度，广义上来说，是一切定量（性）化表示的基本措施。在心理物理学中被广泛地用于定量描述感觉经验。可视化的基本目的是视觉传输，因此也广泛地运用量表技术。

2. 量表方法的类型

量表方法有四种类型：定名量表、顺序量表、间距量表和比率量表。

（1）定名量表

定名量表是最简单的一种量表方法，用数字、字母、名称或任何记号对不同现象加以区分，实际上是一种定性的区分。在这一量表水平上，无法对两类现象之间进行任何数学处理，只能确认类别，如图 6-1 所示。

从图 6-1 中可以看出，定名量表的一个点、线或面，仅仅说明它是一个城市或者一个测量点，一条道路或一块树林，不能看出城市的大小、等级，也不能看出道路或树林的等级、质量等信息。这就是定名量表的特点。它一般用于区划图或类型图上制图现象的分类表示，例如，在我国行政区划图上，可以用定名量表的方法，分出河南省、河北省、山东省等；在土地类型图上可以分出草地、耕地、林地等。

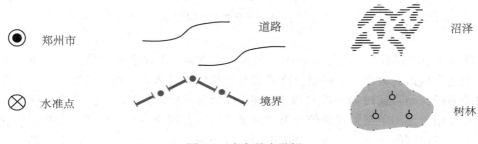

图 6-1　定名量表举例

（2）顺序量表

顺序量表就是把对象按某种标志的差别排出顺序，但既无单位也无起始点，只是一个相对次序的一种量表方法。在这类量表水平上，只能区分出现象的大小、主次、前后等相对等级，既可定性也可定量地描述制图物体或现象，如图 6-2 所示。

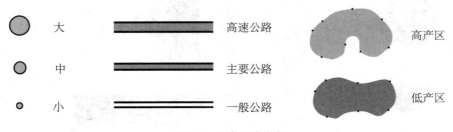

图 6-2　顺序量表举例

从图 6-2 中可以看出，顺序量表的一个点、线或面，不仅说明它是一个城市或者一个测量点，一条道路或一片粮食作物区，同时还能看出城市的大小、等级，以及道路或粮食作物区的高低等级信息。这就是顺序量表的特点。它一般用于地图上制图现象的分类分级表示，例如，在我国交通图上，可以用顺序量表的方法，分出主要公路、一般公路；在粮食产量图上可以分出高产区和低产区等。

（3）间距量表

间距量表是不仅把对象按某一标志的差别排出顺序，而且还知道差别的大小的一种量表方法。因此，在构成间距量表之前，要先提供测量的标准或确定单位，如图6-3所示。

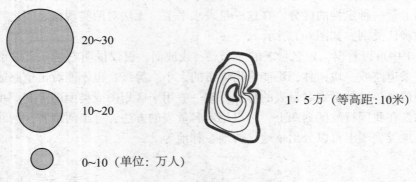

图6-3　间距量表举例

从图6-3中可以看出，间距量表的一个点、线或面，不仅说明它是一个城市，而且还能表达出这个城市的大小、等级以及该城市与其他城市具体人口数的等级差别；不仅看出是一组等高线，而且通过等高距可以得到它们之间的高程差信息，这就是间距量表的特点。它一般用于地图上制图现象的分类、分级和数量差别的表示，例如，在我国粮食产量分布图上，可以用间距量表的方法分出不同地区小麦、玉米或大豆的产量差别等。

（4）比率量表

比率量表是一种不仅把对象按某一标志的差别排出顺序，知道其差别的大小，而且有原始零起点的量表方法。因此，在构成比率量表时，要知道两个现象之间的差别及其比率，如图6-4所示。

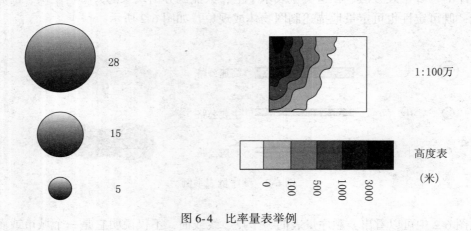

图6-4　比率量表举例

从图6-4中可以看出，比率量表的一个点、线或面，不仅说明它是一个城市，而且还能表达出这个城市的大小、等级，该城市与其他城市具体人口数的等级差别以及具体的人口数量是多少；不仅看出是一组等高线，而且通过高度表可以得到它们之间的高低情况、高程差以及高程的具体数量值信息，这就是比率量表的特点。它一般用于地图上制图现象的分类、分级和具体数量的表示，例如，在我国地形图上，可以用比率量表的方法，分出不同地区(陆地与海洋)的具体高程，某个城市具体的人口数是多少等。

6.3　地理数据综合

进行 GIS 地理空间分析及辅助决策时，人们往往需要从多层次、多方面、多视点来考虑相关问题，希望地理数据的分析总是针对一定的空间尺度和一定的空间等级进行的，即在最容易表达和理解空间过程的尺度下来处理专业问题，此时他们需要不同综合程度的地理信息模型。而跨越多种比例尺数据库，进行数据的提取和应用，就需要不同详细程度的变换和数据综合，并通过数据挖掘技术探求规律发现新知识，这是数据综合的新方法。

6.3.1　数据综合的制约因素

数据综合驱动因素取决于电脑的智能能力，就是指计算机、处理器、网络、地图数据库等对数据处理的效率和智能化程度，即电脑能否按照人的要求，灵活、快速、准确地传输和提取信息。

6.3.2　数据源及数据处理

1. 地图综合数据源

地图数据源有很多，主要包括地图资料、GPS 数据、控制测量成果、天文点成果表、航空像片和卫星遥感影像、测绘技术档案、地理调查资料以及地理文献、地图数据库或影像数据库、统计资料、野外测量数据等。其中最主要的是地图数据。

(1)空间数据

地图数据中的空间数据是用来描述地面物体或现象的空间位置、形状和大小的数据。空间数据在地图数据库中一般以点、线、面的方式存储。它可以是矢量数据也可以是栅格数据。

空间数据的一个重要特点是它还包含拓扑关系数据，即描述网格结构如交通网、河网、境界线网，以及多边形结构如行政区划、地类区划中节点、弧段和面域之间的关联、邻接与包含等关系。拓扑关系从质的方面反映了地理实体之间的结构关系。

(2)属性数据

属性数据又称为非空间数据。主要用来描述制图物体或现象的各种类别、等级等属性特征。例如，用于区分不同要素像居民地、交通、水系等或区分同类要素不同等级或数量质量之间的差别像居民地中的街区式居民地与独立房屋、道路中的高速公路与普通公路等。属性数据在地图数据库中都是以属性编码的方式存在。

2. 地图综合数据处理

地图综合数据处理的内容主要包括：资料数据的裁切和拼接；地图投影、比例尺的转换；不同符号系统之间的转换处理；量度单位之间的转换处理；数据编码和格式的转换；数据的分类分级处理；资料图比例尺与新编图比例尺相差较大时标描处理；地图内容的更新和专题内容的转绘处理等。

3. 数据融合及编辑处理

在地理空间数据集成中，数据来源的多样性需要对不同精度、不同结构、不同属性类别、级别的数据实行综合处理(集成与融合)。例如，数字地球、网格全球化中多种数据的集成融合处理中，遥感影像是信息获取的重要信息源。目前，高分辨率的卫星影像已达厘米级，数据详尽，量极大，人们希望直接对高分辨率遥感影像进行信息处理，提取不同细节的地理信息，建立不同的多尺度数据和可视产品，满足 GIS 空间分析和专题制图的需要。其中信息综合是一个很重要的技术。

4. 数据综合的模型算法

目前地图模式识别技术，还无法实现全自动扫描矢量化。建立地图数据库仍是一项庞大的工程。因此，由大比例尺数据库派生小比例尺数据库仍然是地图数据库应用的一个重要方面。数据库综合与图形综合的主要区别在于，数据库的综合实质上是模型的综合，就是降低原始数据库的复杂性，形成新的概念数据模型。数据库综合的方法是利用数据库作为数据源，采用选取、合并、化简等综合方法，产生派生的数据库。综合目的是减少数据量，突出地理目标的结构和相互间关系，以提高数据分析的效率。

数字环境下地图内容的多尺度表达是指基于一个大比例尺数据库，根据不同的需求，地理信息内容随着比例尺或分辨率的变化而变化，使地理信息的增减与比例尺或分辨率相适应。数字环境下地图内容的多尺度表达不仅包括显示内容数量上的层次性，还应该包括图形要素轮廓表达的层次性以及支持显式算法的实时性、有效性和快捷性。从这点来看，它与图形认知理论中的对可视化图形、图像实施概括与简化的要求是一致的、同向的。因此，数字环境下地图数据多尺度表达，实质上是一种空间数据的实时综合，即"在线综合"(on-the-fly)，对算法和交互中的实时响应有很高的要求。

制图综合需要通过不同的操作来完成，传统制图综合包括选取、化简、概括和位移四个主要过程。在数字制图条件下，必须将制图综合的过程转化为机器可执行的基本模式，或称为"综合算子"来完成制图综合的全过程。由于对综合过程分解的方式不同，就产生了不同的综合模式。有最常见的三算子模式、四算子模式、七算子模式以及二十算子模式等。不同的综合需求可以采用不同的算子来完成，包括几何和概念的综合。算子的选择表明空间数据的"制图综合"已不限于地图的制作，它几乎面对需要综合的所有空间数据处理任务(高俊，2004)。

制图综合的智能化，地理空间数据处理任务的复杂化，要求人们寻求更好的方法来解决综合问题。目前，自动综合中面向信息的综合方法、神经元网络法、面向滤波的综合、分形学方法、启发式综合方法、小波分析方法、专家系统综合方法、人机智能交互式方法等，在一定程度上都为制图综合问题的解决提供了有效的途径。

数字环境下地图信息的自动综合已经成为数字制图和 GIS 进一步发展与应用的一个瓶颈问题。它制约了基于地图数据库自动生成多比例尺地图的地图生产智能化、一体化，以及难以满足 GIS 等涉及空间地理信息领域多层次分析决策中，对多尺度数据快速自动生成和各种尺度专题地图输出的需求。面对各种需求和自动综合自身存在的问题，今后自动综合主要应解决三个层次的问题。第一层次是模型算法的进一步研究和完善，第二层次是规则的总结，第三层次是知识的归纳、描述和驱动。它们之间是相互联系、相互依存的，必须将它们有效地集成才能很好地解决综合问题。

（1）基于模型的制图综合

基于模型的制图综合是指描述制图综合中的某些关系的数学表达式。它的类型主要有定额选取模型、结构选取模型、定额结构选取模型。基于模型的制图综合是制图综合量化的重要手段，对提高手工制图综合的科学性和促进制图综合的发展都是必要的。基于模型的制图综合特点，它并非用一般的函数关系来描述，而是采用某种统计规律的数学描述，其可靠性受许多因素的制约。例如，在建立的地图综合模型时受统计样本数量、大小、精度、密度等的限制；所建立的模型，广泛适用性还不是很强，还需要作深入的研究和实践。

基于模型的制图综合研究主要集中在，用方根选取的规律模型或回归模型确定居民的综合指标；用结构选取的模糊综合评判模型或图论模型确定道路的综合指标；用分形的方法进行等高线的自动综合；用小波分析方法进行河流综合和等高线中的地形线的自动追踪及综合；Delaunay 三角形用于居民地街区的合并；数学形态学方法在居民地街区合并中的应用等。

（2）基于算法的制图综合

基于算法的制图综合是指对某一类制图综合问题的有穷的机械地判定（计算）过程，它是用有穷多条指令描述，计算机便按指令执行有穷步的计算过程，从而得出制图综合结果。它的类型主要有面向目标（物体）的算法，如化简曲线的算法、双线河合并为单线河的算法、位移的算法；面向过程（制图综合过程）的算法，如居民地的选取过程，先确定定额指标，然后根据居民地的等级值逐次选取，直到达到定额。

目前，制图综合过程中的很多问题还无法准确地用数学模型来描述。因此，基于算法的制图综合是实现自动制图综合的一项重要研究内容，凡能算法化的，都应力求算法化。在算法的设计中应考虑到制图综合的复杂性和制图区域的地理复杂性，正确、合理地确定各种算法的参数和相应的域值。

（3）基于规则的制图综合方法

基于规则的制图综合是指对制图综合中处理某些问题的规范化描述，通常用"条件（如果）—结论（则）"的表达形式。它的类型主要有典型的"条件—结论"式规则，适用于一些特殊情况的处理；"等级层次"和"分界尺度"式规则，适用于制图综合中数量问题的处理；"阈值"式规则，适用于轮廓图形化简与图形合并。

规则层次是综合的第二层次，解决做哪些综合的问题。目前这方面的研究还很薄弱，今后首先应该将专家们的研究成果加以总结形成规则，并且将规则分类分级细化形成系列化；其次，应该进行大量的综合试验，总结出相应"等级层次"、"分界尺度"、"阈值"的参考标准；最后，还要研究判别方法，因为规则的条件是要通过地图数据库所提供的信息加以判别的。

（4）基于知识的智能化制图综合方法

基于知识的方法（如专家系统）是指根据相应的知识库，进行判断、推理的过程。它的困难在于综合知识的规范化、知识的获取和知识的表示。综合过程的复杂性在于基于知识的概念、技术和方法研究的复杂性。综合程序的调试都是要通过合理的计算得到合适的结论，程序只有具备一定的推理机制才能做出选择。因此，为使综合系统具有推理能力，人们开始了基于知识的技术研究。

地图自动综合需要智能化已得到共识。知识推理层次是制图综合的最高层次，是一个智能决策过程，解决什么时候要进行综合操作，它的基础是相关的知识库和大型地理数据库的支撑。目前完全基于知识的智能综合系统基本上没有，主要原因一是制图综合本身理论性和系统性不完善；二是人工智能领域的理论和技术方法还不能有效地描述制图综合复杂的智能判断过程；三是综合过程中缺少过程性知识的总结和描述；四是地理数据库中用于地理信息描述的数据结构缺少智能化；五是由于知识获取的渠道不同，多元知识的管理问题还没有得到很好地解决。

针对目前知识推理在自动综合应用中的主要问题，解决的途径是借助算法过程把物体本身特征和物体之间的空间关系"符号化"（毋河海，2004），为知识推理在自动综合中的应用提供基础。采用超图数据结构（HBDS），用于描述地理信息和规则库的知识管理，形成结构化的专家系统（郭庆胜，2002）。采用决策算法模型，建立基于知识决策的制图综合系统（武芳等，2008）。

6.4　视觉效果综合

6.4.1　视觉效果综合的制约因素

视觉设计不只是图形，它应该包括一切和"视觉"相关的东西。对于任何一个产品来说，视觉设计不应该仅仅只是用什么颜色、圆角还是直角、什么样的造型等问题。这里的视觉效果还包括了图形还有图形以外的感受。通过视觉效果综合使地图的视觉效果达到最好。视觉效果综合的制约因素主要有：地图用途、地图比例尺、制图区域特点、地图资料质量、地图符号最小尺寸、地图表示方法。

1. 地图用途

地图用途是制图的根本宗旨，是编图时运用制图综合方法首先要考虑的条件，也称目的综合。在整个制图综合过程中起主导作用，决定制图综合的方向和倾向。它作用于制图综合的全过程，包括制图综合的编辑过程和编绘过程。在编辑过程中，确定地图的主体，制定制图综合细则等，都要考虑地图的用途要求。离开了服务于地图用途这个根本宗旨，制图综合的编辑过程是肯定做不好的。地图用途在编绘过程中的作用是很容易被忽视的，不少人认为制图综合的编绘过程是根据制图综合细则进行的，是执行地图编辑的意图，因此可以不必研究地图的用途要求。实际上，制图综合编绘过程中的分析、评价、判断和实施，最终都是以地图的用途要求为依据的。

编制任何一幅地图，从确定地图内容的主题、重点及其表示方法到编图时选取、化简、概括地图内容的倾向和程度，都受到地图用途的制约。例如，我们常见的同一地区、同比例尺的政区图和地势图、地形图和航空图由于用途不同，则制图综合时选取的内容、表达的重点是不同的。政区图为了突出反映各个地区行政区划的分布范围界限，所以重点表示境界和行政区划，一般采用分区设色的方法强调区划的概念，其他要素基本不表示；而地势图为了突出反映地形的起伏状态，在等高线或 DTM 数据的基础上采用分层设色加晕渲的方法强调表示地貌要素，其他要素概略或基本不表示。如图 6-5 所示的同一地区、同比例尺的不同用途的地图。图 6-5(a)是政区图，主要表示境界、政区名称；图 6-5(b)

是该地区的交通图，主要表示道路和居民地，境界不表示。

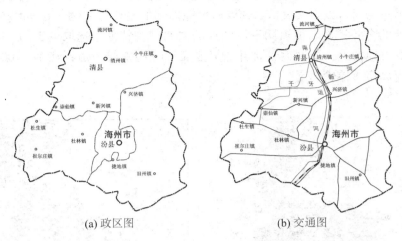

(a) 政区图　　　　　　　　(b) 交通图

图 6-5　同一地区不同用途的地图

地图用途对制图综合的影响不仅表现在不同用途的地图上，有时还表现在同一幅地图上，由于我们关心的主题和重点不一样，制图综合的程度也不一样。例如，在《中国全图》上，主题区域(国内部分)的居民地和道路表示得非常详细，而非主体区域(国外部分)则表示得非常概略。因此，地图用途作用于编图的全过程，从确定地图内容的主题、重点及其表示方法到编图时选取、化简、概括地图内容的倾向和程度等，都受到地图用途的影响。

2. 地图比例尺

地图比例尺是编图时运用制图综合方法必须考虑的一个重要条件，也称比例综合。地图比例尺标志着地图对地面的缩小程度(图 6-6)，直接影响着地图内容表示的可能性，即选取、化简和概括地图内容的详细程度；它决定着地图表达的空间范围，影响着对制图物体(现象)重要性的评价；它决定着地图的几何精度，影响要素相互关系处理的难度。

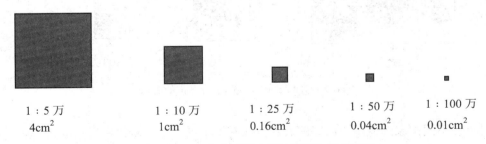

| 1：5 万 | 1：10 万 | 1：25 万 | 1：50 万 | 1：100 万 |
| $4cm^2$ | $1cm^2$ | $0.16cm^2$ | $0.04cm^2$ | $0.01cm^2$ |

图 6-6　实地 $1km^2$ 在不同比例尺地图上所占面积

例如，如图 6-7 所示，以青岛市在 1：5 万、1：10 万、1：25 万、1：50 万和 1：100 万比例尺地图上的表示为例。在 1：5 万地图上，可以详细而准确地表示居民地内部的主次街道及其与外围道路的联系，着重表示建筑物的轮廓图形特征，详细地反映了经济、文化标志和突出建筑物。随着比例尺缩小，在 1∶10 万地图上，只能着重表示街区规划特点和街网的几何图形特征，保持主要道路及其交叉口的准确位置，反映居民地内部通行状况，主要街道过密时可以降级表示，选取居民地内部的主要方位物；在 1∶25 万地图上，着重进行街区的合并，显示街道网平面图形的主要结构特征，选取突出的、重要的方位物；在 1∶50 万地图上，街区大量合并，只能表示一些主要街道；在 1∶100 万地图上，则只能显示青岛市总体轮廓了。

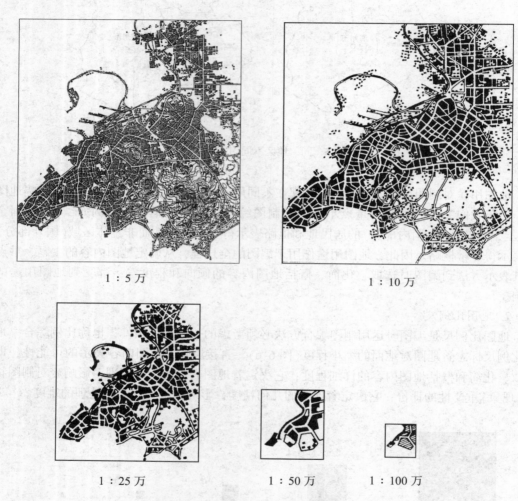

1∶5 万　　　　　　　　　　　　　　　1∶10 万

1∶25 万　　　　　　1∶50 万　　　　1∶100 万

图 6-7　不同比例尺地图上青岛市的表示

　　另外，不同国家的地图，内容的表示方法有所不同，但随着比例尺的变化，对内容表示的细节都将发生变化。如图 6-8 所示，国外某地区居民地在不同比例尺图上的变化情况，从 1∶1 万的详细表示变化到 1∶50 万地图上用圈形符号表示。

　　3. 制图区域特点

　　制图区域地理条件作为制图综合的条件之一，意味着制图综合原则和方法都必须和具体的地理特点结合起来，是决定制图综合的客观依据，也称景观综合。制图区域地理特点

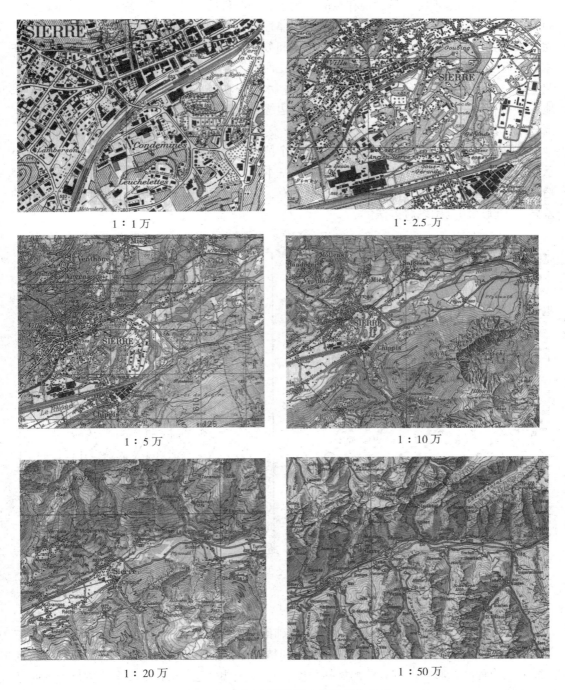

图 6-8　不同比例尺地图上居民地的表示

的客观性，要求经过制图综合的地图模型具有与实际事物（区域特点）的相似性。因此，一切选取、化简和概括方法的运用，制图综合各种数字指标的确定，对制图物体（现象）重要性的评价等，都必须受到制图区域地理特点的制约。

167

制图区域的地理特点是客观存在的。由于各种条件的差异，不同制图区域其地面要素的组成、地理分布及其相互联系与制约的规律性是有差别的。例如，我国江浙水网区，地面要素主要是纵横交错而密集的河流、沟渠和分散式居民地，且后者沿前者分布排列，在总体上有明显的方向性，如图6-9所示。而在西北干旱区，组成地面要素的基础是沙漠、戈壁滩，居民地循水源分布的规律十分明显，水的存在及其利用在很大程度上制约着居民地的分布，居民地通常沿水源丰富的洪积扇边缘，河流、沟渠、湖泊沿岸，或沿井、泉周围分布，如图6-10所示。

总之，一幅地图最终都是全面或是从某个侧面来反映制图区域地理特点的。因此，显示制图区域特点，既是一切制图综合方法的基本出发点，也是一切制图综合方法的基本归宿。制图者必须认真研究制图区域的地理特点，只有这样，才能针对不同区域地理特点的差异，正确运用制图综合方法。

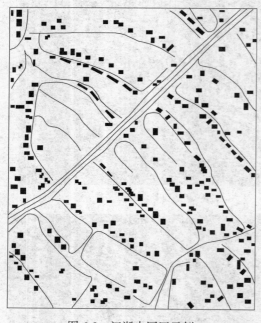

图6-9　江浙水网区示例

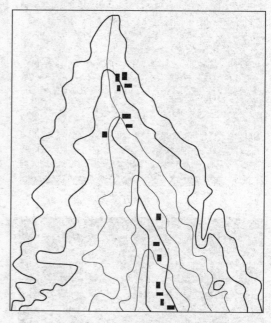

图6-10　西北干旱区示例

4. 地图资料的质量

制图综合是以底图资料（空间数据）为基础的，因此资料质量的好坏直接影响制图综合的质量。底图资料内容的完备性、现实性和精确性，直接影响到地图内容的分类分级的详细和准确程度，影响内容表达的概括程度，等等。同时还影响到下一个比例尺编图时地图资料的精度。对于空间数据来说，数据的类别（影像数据、图表、文字资料等）、数据采集的精度、数据转换过程的误差等也对制图综合有很大的影响。

5. 符号最小尺寸

制图综合的目的就是为了图形显示的需要。在阅读地图时，人的肉眼观察和分辨符号图形的能力受人视觉能力的限制，存在一个恰可察觉差（人肉眼辨别两种符号差别的最小值）。因此，在对物体化简、概括和图形关系处理时，为了突出某些特征点或特殊部位，就必须使其保持有最小的符号尺寸，便于地图的阅读。

6. 地图表示方法

受到地图载负量的影响，地图在可视时，不同的表示方法直接影响制图综合时对地图内容表示的详细程度。例如，以单色表示的地图就无法像以彩色表示的地图那样表示更多的内容；再如单纯以等高线表示地貌时，等高线表示得非常详细；以等高线加分层设色表示地貌时，等高线就要进行化简，以等高线加分层设色加晕渲表示地貌时，等高线表示得更概略；再到只用晕渲表示地貌时，等高线这个要素就不用表示。

传统制图认为是由于地图用途、地图比例尺和区域地理特点等因素的影响造成了制图综合。但是，实际上地图用途和比例尺在制作地图时就已经确定了，真正在图形综合过程中，制图综合更关心的是人脑想看的东西是否能够很清楚地看到，看到的东西是否与实地相似。视知觉与经验，特别是关于制图行为的心象的模式化是造成综合结果不合理的主要因素（游雄，1992）。编图的重点在于正确和艺术地处理地图图形空间关系，使其能为人的视觉能力准确接收和分辨。因此，传统制图综合的主要制约因素是人脑对图形信息的视觉感受、分辨和理解能力（这是一个非常复杂的因素，这也正是制图综合为什么难于实现自动化之所在）（高俊，2000）。否则，如果人可以接受、分辨和理解所有信息，那么不管比例尺多小都不需要进行制图综合。正是由于人脑对客观事物的认识和理解是分类、分层次的，人眼的分辨能力是有限的，所以制作地图就必须进行制图综合。

6.4.2　视觉效果综合的方法

视觉效果综合主要指地图的图形综合，一般通过对地图内容要素选取、化简、概括和位移进行实施。

1. 地图内容的选取

选取，是制图综合的最重要和最基本的方法。选取可以是对地图内容而言，也可以是对同类制图物体（现象）而言。对地图内容，制图综合表现为地图内容在制图物体（现象）的种类上的综合，其综合结果是减少地图内容的种类；对同类制图物体（现象），制图综合表现为同类地物数量的综合，其综合结果是减少地物符号的数量。

对地图内容的选取主要解决三个问题：选取多少，选取哪些，怎样选取。选取采用的方法包括基本选取法和组合选取法。

（1）选取的基本方法

1）按分界尺度（最小尺寸）选取

分界尺度是编图时决定制图物体取与舍的数量标准。确定分界尺度的主要依据是地图的用途要求、比例尺和制图区域地理特点。分界尺度的种类包括线性地图分界尺度、面积地图分界尺度、实地分界尺度、线性地图分界尺度与实地分界尺度相配合四种。

按线性地图分界尺度选取，是利用地物在图上的长度或相邻地物间的距离作为选取地物的尺度标准，一般适用于线状地物的选取。例如，河流、冲沟、沟渠、陡岸等都是按线性地图分界尺度选取的，选取的指标见表6-1。

按面积地图分界尺度选取，是利用地物在图上的面积作为选取地物的尺度标准。它适用于轮廓线不规则的呈面状分布的地物。例如，湖泊、岛屿、土质与植被等都是按面积地图分界尺度选取的，选取指标见表 6-2。

按实地分界尺度选取，是指按照地物的实际高度、长度或宽度(如梯田、冰塔、桥梁、河宽)作为选取地物的尺度标准。一般对于不能确定地图分界尺度或利用分界尺度不足以表示其实际意义的地物，采用实地分界尺度，例如，梯田、冰塔、桥梁、河宽等都是按实地分界尺度选取的，选取指标见表 6-3。

表 6-1   按线性地图分界尺度选取的指标

地物名称	分界尺度(mm) 长(l) 宽(d) 深(t)	说　明
河　流	$l=10$ $d=2$	选取图上长 10mm 以上的河流，同时考虑相邻平行河流之间的间隔，当其小于 2mm 时舍去
冲　沟	$l=3$ $d=2$	选取图上长 3mm 以上的冲沟，并保持最小间隔不小于 2mm
干　沟	$l=15$ $d=3$	选取图上长 15mm 以上的干沟，并保持最小间隔不小于 3mm
弯　曲	$d=0.5\sim0.6$ $t=0.4$	选取宽 0.5~0.6mm 和深 0.4mm 以上的小弯曲
陡　岸	$l=3$	在 1:10 万比例尺地形图上，长 3mm 以上的陡岸均应表示
消失河段 (伏流)	$l=2$	在 1:10 万比例尺地形图上，溶岩地区的伏流河、干旱地区和沼泽地区的消失河段，图上长 2mm 以上的一般应选取
沟　渠	$l=15$	在 1:10 万比例尺地形图上，凡长度不足 15mm 的一般可以舍去
密集沟渠	$d=2\sim3$	沟渠密集时，在保持密度差别的情况下进行取舍，相邻沟渠间的距离不得小于 2~3mm

表 6-2   按面积地图分界尺度选取的指标

地物名称	分界尺度(mm^2) 面积(p)	说　明
湖　泊	$p=1$	选取图上面积大于 1mm² 的湖泊
岛　屿	$p=0.5$	选取图上面积大于 0.5mm² 的岛屿
沼　泽	$p=25$	选取图上面积大于 25mm² 的沼泽
盐碱地	$p=100$	选取图上面积大于 100mm² 的盐碱地(1:10 万)
雪被(或裸露区)	$p=2$	图上面积大于 2mm² 的雪被均应表示
森林(幼林)	$p=25$	图上面积大于 25mm² 的森林(幼林)一般应选取，小于此尺寸的一般应舍去
林中空地	$p=10$	图上面积小于 10mm² 的林中空地一般舍去

表 6-3　　　　　　　　　　　　　　　按实地分界尺度选取的指标

地物名称	实地分界尺度(m) 比高(h)长(l)宽(d)	说　　明
梯　田	$h = 2$	1∶10 万地形图编绘规范规定，选取实地比高 2m 以上的梯田
冰　塔	$h = 5$	1∶25 万地形图编绘规范规定，冰塔比高大于 5m 的应注出比高的注记
桥　梁	$l = 30$	1∶25 万地形图编绘规范规定，桥梁长度大于 30m 的应予以表示
河　宽	$d = 50$	1∶25 万地形图编绘规范规定，实地河宽大于 50m 的应注出河宽、水深及河底底质

按线性地图分界尺度与实地分界尺度相配合选取，是指有些地物的选取，不能只考虑单一的选取标志，既不能只考虑其线性地图分界尺度也不能只考虑其实地分界尺度。例如，铁路、公路上的路堤、路堑选取时必须同时考虑其图上长度和比高。1∶5 万图上长 5cm、比高 3m 以上的路堑要选取等。

按分界尺度选取的方法，分为按分界尺度"无条件"选取和按分界尺度"有条件"选取两种方法。按分界尺度"无条件"选取，是指大于或等于分界尺度的地物全部选取，小于分界尺度的地物全部舍去。按分界尺度"有条件"选取是指大于或等于分界尺度的地物全部选取后，对小于分界尺度的地物，则根据地图的用途要求和反映制图区域特征的需要，有目的地选取部分小于分界尺度的地物，并按最小尺寸描绘。"条件"是指地物本身所具有的政治、经济意义，该地物所处的地理位置的重要程度，地物的类型，以及分布特征和密度差异等，如图 6-11 所示。

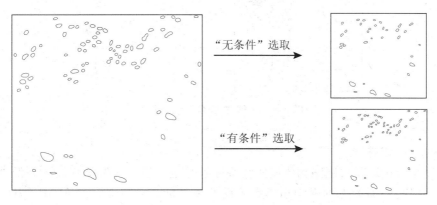

图 6-11　按分界尺度选取实例

2) 按定额指标选取

定额指标是指地图上单位面积内选取地物的数量。定额指标可以用回归模型、开方根选取规律公式、适宜面积载负量等方法来计算(王家耀等，1992)。按定额指标选取方法主要用于居民地、湖泊群、岛屿群、建筑物符号群等的选取。如图 6-12 所示，由 1：10 万地图编制 1：20 万地图，按开方根选取规律公式对居民地进行选取结果的示例（该图为了看清楚，符号和注记大小比地形图有所放大）。

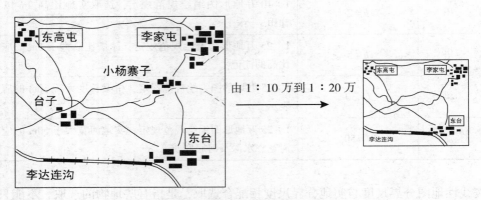

图 6-12　按定额指标选取示例

3）按地物综合区选取

地物综合区是将制图区域或图幅范围按物体的分布密度划分成的小区域，作为选取的基本单元，选取时在每一个综合区内按统一的定额指标进行选取。综合区的形状根据不同要素的特点可任意划分，一般比例尺大，综合区小些，反之大些。图 6-13 是按照地物综合区进行居民选取的示例（1：5 万编绘 1：10 万地图），其中综合区 a 为建筑物密度较大区，综合区 b 为建筑物密度较小区。

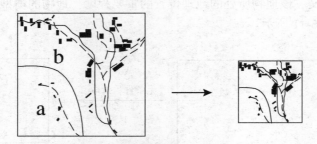

图 6-13　按地物综合区选取示例

4）按地物等级选取

按地物等级选取是将制图物体按照某些标志分成等级，然后按等级的高低进行选取。划分地物等级时必须考虑到影响物体重要性的多种标志，即全面评价制图物体。图 6-14 是按地物某些标志区分等级（数字表示等级高低）后进行选取的示意图。

（2）选取方法的组合形式

在制图综合中，为了弥补一种选取方法的不足，常常采用选取方法的组合形式。主要有两种形式，即定额指标和分界尺度组合的选取、定额指标和地物等级组合的选取，如图 6-15 所示。

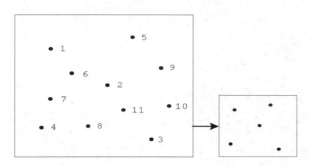

图 6-14　按地物等级选取示意图

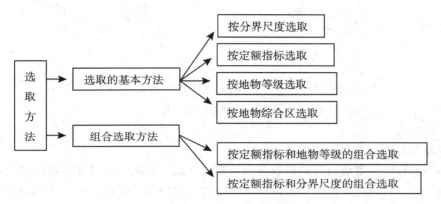

图 6-15　选取的基本方法和组合方法

1) 定额指标和分界尺度组合的选取

定额指标和分界尺度组合的选取包括两项内容：先计算选取定额指标，后按地物分界尺度选取；先按地物分界尺度选取，剩余部分按定额指标选取。下面以湖泊的选取为例（资料图比例尺为 1：10 万，新编图比例尺为 1：25 万）进行说明。

第一步：构成地物综合区，统计制图物体的实地或资料图上湖泊的密度值 N_a。本例中基本资料为 1：10 万地形图，其湖泊数 $N_a = 319$ 个，如图 6-16 所示。

第二步：利用有关公式计算新编图上的定额选取指标 N_2。本例按照开方根选取规律公式计算（$N_b = N_a \sqrt{(M_a/M_b)^x}$ 按 $x = 2$，即第二选取级选取），得到新编图上应选湖泊数 $N_b = 127$ 个。

第三步：选取大于分界尺度的全部地物，记为 N_b'，在 N_b 中减去此数，得综合区内尚须选取的小于分界尺度的地物数 $N_b'' = N_b - N_b'$。本例中，在 1：25 万地形图上，湖泊选取的面积分界尺度 $P = 1\text{mm}^2$。在资料图上统计后，得到大于分界尺度的湖泊数 $N_b' = 95$ 个，同时按上述公式算得 $N_b'' = 32$ 个。

第四步：采用按分界尺度"有条件"选取的方法，从小于分解尺度的地物中选取 N_2'' 个，使之满足 $N_b = N_b' + N_b''$。本例中 $N_2'' = 32$ 个，因此需要按条件选取 32 个小于分解尺度的湖泊，这样才能反映湖泊群的分布特征。最终由资料图到新编图选取结果，如图 6-16

所示。

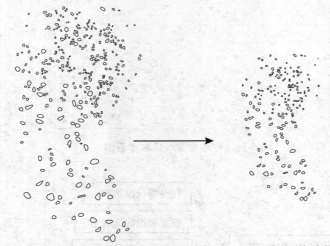

(a) 1∶10万资料图（湖泊数为319个）　　(b) 1∶25万地图（湖泊数为127个）

图 6-16　湖泊选取结果

2) 定额指标和地物等级组合的选取

定额指标和地物等级组合的选取分为三步：构成综合区，统计制图物体的实地或资料图上的密度值；利用有关公式计算新编图上应选取地物数；按地物等级或总分级值大小逐级截取，直至达到定额指标。下面以居民地的选取为例(资料图比例尺为 1∶25 万，新编图比例尺为 1∶50 万)进行说明。

第一步：构成地物综合区，统计制图物体的实地或资料图上的密度值 N_a。本例基本资料为 1∶25 万地形图，居民地的密度分区属于极密区，如图 6-17 所示。

第二步：利用有关公式计算新编图上地定额选取指标 N_b。本例中新编图的比例尺为 1∶50 万，在 1∶50 万地形图编绘规范中规定，该密度取定额选取指标为 160～180 个/dm^2，根据面积计算得到应选取数 N_b。

第三步：按地物等级高低逐级选取，直至达到定额指标。本例选取结果如图 6-18 所示(注：该图符号和注记大小比地形图有所放大，便于看清楚)。

逐级选取时，一般存在以下三种情况：

① 某些级的地物全部选取，即必取的。

② 某些级的地物全部舍去，即必舍的。

③ 某级的地物有取有舍，即部分选取。部分选取地物数量的求取方法如下：

设由高级到低级逐级选取 n 级的地物总和数量为 $\sum_{i=1}^{n} N_i$，使之满足不等式：

$$\sum_{i=1}^{n} N_i < N_b < \sum_{i=1}^{n+1} N_i$$

也就是说前 n 级选取后还没有达到定额指标，但如果选取前 $n+1$ 级则超过了定额指标。这就意味着第 $n+1$ 级地物须部分选取，选取数量为：

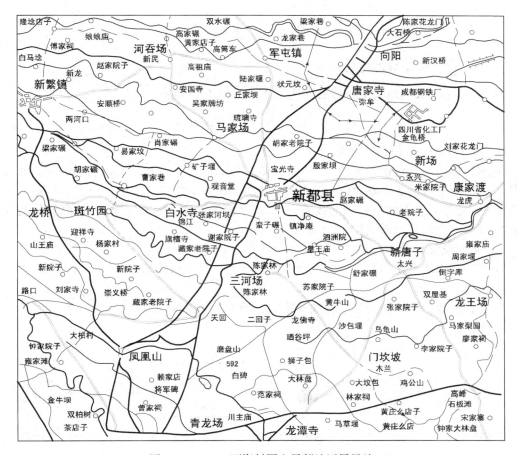

图 6-17　1：25 万资料图上局部地区居民地

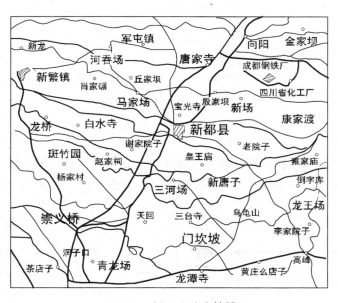

图 6-18　居民地选取结果

$$N''_b = N_b - \sum_{i=1}^{n} N_i$$

式中，$\sum_{i=1}^{n} N_i$ 为必取地物数。

④ 在第 $n+1$ 级的地物中，按条件选取 N''_b 个，使之满足：

$$N_b = \sum_{i=1}^{n} N_i + N''_b$$

2. 地图内容要素图形的化简

制图物体的形状包括外部轮廓和内部结构，所以形状化简包括外部轮廓的化简和内部结构的化简两个方面。形状化简方法用于线状地物(如单线河、沟渠、岸线、道路、等高线等)，主要是减少弯曲；对于面状地物(如用平面图形表示的居民地)，则既要化简其外部轮廓，又要化简其内部结构。

(1)形状化简的基本方法

化简制图物体形状的基本方法包括删除、夸大、合并和分割。

1)删除

删除就是减少弯曲的数目，使线状物体趋于平滑，面状物体轮廓清晰，如图 6-19、图 6-20、图 6-21 所示。

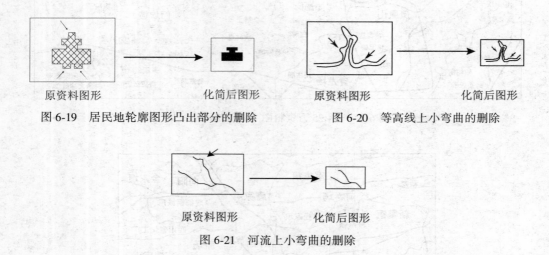

原资料图形　　　　　化简后图形　　　　原资料图形　　　　　化简后图形

图 6-19　居民地轮廓图形凸出部分的删除　　　　图 6-20　等高线上小弯曲的删除

原资料图形　　　　　化简后图形

图 6-21　河流上小弯曲的删除

2)夸大

为了显示和强调制图物体形状的某些特征，需要夸大表示一些按分界尺度应该删除的碎部。如居民地、河流、岸线、公路、等高线等，如图 6-22、图 6-23、图 6-24 所示。

原资料图形　　　　　　　化简后图形　　　　原资料图形　　　　　　化简后图形

图 6-22　居民地图的夸大　　　　　　图 6-23　海岸图的夸大

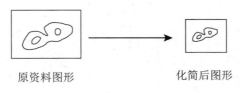

原资料图形　　　　　　　　　化简后图形

图 6-24　等高线图的夸大

3）合并

比例尺缩小后，某些物体的图形面积或间隔小于分界尺度时，可采用合并同类物体的碎部，以反映制图物体的主要特征。例如，化简城市居民地时，采用舍去次要街道，合并街区，以反映居民地的主要特征，如图 6-25 所示。

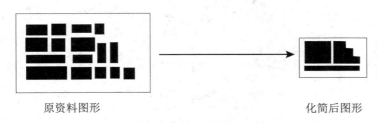

原资料图形　　　　　　　　　　　　　　化简后图形

图 6-25　居民地街区的合并

4）分割

当采用合并方法不能反映图形特征或者会歪曲其图形特征时，则用分割的方法。图 6-26 所示的是居民地街区的分割。

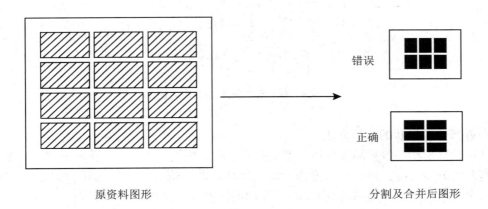

原资料图形　　　　　　　　　　　　分割及合并后图形

图 6-26　居民地街区的分割

（2）外部轮廓形状的化简

1）外部轮廓形状的化简要求

①要保持弯曲形状或轮廓图形的基本特征，如图 6-27 所示。

②要保持弯曲特征转折点的精确性，如图 6-28 所示。

③要保持不同地段弯曲程度的对比，如图 6-29 所示。

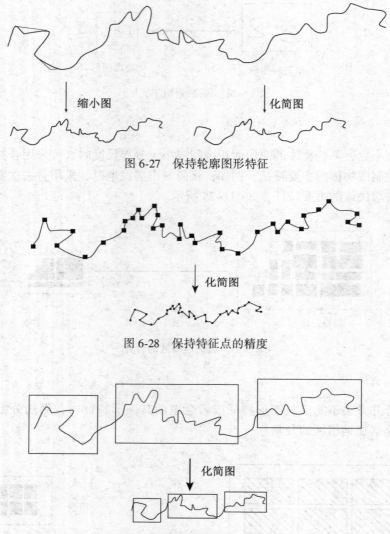

图 6-27　保持轮廓图形特征

图 6-28　保持特征点的精度

图 6-29　保持轮廓图形的弯曲对比

2)外部轮廓形状的化简方法

外部轮廓形状一般采用按分界尺度化简形状的方法。用这种方法化简形状，需要规定取舍弯曲的分界尺度，以分界尺度作标准，判断弯曲的取舍。化简形状(即取舍弯曲)必须有两个分界尺度，即弯曲的宽度(d)和弯曲的深度(t)，如图 6-30 所示。

按选取规律公式化简形状。线状地物或面状地物的外部轮廓都是由许多弯曲组成的，可以把轮廓线的弯曲数视为地物数，按选取指标进行选取。线状地物的"弯曲数"是以曲线主轴(或中线)一侧的弯曲顶点数计算的，如图 6-31 的小圆圈所示。

(3)内部结构的化简

内部结构是指制图物体内部或某一具有显著特征的景观单元内部各组成部分的分布和相互联系的格局。化简内部结构的基本方法是合并相邻的各组成部分，必要时辅之以其他化简方法。

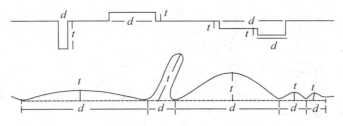

图 6-30 化简的分界尺度

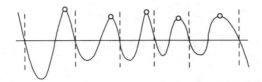

图 6-31 线状地物弯曲数的确定

3. 地图内容要素数量和质量特征的概括

制图物体的数量特征指的是物体的长度、面积、高度、深度、坡度、密度等可以用数量表达的标志的特征。制图物体选取和形状概括都可能引起数量标志的变化。也就是说，数量特征概括是隐含在选取和形状概括之中的结果，并不需要制图者采取任何的综合动作。数量特征的概括结果，一般表现为数量标志的改变并且常常是变得比较概略。

制图物体质量特征指的是决定物体性质的特征。对于性质上有重要差别的物体用分类的概念，如河流和居民地属于不同的类。同一类物体由于其质量或数量标志的某种差别，又可以区分出不同的等级，其分级数据可以是定名量表的(如居民地按行政意义分级)，也可以是顺序量表的(如居民地按大、中、小分级)或按间隔量表的(如居民地按人口数分级)。

分级的标志可能不同，但区分出的每一个级别都代表一定的质量概念。随着地图比例尺的缩小，图面上能够表达出来的制图物体数量越来越少，这也需要相应地减少它们的类别和等级。制图物体的质量概括就是用合并或删除的办法来达到减少分类分级的目的。

(1)制图物体(现象)的归类

总体上，制图物体或现象的归类是按照层次结构来归并的，如图 6-32 所示。例如，植被、桥梁、森林等的归类如图 6-33 所示。

(2)制图物体的等级合并

通过减少制图物体的质量、数量分级的数目，实现物体质量、数量特征的概括。例如，居民地人口数的合并：原有人口分级是 1 万~5 万、5 万~10 万、10 万~30 万、30 万~50 万、50 万~100 万、100 万以上，合并为 1 万~10 万、10 万~30 万、30 万~100 万、100 万以上；各种海滩的合并：原有海滩类别是沙滩、沙砾滩、岩滩、淤泥滩、沙泥滩、红树滩、贝类养殖滩，合并为沙砾滩、沙滩、岩石滩、泥滩、红树滩；道路的合并：1∶5千、1∶1 万的地图上原有道路等级是普通公路、简易公路、建筑中的公路、建筑中简易公路、大车路、乡村路、小路、时令路，1∶100 万地图上合并为主要公路、次要公路、大车路、小路，如图 6-34 所示。

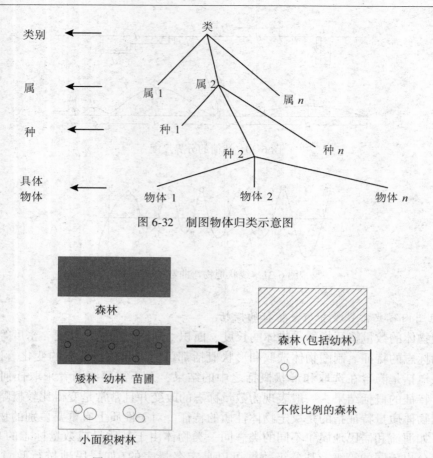

图 6-32　制图物体归类示意图

森林

矮林　幼林　苗圃

小面积树林

森林（包括幼林）

不依比例的森林

图 6-33　1：10 万到 1：100 万植被类别的归并

1：5 千　1：1 万（1974 年图式）	1：100 万（1979 年图式）
━━━━━　普通公路	───────　主要公路
══════　简易公路	───────　次要公路
┅┅┅┅┅　建筑中公路	
┅┅┅┅┅　建筑中简易公路	
─────　大车路	───────　大车路
┄┄┄┄┄　乡村路	
┄┄┄┄┄　小　路	┄┄┄┄┄┄┄　小路
┈┈┈┈┈　时令路	

图 6-34　道路等级的归并和重新划分

（3）制图物体的质量概念转换方法

由一种目标的本来的质量概念转换为另一种目标的质量概念。例如，大片森林中的小面积空地转换为森林，如图 6-35 所示。居民地中小面积空地转换为建筑区，如图 6-36 所示。大片冰雪覆盖区中零星分布的裸露区转换为冰雪覆盖区，如图 6-37 所示。

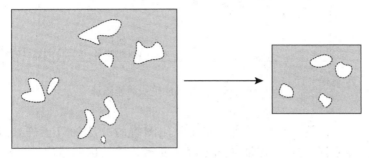

图 6-35　大面积森林中小面积空地转换为森林

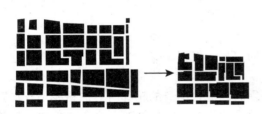

图 6-36　小面积空地转换为建筑区

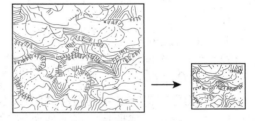

图 6-37　小面积裸露区转换为冰雪覆盖区

（4）制图物体的图形等级转换方法

对于同类地物来说，地物质量的差别是通过与地物质量相应的图形分级来体现的。图形等级转换是通过轮廓图形和符号图形的转换来实现地物质量、数量特征概括的。

例如，居民地轮廓图形和符号图形的转换，如图 6-38 所示。从表示每个建筑物的轮廓图形，到表示居民地的轮廓图形，再到表示建筑物的符号图形，最后到表示整个居民地的符号图形。从而实现由表示单个建筑物的质量和数量特征转换为表示整个居民地的质量和数量特征。双线河流和单线河流图形的转换如图 6-39 所示。

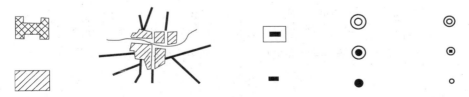

图 6-38　居民地轮廓图形转换为圈形符号

4. 位移

随着地图比例尺的缩小，以符号表示的各个物体之间相互压盖，模糊了相互间的关系

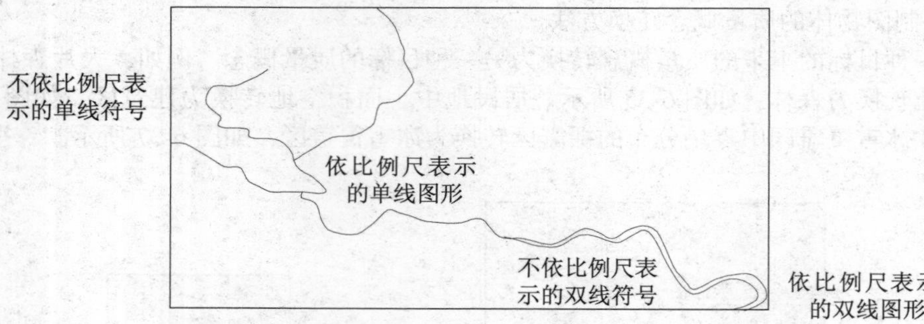

不依比例尺表
示的单线符号

依比例尺表示
的单线图形

不依比例尺表
示的双线符号

依比例尺表示
的双线图形

图 6-39　双线河流转换单线河流图形

（甚至无法正确表达），使人难以判断，需要采用图解的方法加以正确处理，即采用"位移"的方法。位移，其目的是要保证地图内容各要素总体结构的适应性，即与实地的相似性。例如，1：2.5 万图上表示百万分之一图中的一个庙宇符号所占的面积。为了突出一个有方位意义的庙宇建筑，在 1：100 万图上仍以不依比例尺的符号表示，但这个符号却占据了实地约 1km² 的面积，不但压盖了其周围的小房屋，甚至压盖了一个村庄，如图 6-40 所示。

（1）位移解决的问题

位移解决三个问题：哪个位移，往哪个方向位移，位移多少。

（2）位移的条件

毗邻地物之间没有必要的最小间隔但又必须放大地物本身的轮廓时；加粗线条，加宽符号时；在不破坏毗邻地物图形的情况下必须放大地物本身的轮廓时；由于毗邻地物的移位不允许改变彼此的相对位置时。在这四种情况下，都需要进行位移。

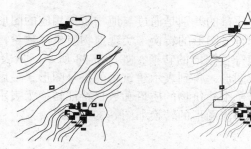

（a）1：2.5 万图上的庙宇符号　　（b）1：100 万图上的庙宇符号
　　　　　　　　　　　　　　　在 1：2.5 万图上所占的位置

图 6-40　不同比例尺图上庙宇符号的位置

（3）位移的大小

位移的大小以两符号间关系能够清晰表达且留有最小间隙（0.2mm）较为适宜。

（4）位移的基本要求

①保证重要物体位置准确。位移时要保证重要物体位置准确，移动次要物体。海、湖、大河流等大的水系物体与岸边地物发生矛盾时，海、湖等不位移；海、湖、河岸线与

岸边道路发生矛盾时，保持岸线位置不动，平移道路，或保持岸线、道路走向不变，断开岸线；海、湖、河岸线与岸边人工堤发生矛盾，堤为主时，堤坝基线不动，堤坝基线代替岸线，岸线为主时，岸线不动，向内陆方向平移堤坝，堤坝与岸线保持间隔 0.2mm。

城市中河流、铁路与居民地街区矛盾时，河流、铁路位置不动，移动或缩小居民地、街区(河流不动，移动铁路和街区)；高级道路与居民地发生矛盾时，保持相离、相切、相通的关系，移动居民地。

②考虑地区特点及各要素相互关系。特殊情况下，要考虑地区特点、各要素制约关系、图形特征、移位难易等条件。峡谷中各要素关系处理(保持谷底位置不动)；位于等高线稀疏开阔地区的单线河与高级道路(移单线河)；沿海、湖狭长陆地延伸的高级道路与岸线(移岸线)；狭长海湾与道路、居民地毗邻时(平移河流，扩大海湾)；海、湖、河岸线与独立地物的关系(独立地物不动，中断或移动岸线)。

③正确处理地物间图解关系。相同要素不同等级地物间图解关系的处理，一般包括：同一平面上相交(等级相同时断开，等级不同时保持高级完整，低级实线相交)；同一平面上平行(道路、桥梁共边线或高级道路不动)；不同平面上相交(上面压盖下面)；不同平面平行(高级不动或共边线不动)。

下面是位移的一些示例，分别如图 6-41，图 6-42，图 6-43，图 6-44，图 6-45 所示。

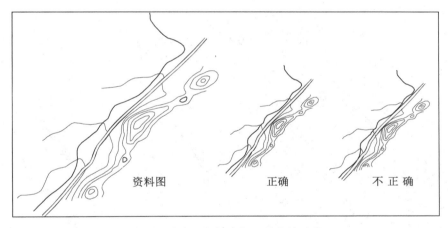

图 6-41　单线河与铁路相近时的关系处理

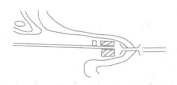

图 6-42　河湾中居民地、道路与河流关系的处理

图 6-43　保持河流不动移动道路，以共边表示的河流与道路的关系处理示例

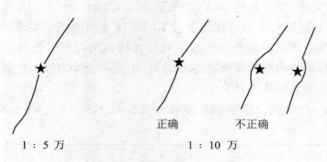

1 : 5 万　　　　　　　　　　1 : 10 万

图 6-44　独立地物与岸线的关系处理

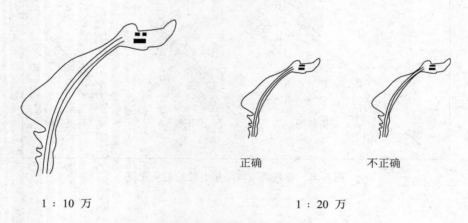

1 : 10 万　　　　　　　　　1 : 20 万

图 6-45　公路通过狭长海湾角时的关系处理

6.5　地图综合的人机协同方法

6.5.1　人机协同地图综合系统

协同学(Synergetics)是一门跨自然科学和社会科学的横断科学，已成功运用于物理、

化学、生物、经济与社会科学等领域。

自动综合问题实质上是人工智能问题。随着输入信息的多样性、使用技术手段的多样性、控制策略的多样性、表达与推理的多样性以及自动综合算子、算法的多样性，自动综合系统的复杂性大大增加(武芳，2000)。由于综合过程的复杂性，人与地图的交互过程，人的作用究竟是多大，人和机器的界限如何划定，目前还没有结论。但是有一点是非常明确的，那就是现阶段实现全自动的地图综合是不可能的，因此，基于协同学理论构建人机协同地图综合系统是目前完成自动综合的最好方法。

计算机和人处理信息的能力和特点各有不同，二者在地图综合中都发挥着重要作用。计算机具有逻辑性强、理性思维、计算速度快、图形化能力弱等特点；人的大脑则具有形象思维能力、视觉思维能力和灵感思维方式等。计算机模拟抽象思维比较容易，特别是制图综合专家系统技术的研究，能比较有效地模拟基于规则的演绎推理思维。而对于制图综合过程中的视觉思维特别是灵感思维，计算机模拟起来较为困难；同时利用计算机模拟地图综合中人的思维方式求解制图综合问题时，必须具备形式化、可计算性、合理的复杂度等前提条件(王家耀 1999)。目前，计算机还不能有效地模拟地图综合中人的全部思维方式，这就决定了人在地图综合中不可替代的作用，也决定了自动综合只能是一个人机协同系统。在这个系统中，既能充分发挥人的创造能力，也能充分利用计算机处理地理信息的能力，使地图综合的人机协同成为一个以人为主导，计算机为辅助支持的能动过程。复杂的、创造性思维过程由人(制图专家)完成，而繁重的作业过程则由程序化的模型、算法和知识驱动的计算机来实现，如图 6-46 所示。

图 6-46　人机协同地图综合系统构成

6.5.2　人机协同地图综合过程和方法

在地图综合的人机协同过程中，人与机器的协同分工是明确的，地图综合各种操作应由机器完成，人起决策指导作用，充分发挥人和机器各自的优势，协同完成地图的制图综合。即与抽象思维有关的数值计算和逻辑推理问题由计算机来完成，而对于综合过程中的形象思维如哪个物体需要综合、特殊参数的设置等问题，交由人来完成，以人机交互的形式共同完成整个地图综合的工作。在这样的系统中，计算机将能最大限度地完成这项工作。而人则是在关键部分控制整个工作，最终能保证以较高的效率完成工作。

　　人机协同方法要求有良好的人机界面，要能支持用户做出正确的决策，并提供交互的手段。交互综合可以在综合前或综合后使用。在综合前使用时，主要用来分析地图数据，确定综合算子的应用情况，建立或存储批处理综合中的综合算子或参数，明确不需综合的要素或区域，在需综合的区域内使用综合算子；在综合后使用时，主要用来检验综合效果，解决综合效果较差的区域内的综合问题，建立附加的批处理的综合过程。从某种意义上讲，人机协同方法也可以看作是一个辅助决策支持系统。如何控制这个系统的流程，使制图综合系统产生好的效果，需要利用所有的算法、模型、算子和知识，形成基于 Agent 的地图自动综合过程控制模型（武芳等，2008），也就是把自动综合作为一个整体（全要素、全过程、可控制）的过程控制与质量评估（王家耀，2010）。

　　人机协同地图综合的具体过程和方法如图 6-47 所示。

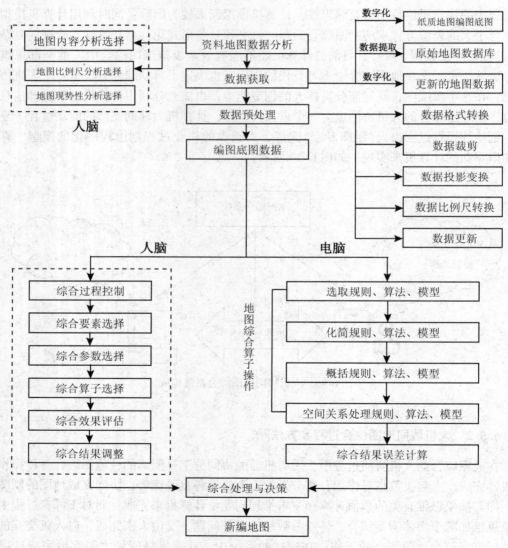

图 6-47　人机协同地图综合的具体过程

　　人类对客观存在的认识是分层的、多尺度的，当地图的细节信息过量，超过人们的视觉分辨和理解能力时，这些与特定层次需求分析和决策无关的细节就会变成干扰信息而掩盖了主要信息，反而影响了使用。因此，不论是纸质地图还是数字地图，不论是制作地图还是应用地图，总要面对综合问题，而且总是以地图用途的不同而有不同的重点。制图综合，即数字环境下的"地理空间数据综合"（高俊，2004），随着人们认识和需求的提高以及技术的不断发展，制图综合的方法也会由不自觉到自觉，最终将形成数字环境下制图综合的理论与方法，指导自动制图综合的研究和实践。

思 考 题

1. 编制地图时为什么要进行地图制图综合？制图综合的实质是什么？
2. 数字条件下的制图综合与传统纸质地图制图综合有哪些不同？
3. 地理信息综合的特点是什么？目前解决地理信息自动综合的方法有哪些？
4. 地图数据综合的制约因素有哪些？数据综合的特点是什么？
5. 影响地图视觉效果综合的主要因素有哪些？
6. 什么是电子地图多尺度表达？它与传统制图综合有什么联系和不同？
7. 人机协同的地图综合过程是什么？它与人机交互综合方法有哪些差异？

第7章 地图的编辑与出版一体化

7.1 地图编辑设计一般过程

地图设计的任务是根据编图任务书的要求，确定地图生产的规划和组织，根据地图的用途选择地图内容，设计地图上各种内容的表示方法，设计地图符号，设计地图数学基础，研究制图区域的地理状况，收集、分析、选择地图的制图资料，确立制图综合原则和目标，进行地图的图面设计和整饰设计，配置制图的硬件、软件，设计数据输入、输出方法等(祝国瑞，1993)。

7.1.1 总体设计

地图的总体设计是指确定地图的基本面貌、规格、类型等方面的设计。它包括输出方式与输出媒介、工艺方案的确定，地图投影、比例尺、坐标网、分幅、图面配置和版式设计、图例设计等。

①输出方式与输出媒介的确定。制图人员须根据任务需求设计地图的输出方式与输出媒介。设计人员须根据地图的最终输出方式与输出媒介进行地图的其他设计。否则，制作的地图无法以所需要的方式输出，导致设计最终失败。

②工艺方案的选定。须选定使用的制图设备(硬件、软件)，制图流程和工艺等。

③地图投影的选择。选择一个适当的投影不但可以保证最适合于地图用途的需求，而且可根据投影的性质限制变形的大小，提高地图在使用过程中所呈现出的精度。不过，并不是所有的地图都需要进行投影的选择，例如，国家基本比例尺地图已经由国家测绘部门规定了严格的投影方法并确定了全套的坐标数据。

④制图区域范围和地图比例尺(或比例尺系列)的确定。比例尺(或比例尺系列)决定了制图区域表象在图面上的大小，所以在确定了输出方式和媒介的情况下，可以根据制图区域的尺寸和形状特征对地图的比例尺(或比例尺系列)进行确定。

⑤坐标网的选择。地图的设计文件中必须标明图上经纬网或方格网的密度，若过密，则使图面显得混乱，若过稀，则不便定位并降低地图精度。因此，设计时须根据用途选择合适的格网和格网间隙。

⑥地图的分幅设计。合理的地图的分幅设计能科学地划分图幅范围，并且能根据需要对制图范围内的重点地区或其他一些特殊地区进行专门表示，提高地图的表达效率。分幅设计需包含分幅的原则、方法步骤、图廓定位、拼接设计等内容。

⑦图面配置设计。主要指地图本身以及相关要素如图名、图例、段落文字说明、其他图片等在媒介平面上的摆放和配置。

⑧图例设计。图例是带有文字说明的、地图上使用的所有符号一览表。图例设计并不是符号设计。符号设计是研究如何用合适的图形变量(参见第四章关于符号变量的表述)在地图图面上更好地表达地理事物,而图例设计则是把图面所有的符号进行科学的归类整理、编排,并且必须包含图面中出现的所有符号种类。

对普通地图制图过程来说,总体设计已经由国家测绘部门规范为各个标准比例尺地形图专用的基础地形图专用的图式。

对于专题地图和地图集设计制图过程来说,总体设计需要根据项目的需求来进行合适的规划。地图集的设计是一项综合性制图系统工程。为保证地图的顺利编制,必须制定一系列的编辑文件,包括编辑大纲、总设计书、图组和图幅设计书等。

地图大纲相当于地图集的任务书,由图集编委会制定。它的内容一般包括:图集的任务、性质和意义,编制图集的指导思想和对图集的基本要求,对图集的总体设计要求(数学基础、开本、内容选题和结构编排的原则、图面配置要求、装帧设计和使用方面的规定等),地理底图(地理底图的编绘资料、比例尺、编绘程序和方法、底图种类和数量等),其他专业资料(专题地图所需的数据、文献等),编制程序和时间安排,图集编制的领导形式与分工等。

地图集的总设计书是为了完成大纲中提出的要求、指导图集编制各阶段的领导工作,由地图编辑(部)在进行大量具体工作的基础上编写的。包括以下几部分内容:

第一部分:总则。该部分包括地图集的性质、用途、读者对象;地图集的开本、幅面大小、页数和出版形式;地图及内容选题、图组划分、编排原则及目录;图面配置原则及版式;地图集的整体编辑工作程序、编辑工作的组织、各级编辑的任务和职能、编制图及工作进度安排和人力、物力、成本预算;图集各图组、图幅编辑工作的要求等。

第二部分:地理底图。总设计书中应明确规定地理底图的种类、比例尺系列、地图投影性质、标准纬线的位置及经纬网的密度,不同地图应表示的内容、表示方法、符号设计和表达对象的选取指标,以及底图制作中所需的其他资料,底图编绘工艺方案等。

第三部分:图形和图表设计。这部分内容包括地图集的内容分组、编排原则、每幅图的内容、各图组的基本图形和可能使用的表示方法、各种表示法配合使用的可能性和注意事项,以及地图集内容的统一协调等。

第四部分:地图及彩色和装帧设计。规定图集使用的色标、总色数、每幅图的色数和叠印层次、使用颜色的象征、对比、调和等方面的要求,确定封面样式、图名字体、色彩、图案标志以及包封、封面、扉页、环衬的色彩与形式、图名页和背页的利用方式、地图图面装饰、图边和图组标志、地图集的装订形式等。

第五部分:地图集编绘。这部分说明各图所采用的资料、总的一般性的工艺方案,确定编绘程序、方法和要求,以及各要素的综合原则、选取指标,地名译写的原则等具体规定。

第六部分:地图集出版准备。这部分包括出版准备所使用的方法、出版原图的比例尺、分版数量,对出版原图的要求,向印刷单位提供的图件,出版准备工艺方案的流程图等。

第七部分:地图集编绘成果的审校和验收。规定各阶段成果的形式、数量、完成时限,审校和检查验收的程序和方法。

图组和图幅设计书则是在总设计书的原则指导下，对每个图组或图幅编写得更加具体的编辑文件。内容仅讨论该图组或图幅的编排和设计问题。

7.1.2　内容设计

地图的内容设计包含对制图对象的筛选、综合、选取、符号转换等流程。

普通地图、专题地图和地图集在图面上需要重点表达的内容并不一样，因此，在对它们进行设计时需要考虑选择不同的地理事物进行表达。

普通地图是全要素地图，在制图区域内一旦存在以下七类地理事物都必须要选取：

①地形地貌，包括等高线、陡崖坎、山峰、土坑、沙漠沙丘等；

②水系，包括沟渠、河流、湖泊、水库、海洋、堤坝、水工建筑等；

③植被，包括独立植物(如独立树)、呈连续片状分布的植被(如草场)、呈零星片状分布的植被(如山区的农田)等；

④境界，包括各类行政区界线和其他特殊界线等；

⑤交通线，包括道路、航线、输电线路、地下管线等；

⑥居民地，包括点状分布和面状分布的城市、乡镇、农村的房屋和其他建筑物等；

⑦定位标志，包括高程点、三角点、控制测量点、方里网、经纬线等。

以上这些制图要素都可以称为基础地理要素。在中华人民共和国基本比例尺地形图图式上，对基础地理要素的设计都有详细的说明。

在选取要素的过程中，还需要进行制图综合。所谓制图综合，就是在地图制图者由大比例尺地形图缩编小比例尺地图的过程中，根据地图成图后的用途和制图区域的特点，用概括、抽象的形式反映制图对象的带有规律性的类型特征和典型特点，而将那些对于该图来说是次要的、非本质的地理要素舍去的过程。包括地理要素形状的综合(如面状居民地、等高线弯曲的综合)、地理要素数量的综合(如点状居民地、等高线数量的综合)、地理要素类型的综合(主要应用于专题地图编制，如人口密度地图中可将地形符号完全舍去，政区符号仅保留省界和国界)。

对于专题地图和专题地图集来说，对地图内容的筛选需进行数据的获取、分类处理和分级处理。

数据获取。编制专题地图的数据收集和整理是十分重要的基础工作，准确实时的数据是编制专题地图的前提条件。专题地图的主要数据来源有地理底图数据、遥感数据、统计数据和数字资料、文字报告和图片等。

数据分类处理。对数据分类的原则是按照学科分类的基础，制图分类在符合学科分类原则下的具体应用。数据分类的方法主要有判别分析法、系统聚类方法、动态聚类方法和模糊聚类方法等。

数据分级处理的主要任务是运用恰当的方法使分级后的数据能客观反映现象分布规律并满足制图的要求。虽然在分级过程中统计数据间的差异会消失，但数据按级别表示也能为专题地图读者提供某些更直观且宏观的信息。

7.1.3　表示方法设计

地图表示方法的选择是地图设计的重要环节，它由多种因素决定，例如，表示对象在空间和时间上的分布、量化程度、数量特征、类型及其组合形式、地图用途、制图区域特点和比例尺等(王光霞等, 2011)。

在普通地图中, 所表达的要素一般为静态的, 因此, 普通地图图示中规定的对地理事物的表示方法往往是根据其在空间上的分布特征来表达的。也就是, 普通地图的符号分为点状符号、线状符号、面状符号三种。

点状符号常用来表示呈散点状分布的事物。例如, 高程点、泉眼、独立树、烟囱, 以及在图面上因尺寸较小无法以面状出现的居民地、水库、沙丘等。线状符号用于表示在图面上呈线状分布的事物。例如, 等高线、陡坎、沟渠、道路、输电线路、境界线等。面状符号用于表示在图面上呈面状分布的事物, 如湖泊、成片分布的果园、居民地等。

河流在普通地图中的表示方法比较特殊。大多数情况下, 依普通地图图式规定, 河流宽度在按照比例尺换算成的图面宽度不足 0.4 mm 时, 该河段使用由上游至下游渐宽且最大宽度不大于 0.4 mm 的单线表示; 若有一定长度的河段图面宽度大致均宽为 0.4 mm 时, 采用固定间距为 0.4 mm 的双线表示并在双线间填充水域并染色; 若河段的图面宽度超过 0.4 mm, 则完全依照比例尺表示, 同湖泊的表示方法。

在专题地图和地图集中, 对同一表达对象有可能有一种或多种表示方式可供选择。对于常见的二维图面来说, 对地理事物的表达可以有常见的十种类型, 这在第五章中已有叙述。对这些地图表示方法的选用, 可以根据对象的分布特征进行选择。例如:

按照时间特征进行选择。表示特定时间的静态现象可以选除运动线法以外的其他方法; 表示连续动态的现象只能用动线法; 而表示时间间隔递增变化的现象则可以有定点符号法、定位图表法、分区统计图表法、等值线法和分级统计图法。

按照空间分布特征进行选择。表示点状分布的有定点符号法、定位图表法; 表示线状分布的有线状符号法、动线法; 表示面状和体状分布的有分级统计图法、范围法、质底法、等值线(区域)法、分区统计图表法、点值法等。

按照表示的定位精度进行选择。表示精确定位的方法有定点符号法、精确的线状符号法、等值线(区域)法、定位图表法、定位布点的点值法等; 表示示意性概略定位的方法有分区统计图表法、概略的线状符号法、均匀配置的点值法等。不同表示方法的适用特点见表 7-1。

表 7-1 表示方法适用特点

表达要素	表示方法	备　　注
点状要素	定点符号法	
	定位图表法	定位图表法中的统计图表表示的是地图中某个点的某一项或几项数值; 分区统计图表法的统计图表表示的则是一个区域内的某一项或几项数值
线状要素	线状符号法	
	动线法	

续表

表达要素	表示方法	备 注
面状要素	质底法	质底法和范围法的区别是：质底法的所有图斑必须能填满制图区域且互不重叠；范围法的色块无需占满制图区域并且不同图斑间可以相互重叠
	范围法	
	等值线（区域）法	
	点值法	
	分级统计图法	分级统计图法是利用制图区域中各图斑的底纹或普染色进行概略的数值表达；分区统计图表法是利用在各图斑的范围内摆放统计图表的方式来进行各区域某些数据的表达
	分区统计图表法	

按照表示的数据性质进行选择。表示定性指标的方法有质底法、范围法、线状符号法等；表示定量指标的方法有等值线（区域）法、点值法、定位图表法等；表示定量定性组合指标的有定点符号法、分区统计图表法、动线法等。

在实际应用中，用一种方法表示一种指标的地图很少，多数情况下是将多种表示方法进行组合应用。在同一幅图上可以用一种表示方法反映制图现象中的多种信息内容，例如，在分区统计图表法中，一个统计图表可以反映多项指标数据；亦可以用多种方法反映制图现象的多种相关信息，例如，图 7-1 中用分区统计图表法和分级统计图法共同表达某地人口自然变动方面的信息（黄仁涛，2003）。

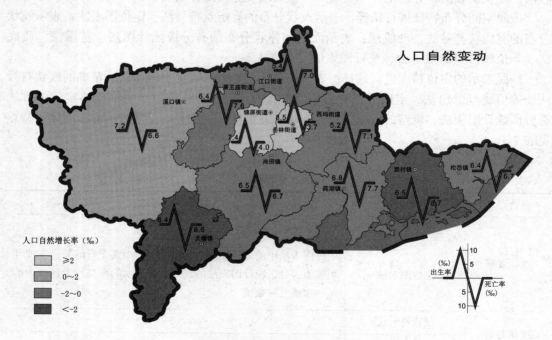

图 7-1　表示方法设计实例

7.1.4　图面效果及整饰设计

1. 图面效果设计

地图的图面效果设计包括地图的分幅设计、图面配置设计等。

分幅指的是按一定规格的图廓分割制图区域，将图廓内的区域进行成图的过程。这个图廓可以是经纬线、矩形、方里网等。

我国的普通地图（地形图）一般采用按经纬线分幅的方法。全国所有 1∶100 万的地形图的图幅，其范围均为宽 6 经度高 4 纬度的地域。其中，经度范围与高斯-克吕格投影的 6°带范围重合，纬度的上下限均为 4°倍数的纬度值。例如，某个 1∶100 万的图幅范围是 108°—114°E，28°—32°N。由 1∶100 万的图幅范围，可以推知其他更大比例尺地形图的图幅范围。其他比例尺的图幅范围在其所在的 1∶100 万地图的范围内按经纬度分幅进行平均分配（即用经线和纬线进行平均划分）。

将一幅 1∶100 万的地形图平均划分成 2×2（两行两列）共四部分，则每一个部分即为一幅 1∶50 万地图所表示的范围。将一幅 1∶50 万的地形图平均划分成 2×2 共四部分，则每一个部分即为一幅 1∶25 万地图所表示的范围。将一幅 1∶25 万的地形图平均划分成 3×3 共九部分，则每一个部分即为一幅 1∶10 万地图所表示的范围。将一幅 1∶10 万的地形图平均划分成 2×2 共四部分，则每一个部分即为一幅 1∶5 万地图所表示的范围。将一幅 1∶5 万的地形图平均划分成 2×2 共四部分，则每一个部分即为一幅 1∶2.5 万地图所表示的范围。将一幅 1∶2.5 万的地形图平均划分成 2×2 共四部分，则每一个部分即为一幅 1∶1 万地图所表示的范围。

因此，不同比例尺的图幅所表示的经纬度范围具体见表 7-2。

表 7-2　　　　　　　　　　不同比例尺图幅的经纬度范围

图幅比例尺	1∶100 万	1∶50 万	1∶25 万	1∶10 万	1∶5 万	1∶2.5 万	1∶1 万
经度范围（宽）	6°	3°	1°30′	30′	15′	7′30″	3′45″
纬度范围（高）	4°	2°	1°	20′	10′	5′	2′30″

而不同比例尺的图幅之间其按其表示范围所对应的关系见表 7-3。

表 7-3　　　　　　　　　　不同比例尺图幅间对应的图幅数量

资料底图的比例尺	1∶100 万	1∶50 万	1∶25 万	1∶10 万	1∶5 万	1∶2.5 万	1∶1 万
一幅 1∶100 万地图对应的图幅数	1	4	16	144	576	2 304	9 216
一幅 1∶50 万地图对应的图幅数		1	4	36	144	576	2 304
一幅 1∶25 万地图对应的图幅数			1	9	36	144	576
一幅 1∶10 万地图对应的图幅数				1	4	16	64
一幅 1∶5 万地图对应的图幅数					1	4	16
一幅 1∶2.5 万地图对应的图幅数						1	4
一幅 1∶1 万地图对应的图幅数							1

另外，大于 1：5 000 的地形图采用矩形分幅。

专题地图除了可以使用经纬线分幅、矩形分幅以外，还经常使用岛状地图，即完全或部分舍去制图区域(一般是行政区划)以外的各种地理要素，仅保留制图区域内的要素(图7-1)。

内分幅地图也是常见的地图分幅方式。它们是一些区域性地图，尤其是大型挂图的分幅形式，图廓是矩形，使用时沿图廓拼接起来形成一个完整的图面。一般的城市地图集就常采用这种分幅方式。例如，图 7-2 是广州市城市地图集的分幅结合表。

104-105 石井 白云山西		106-107 同和 火炉山
92-93 荔枝湾 越秀公园	94-95 黄花岗 天河	96-97 科韵路 黄村
98-99 黄岐 白鹤洞	100-101 晓港 客村	102-103 新港 新洲

图 7-2 分幅结合表

图面配置，对于分幅地图指的是图名、图廓、图例、附图及各种说明的位置、范围、大小及其形式的设计；对于岛状的专题地图及其组成的图集，还包括主区范围在图面上的摆放位置问题。

对于按照经纬线分幅的普通地图及其他地图，图面配置都比较简单，一般情况下将图名、图号、邻接图幅接合表等置于图廓上方，将比例尺、高度表、行政区划略图、出版说明等要素置于图廓下方，图例置于图廓右方。

矩形分幅的地图配置方式大体与经纬线分幅的地图相同。

内分幅地图的配置则需要根据地图用途与内容、制印与使用条件、经济利益要求、艺术要求等因素综合考虑。

2. 地图的整饰设计

地图的整饰设计包括符号、色彩、注记等方面的设计。

普通地图的符号和注记已由国家测绘部门设计并颁布图式。制图者须严格按照图式规定的样式、尺寸、色彩绘制。在色彩方面，普通地图只有棕、蓝、绿、黑四种色彩。其中，棕色一般用在地形地貌符号上，表示土壤的颜色；蓝色一般表示与水有关的符号上，即水蓝色；绿色一般用于绘制和植被有关的符号，表示叶片的绿色；黑色则更多用于表示人工地理要素的符号，如居民地、工矿等。

专题地图的符号包含得更广泛一些，除了真正的地图个体符号外，还包括定位图表法和分区统计图表法里的统计图表、面状要素的花纹符号等。专题地图的符号设计的基本要求是：

①符号系统应满足反映一定信息量的要求，符号的复杂程度应力求与所显示信息的特征(如数量、质量)相适应；

②地图符号在整体表达上应有主次并力求简练，在表象层平面仅显示主要的内容特

征，在保持系统特征的基础上反映其系统内部的差异；

③符号系统的设计应有一定的逻辑性、可分辨性和差异性；

④符号系统应具有一定的启发性和联想性。

专题地图的色彩设计，点、线、面符号的设色要求也不尽相同（黄仁涛，2003）。

点状色彩可利用不同色相表示专题现象的类别差异和增减差异，用色彩渐变表示数量级别或变化过程，并且可以尽量与所表示事物的固有色相似。因为面积较小，故需加强饱和度，多用原色、间色，少用复色，意在加强对比。

线状色彩可利用不同的色相表示类别差异，同类别的符号当中可利用明度、饱和度的差异或"鲜、浓、深"与"灰、浅、淡"的对比来区分主次和等级关系。动线法还可以沿线设置渐变色来增强动感。

面状色彩在专题地图中应用极广，可分为以下几种情况：用以显示现象质量特征的面状色彩，设色时要能够正确反映不同现象的固有特征及相互间的质量差别；用以表示现象数量指标的面状色彩，除了满足相互间应有一定的区分度及互相协调外，还应具有一定逻辑顺序并正确表达数量特征；用以显示各区域分布的面状色彩，如行政区划图，设色则需在色相上有明显差别，而在明度和饱和度上淡化差异，使构图显得均衡；对于起衬托作用的底色，色彩要浅淡，不能给人以刺目和喧宾夺主的感觉。

专题地图的注记，由于同一地图上反映专题内容多寡不一，所以地图注记也比普通地图更为复杂多样，可应用较多的字体、字号及色彩来说明各种内容，还可以酌情使用多语种文字来进行注记表达。

对专题地图集来说，一些版面的编排往往需要在图面上同时配置若干个同一主区的地图以便同时表达出相互关联的一组标志。它们的比例尺可一致，也可以不一致（图 7-3）。这时图面配置的重点则转移到如何确定它们的相互位置。其他的图面要素，如图名、图例、图表、文字等则依据其主区在图面上的配置情况进行其位置、范围大小和表现形式的设计。

另外，地图集的效果设计还应包括上文总体设计中所述的装帧设计部分。

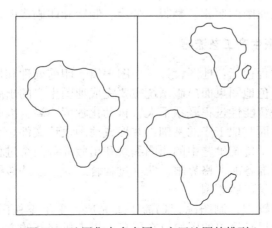

图 7-3　地图集中多个同一主区地图的排列

7.2 地图制图工艺流程

随着计算机技术在地图制图学科领域中应用的不断深入，地图学理论、地图生产工艺和应用方式都发生了变化。近五年来，各测绘部门的地图生产行业大部分已从传统的手工制图生产转向以计算机技术为主的数字制图方式，整个行业经历了一场前所未有的技术革命。回顾地图生产的历史不难发现，传统地图生产的过程——地图设计、原图编绘、出版准备、地图印刷基本都以手工方式完成，从总体设计、资料收集、原图编绘、地图清绘，到照相、翻版、分涂、制版、制作分色参考图和印刷，每个工序都离不开作业人员的参与，这必然导致传统工艺生产周期长，地图现势性差，地图更新复杂的弊端。计算机制图生产新工艺彻底解决了这一问题。

7.2.1 传统地图生产工艺流程

传统地图生产过程包括：地图设计、原图编绘、出版准备、地图制印四个阶段。

地图设计是对新编地图的规划，它的主要任务包括：确定地图生产的规划与组织，根据使用地图的要求确定地图内容，各种地理现象和物体在地图上的表示方法和符号设计，制图资料选择、分析和加工，制图数据的处理，制图综合原则和指标的确定，地图的数学基础设计，图面设计和整饰设计等。它的最终成果是地图设计书。

原图编绘是指依据地图设计书的有关规定制作地图的编绘原图的过程。地图的编绘原图分为线划编绘原图和彩色编绘原图。普通地图和专题地图中大多数自然地图通常只作线划编绘原图，它们的色彩已在规范中作为标准规定下来。大部分的专题地图则应制作彩色编绘原图。以往较常用的普通地图的原图编绘工艺是照相转绘法的三种方案：蓝图拼贴法、大版拼贴法和过渡版法。

地图的出版准备是由于编绘原图的图解质量差，又是多色的，不能满足印刷的要求，因此，在原图编绘和印刷之间产生了一个过渡性的工序，称之为地图的出版准备。其主要任务是依据编绘原图清绘或刻绘出供印刷用的出版原图，以及制作与出版有关的分色参考图、半色调原图及试印样图。

地图制印包括出版原图的照相、翻版、分涂、制版和印刷成图。

7.2.2 数字化地图生产工艺流程

数字制图新工艺过程包括：地图设计、地图编辑、印前处理和地图印刷四个阶段。

当前广泛应用的彩色地图桌面出版系统主要完成地图生产的出版准备和分色制版，与地图设计、地图综合等智能性过程联系不大，自动化程度不高，因此传统工艺中地图设计工作必不可少，仍是后面其他工序的基础，并形成地图设计文件。

地图编辑阶段包括了传统工艺中的原图编绘和出版准备两个过程，计算机制图条件下不再有原图编绘和出版准备的严格界限，两个过程合二为一。从传统意义上讲，该阶段的成果图既是编绘原图也是出版原图。

普通地图的地图编辑中，制图综合仍需手工完成，手工编稿图输入计算机进行矢量化。对于小区域大比例尺较简单的图幅可在屏幕上以人机交互的方式完成。

专题地图的地图编辑，地理底图的编辑方法同普通地图，专题要素可以人机交互的方式进行编绘。

地图的印前处理主要包括数据格式的转换、光栅化处理（RIP）、拼版、打样等。地图出版系统中处理的文件可分为矢量图形文件和光栅图像文件，无论何种文件在输入到激光照排机前都要转换为印刷业的桌面排版标准文件格式 PS（PostScript）或 EPS（Encapsulated PostScript）。再由激光照排机经 RIP 处理后形成分色胶片。

地图印刷包括制版和印刷成图。

1. 彩色地图桌面出版技术（DTMP）

彩色地图桌面出版技术是桌面出版系统（DTP）与地图生产过程相结合产生的地图生产新技术。彩色地图桌面出版系统是利用计算机技术，结合色彩学、色度学、图像处理等相关技术开发的地图印前处理系统，它是一个开放性较强的设计制版系统，可以胜任地图色彩设计、符号设计、注记标准化、图表生成、地图整饰、组版、分色和挂网等工作。这一新技术的应用大大缩短了地图的生产周期，将过去需要在印刷厂完成的多个工序在计算机上一次性集成处理完成。而且具有极强的人机交互性，在地图编辑或印前处理中，可对地图图形或图像进行编辑、缩放、旋转、组合、艺术造型，且修改方便，地图的数字化存储也为地图的再版和更新提供了基础数据（祝国瑞，2010）。

彩色地图桌面出版系统在地图的艺术设计方面具有传统纸上设计无法比拟的优势。系统提供了丰富的符号、图表、线型设计工具，提供了多级变化的多种配色方式，可实现如图形的立体透视、色彩的混合过渡自然色的模拟等多种特殊的艺术效果；对图形目标进行交互式图形筛选，对目标的集成化处理以及统计数据自动生成图表。

DTMP 的系统结构如图 7-4 所示。

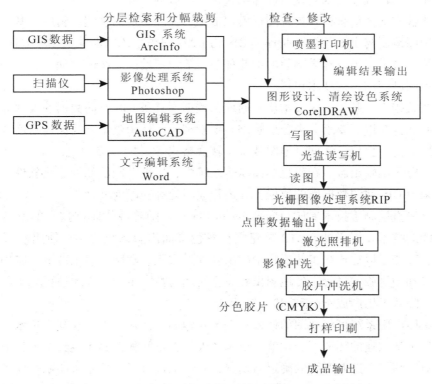

图 7-4　DTMP 出版技术的产品输出流程

2. 几种常用出版软件

出版软件是彩色地图桌面出版系统的重要组成部分，主要有：图形编辑软件、图像处理软件、电子分色软件等。一些大型的地图生产系统如美国的 Intergraph 系统和比利时的 Mercator 系统，由于其价格昂贵，对硬件要求较高，没有在地图生产单位得到广泛的应用；而一些商品化的图形软件，如 CorelDRAW、FreeHand、Illustrator 和国产制图软件 MapCAD 地图缩编系统和方正智绘在地图生产业得到了广泛的应用。

7.3　地图制图与出版一体化技术

7.3.1　数字地图制图技术

全数字地图制图系统集 GIS 技术、数字制图技术、CTP 技术于一体，工艺流程大为简化，成图周期大大缩短，并且提高了地图产品质量。数字地图制图有着广阔的发展前景，但同时也对地图编制人员提出了更高的要求。

数字地图制图的整个过程都是以彩色桌面出版系统为核心，利用计算机输入输出功能，实现地图数据获取、处理和输出的全数字化链接，即从地图数据库(GIS)中自动生成符合一定条件的地图底图数据，利用计算机辅助制图技术，对原始数据进行编辑出版处理，再利用计算机制版技术实现由计算机直接到印版的过程。

用现代数字地图信息代替传统图形模拟信息，提高了地图制图的精度。基于 GIS 地图数据库的地图编制与出版系统，兼备了 GIS 与 CAD 制图系统的功能；基于 CTP 技术的电子出版系统，省去了出胶片再晒版的工艺环节，缩短了地图制图的周期。

数字地图制图的关键技术包括：

①地图数据库。基于 GIS 技术建立的地图数据库具备 GIS 空间数据的大部分特点，其主要功能有数据获取、要素分类分层管理、要素编辑、地图整饰、居民地密度选取、生成里程、投影变换、生成经纬网、地图裁切、转换格式等。

②地图电子编辑出版。在彩色桌面出版系统中，用地图制图的专业化软件，通过格式转换接受来自 GIS 地图数据库的数据，并进行编辑处理和印前处理。

③计算机直接制版技术 CTP(Computer-to-Plate)。随着现代印刷技术的发展，印刷产品的地图印前技术发展迅速。CTP 是建立在彩色桌面出版系统之中，使用新型板材与成像的技术，改变了以往传统工艺流程中的出胶片、拼版、晒版等手工环节，实现了数据由计算机直接到印刷版的过程，使地图出版完全转变为数字生产，大大地提高了印刷质量和生产效率，降低了生产成本(李晓玲，2012)。

彩色桌面出版系统可将地图的输入、编辑和印刷一体化完成，在现今技术融合、信息发达、知识更新加速的环境下，这就要求制图人员在空间数据和属性数据极为丰富与复杂的条件下对制图综合选取原则的确定与划分，对后端计算机直接制版印刷的要求等新技术有足够的了解，充分了解数字地图制图的技术规范及流程，突破传统手工制图工艺的限制，在全数字地图制图提供的更宽泛的条件下，拓展设计空间，提高地图的表现力，设计出内容更加丰富、更准确的地图产品。

7.3.2　电子出版印前系统

在地图编制出版系统中，印前处理是完成地图印刷出版的一个重要环节。在计算机直接制版工艺中，印刷前我们看到的是数码样，它永远不会出现露白、漏色或重色现象，而在印刷中，由于续纸的不稳定性会引起各印刷色之间的相对位置偏离标准位置；同时当纸张随滚筒高速旋转时，会发生横向移动或拉伸；而且纸张吸收了润版液和油墨后尺寸会发生改变，引起不同程度的变形等，这些因素都会引起套印不准。套不准的颜色会产生印品上相邻色块之间因套印误差而产生白色缝隙，即人们所说的露白，从而影响印品的美感，造成印品质量不合格。为了解决因套印误差而产生的白边，需在印前输出系统中进行印前处理，主要包括陷印处理和压印处理。陷印是指相邻两个色块衔接处要有一定的交错叠加，以避免印刷时露出白边。压印是一个色块叠印在另一个色块上，细线和小文字可以使用这种方法，要注意的是黑色文字在彩色图像上的压印，不要将黑色文字底下的图案镂空，不然印刷套印不准时黑色文字会露出白边。地图出版软件 MapGIS、CorelDRAW、Photoshop 等不仅有良好的图形处理、图形编辑功能，而且有完善的陷印和压印处理技术。

7.3.3　计算机直接制版技术

CTP 技术实现了数据由计算机直接到印刷版的过程，使地图出版完全转变为数字生产，大大地提高了印刷质量和生产效率，降低了生产成本。CTP 地图印刷的工艺流程包括：数码打样、组版、直接制版生成印版、印版上机印刷(图 7-5)。

采用 CTP 技术后，使得基础测绘地图产品印刷的流程得以优化。一方面省去了传统印刷流程出胶片和晒版的工序，减少了生产环节，从而缩短了成图周期；另一方面，对于精度要求严格的地图产品，采用 CTP 系统后可使得地图的精度更有保障。此外，CTP 系统减少了网点的损失，使得网点层次更加准确，印刷的质量也得到了较为显著的提高。

7.3.4　数字印刷工艺

数字印刷也称为数码印刷，是根据其工艺流程特点命名的。在整个印刷过程中，用数字描述页面内容，以数据文件的形式进行传递，以数字成像方式形成印刷品。

数字印刷是一种计算机直接印刷技术(computer to print)。它不需要印刷底版，底版也就是传统的印版，具有永久性记录信息的能力。数字印刷采用可成像表面(imageable surface)作为图文载体，这类介质表面不具备永久性保存信息的能力，如光导鼓等，每印完一个印张就需要重新成像一次，而原来的成像内容能立即擦除。因此，数字印刷的原稿可以是可变数字信息。

数字印刷从原稿到印品完成，整个过程都实现了数字化。印刷活件用数字方式定义，处理过程是数字形式的，印刷参数直接从数字活件上获取，总之，数字印刷是一个数字化工作流程。

数字印刷工艺中，每完成一个物理印刷页面后需要再次成像，即使页面内容完全相同

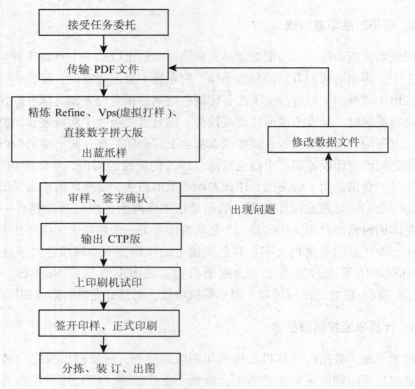

图 7-5　CTP 地图印刷的工艺流程（李维庆，2011）

也必须如此。图 7-6 表示数字印刷工艺流程。与传统印刷工艺流程相比，数字印刷流程中没有了制版，对可成像表面的成像过程已经是印刷的一部分。

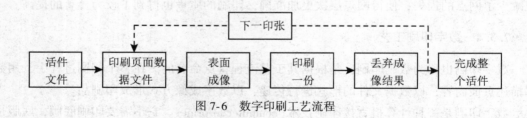

图 7-6　数字印刷工艺流程

　　数字印刷生产灵活，输出速度快，印刷周期短，可以随意改版，印刷装置小，操作控制方便，容易实现自动化操作，以一种连续有效的方式进行工作。此外，数字印刷可以实现可变数据印刷，能够直接从印前系统的数据库中读取可变数据，在连续页面上产生版式、内容、尺寸等不同的印张，实现个性化印刷或按需印刷。数字印刷具有广阔的市场前景，是短版印刷的主要印刷方式。

7.3.5　地图制图与出版一体化技术

　　计算机技术引入地图制图学后，使学科产生了巨大的变革，它不仅丰富了地图的内容，还改变了从地图制图到出版的整个传统的地图生产流程。数字地球、数字城市的兴起、GIS 的广泛应用，使得数字制图的软件平台更多地与 GIS 融合，GIS 软件包在功能上不断进行扩充，其地图编辑出版功能也在不断增强。编制地图的方式也由以纸质地图扫描矢量化方式，逐渐向针对各类基础空间数据模式改变，基于空间数据的地图编辑成为主流，从数字地图制图与出版的过程来看，数字地图制图与出版的核心问题是数据获取、数据处理、数据的输出，而地图制图与出版发展的最终目标是要实现地图制图与出版的数字化和一体化(王家耀，2006；焦健，2005)。而实现地图制图与出版的一体化，必须掌握以下几个关键技术。

1. 多源数据的综合应用

在地图制图和出版的过程中合理有效地综合应用各种现势性资料(数据)，可以起到保证地图质量、提高地图生产效率的作用。随着各种测绘技术的实用化和获取空间信息途径的多样化，可用于地图生产的资料越来越多，如纸质地图、数字地图、航空像片、卫星遥感影像、GPS 测量数据等，资料与数据情况非常复杂。因此，多源数据(资料)的综合应用构成了数字地图制图与出版的重要组成部分，一体化的制图与出版模式应该针对各种形式的地理和图形数据，提供各种使用接口和整合方法，对不同格式、不同尺度、不同类型的数据一体化存储、管理和调度，实现各种矢量地理数据的编码转换、数学基础转换，对多种遥感影像、GPS 数据等提供可视化导入功能。

2. 满足数字地图制图与出版的综合数据模型

数字地图制图的数据与出版的数据是不同的，一体化的模式就需要一个综合的数据模型，这里所说的综合数据模型不是数字地图制图的数据模型和出版数据模型的简单叠加，而是在充分考虑地理空间信息和出版图形信息异同的基础上，整合两者之间的差异，构造一个共同的数据模型，实现两者在一个平台上通过某一层次要素的关系建立互相沟通，从而达到地理信息的更新、制图与出版的同步进行。地图出版与空间数据生产一体化，使地理信息与地图信息实现互动，达到两种产品的互适应与互生产。

3. 面向多种方式出版的数据模型

地图制图最为重要的成果是实现地图出版，由于地图出版的过程是由地图制图的目的和用途决定，涉及多种输出方式，在一个生产流程中同时提供纸质地图、数字地图、发布的电子地图、专题地图等多种产品之外，还应考虑人们获取、利用各类空间信息和功能的便利，提供基于网络的空间信息服务。特别是对印刷出版，必须能有效地描述各种地理要素和非地理要素，并能描述它们的印刷属性，如叠印、压印、印刷顺序和蒙版类型等；能将地理要素按出版的方式组织起来，并能较方便地与其他制图系统或 GIS 系统进行数据交换(莫瑞开，2005)。

4. 功能模块化

各个模块单独是一个功能实体，模块之间通过访问接口实现互联，这样有助于功能扩展，全方位的交流通过流程化的管理模块来实现。

5. 技术管理和生产管理流程化

要能在同一平台上实现地图生产的设计、数据输入分工、数据检查编辑、输出、调度、质量检查、意见处理甚至财务管理、人事管理等工作，实现数据流、信息流与控制流的同步传输，达到生产管理和技术管理上的一体化，地图制图与出版一体化工艺流程如图

7-7 所示。

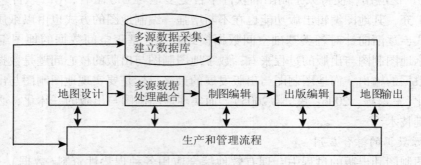

图 7-7　地图制图与出版一体化工艺流程（许德和，史瑞芝，朱长青，2008）

在一体化模式下同一流程工作的各个人员要对地图和出版都有深刻的认识才能将一体化的制图与出版模式引入更广泛的应用。

思 考 题

1. 地图的总体设计需要考虑哪些内容？专题地图(集)的总设计书包括哪些部分？

2. 分别试分析定位图表法与分区统计图表法、分区统计图表法与分级统计图法的区别，并举例说明它们各自的用途。

3. 专题地图的符号设计有什么要求？

4. DTMP 和传统的地图出版方式相比有哪些优势？

5. 数字地图制图的关键技术有哪些？它们各能实现哪些功能？

6. 地图制图与出版一体化技术整合了哪些主要技术？它的工艺流程是怎样的？

第8章 地图分析与可视化方法

8.1 地图分析概述

8.1.1 地图分析的概念及方法

地图分析(cartographic analysis)是指对地图所表现的各种内容采用目视、图解、量算、数理统计或模型化等方法进行分析而揭示制图现象的质量、数量特征，分布规律与区域差异及相互联系的过程。地图分析的目的，是利用地图为研究制图对象提供科学依据，其实质就是把地图作为研究对象的模型来进行分析研究。这时，地图既是研究手段，又是研究对象(廖克，2003)。用图者通过地图分析，不仅可以获得用地图语言塑造的客观世界，而且可以获得未被制图者认识，在地图模型中没有直接表示的隐含信息，即可超过制图者主观传输的信息。例如，通过等高线图形的分析解译，可获得有关地势、坡度、坡向、切割密度、切割深度等一系列形态特征信息。如果将等高线图形与水系图、地质图、土壤植被图、气候图比较分析，还可解释不同地貌类型、不同形态特征的成因及其未来演变趋势。

地图分析的主要方法有：地图目视分析法、地图量算分析法、地图图解分析法、地图数理统计分析法和地图数学模型分析法等(廖克，2003)。

1. 地图目视分析法

目视分析是最简便、最常用的地图分析方法。地图是一种视觉语言，是空间信息的图形化表达，制图者通过形象直观的图形符号传递地理信息，用图者则通过读图和目视分析来认识制图对象。目视分析是用图者对地图这种用形象符号表述的视觉语言，采用视觉感受和思维活动相结合的分析方法，研究制图对象空间结构特征和时间系列变化的认识，包括制图对象的空间分布、形状、比例关系、结构及其动态变化等。

目视分析是一种简易的地图分析方法，不论制图区域大小、地图内容繁简、单幅地图或多幅地图，一概适用。这种分析方法通常有两种形式：一是单项分析，即按地图要素或指标逐一分析；二是综合分析，即把地图中某几个要素或指标综合在一起进行分析、在综合分析的指导下进行单项分析。例如，利用同一地区相关地图的对比分析，可以找出各要素或各现象之间的相互联系；利用同一地区不同时期地图的对比分析，可以找出同一要素或同一现象在空间和时间中的动态变化；通过综合系列地图或综合地图集的分析，可以全面系统地了解和认识制图区域的全貌和各项特征。

目视分析是地图分析的初步。它主要侧重于分析各种现象的质量特征。当然目估也可以产生长度、面积等方面比较粗略的数量概念，并以此判定制图对象间的对比关系。

2. 地图量算分析法

量算分析是通过地图上的量测和计算，得到地图上各制图要素和现象的数量特征的一种定量分析方法。

在地图上进行量测和计算作业的对象相当广泛，从局部的个别地物到大区域的各种要素和现象。量测的具体内容包罗万象，从坐标、高程、长度、方向、面积、体积、坡度、比降等绝对数量指标，到密度、强度、曲折系数等相对数量指标。例如，通常在大比例尺地形图上进行的各种量测作业，如求算图上任意点的坐标和高程，量测两点间的距离、河流与道路的长度、地面的坡度、河床与道路的比降、流域的面积、各级行政区划单元的面积、水库的容积、山体的体积、挖方与填方的土方量，以及为某些专题研究需要而在各种大中比例尺专题地图上量测径流深度、径流模数、河网的密度、地表切割密度、地表侵蚀强度、地表侵蚀模数、居民地与交通网的密度、森林植被的覆盖率、各种土地利用类型的面积等。

地图的量算精度直接影响地图的量算分析结果，因此必须保证量算工作的精确性。地图量算精度受地图比例尺、地图投影、制图综合、量测仪器等因素的影响。

通常情况下，地图的比例尺愈大，地图内容的概括程度愈小，量算结果的精度也就愈高。在大比例尺地形图上可以精确量取点位的坐标、两点间的距离、河流的长度、各种土地利用类型的面积，并能准确地表示出轮廓界线内的面积，等等。小比例尺地图，由于比例尺缩小、地图内容概括程度高、图上各种图形的长度和面积都会不同程度地缩小，故量算精度较低。

地图投影的种类，决定了地图的变形性质和变形分布规律。大比例尺地形图均采用高斯-克吕格投影，这种投影的变形小，无论是长度、角度、面积变形均小于量算作业所产生的误差，因此利用大比例尺地形图进行量测分析，是可以取得比较满意效果的。而各种小比例尺地图，由于采用的投影变形都比较大，一般不适宜进行量测分析。

在量算中，还要考虑地图综合中图形简化和要素取舍的影响。例如，河流、海岸线由于地图概括时简化了一些细小弯曲，因此，地图上量算出来的长度比地面实际长度要短，在计算时，需乘一个改正系数。比例尺越小，改正系数越大。

在地图量算中，主要以长度和面积的量算居多。长度量算经常使用的方法有两脚规法、曲线计法、数字化仪法等。其中两脚规法是最简单的方法，所量算的是折线长度，近似于实际的曲线长度。两脚规法量算曲线长度的精度取决于两脚规的张度，当曲线的弯曲系数大时，两脚规的张度愈小，量算的精度愈高；相反，两脚规的张度愈大，量算的精度愈低(图8-1)。曲线计法的量算精度不如两脚规法的量算精度高。数字化仪的量算精度比上述方法都要高得多，其精度可达 $1‰～2‰$。面积量算使用的方法很多，有方格法、平行线法(或称梯形法)、求积仪法、光电面积自动量测仪法、数字化仪法等，其中常用的方法有求积仪法(图8-2)、光电面积自动量测仪法和数字化仪法。面积量算精度最高的方法是数字化仪法。

3. 地图图解分析法

根据地图上所提供的各种数量指标，绘制成各种图形、图表，分析并揭示制图对象的立体分布、垂直结构、周期变化、发展趋势、相互关系等性质和特征的分析方法，称图解分析法。常用的图解分析法有剖面图、断面图、块状剖面图、过程线、柱状图和玫瑰图等。

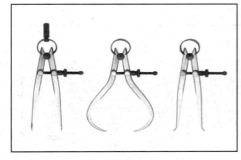

图 8-1　两脚规

图 8-2　数字求积仪

（1）剖面图

剖面图以直观图形显示出各制图对象的立体分布与垂直结构，对认识制图对象与地球表面起伏的关系很有帮助。例如，显示地表起伏状况的地势剖面图（图 8-3）；显示河床起伏状况的河流纵横断面图；显示道路纵横起伏状况的道路纵横断面图；显示植被垂直分布结构的植被剖面图；显示各种自然地理要素和现象的相互联系、相互制约关系的综合剖面图。

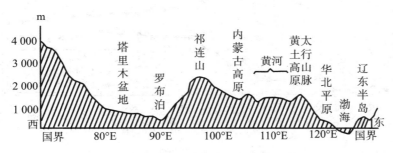

图 8-3　沿北纬 40°的中国地形剖面图

（2）断面图与块状剖面图

剖面图主要表示地表层的变化，而断面层则主要表示地下的结构和层次，如地质的柱状断面能显示地下地层的变化及组成岩性（图 8-4）。块状剖面图是显示三维空间的透视图形，不仅可以表示地表的地形变化与地貌特征，而且能同时表示地下部位的地质构造与地层变化，能较好反映地貌的形成变化与地质构造及岩性的关系。

（3）过程线与玫瑰图

过程线与玫瑰图能较好地显示各自然现象在不同时间的变化过程和变化幅度。过程线是将随时间周期变化的现象绘成直角坐标图表，如气温、降水过程、径流过程线，也可绘制成柱状图表（图 8-5）。玫瑰图则是从一点向周围 8 个或多个方向伸展的图形，如风玫瑰图能较好地表示风向的频率。

4. 地图数理统计分析法

数理统计分析是对地图上表示的要素和现象用数理统计的方法进行数量特征的分析，研究它们在空间分布或一定时间范围内存在的变化，以便更深入地揭示要素或现象之间的

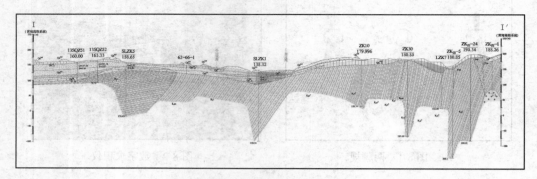

图 8-4　水文地质断面图

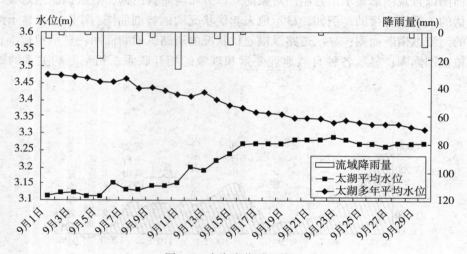

图 8-5　太湖水位过程线图

相互联系和相互制约关系，并找出内在的规律性。数理统计分析与上述的各种分析方法相比，能更确切地描述制图对象的数量特征。特别是近数十年来，由于计算机技术的飞速发展，在地学领域引入了许多计算量大、行之有效的数据处理方法，用计算机进行数据处理，取得了显著的效果。

数理统计分析主要应用在：研究某种制图对象的统计特征和分布密度函数的性质，研究不同制图对象之间的相关性等。例如，统计数列集中趋势的数字特征值有算术平均值、加权平均值、中位数、百分位数、众数值等；统计数列离散程度的数字特征值有极差、四分位偏差、平均差、标准差、方差、变差系数等；统计数列分布密度函数的直方图分析；两种以上制图对象的相关系数、偏相关系数、复相关系数、相关比率等的计算与分析。

（1）制图对象的统计特征和分布密度函数

地图上表示的地理要素和现象，可以看成是在不同空间和时间范围内存在的总体，总体是由若干个性质相同的个体组成。在随机抽样组成的统计数列中，通过计算可以研究制图对象的数量特征，并可以推测该要素或现象的总体。可以采用统计数列的集中趋势、离散程度、分布密度函数等数字特征值计算法(图 8-6)。

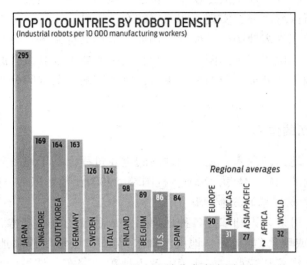

图 8-6　机器人区域分布密度图
(图片来源：http://www.chyxx.com)

(2)制图对象的相关分析

研究地理要素和现象间的相关关系，主要是评价两种制图对象间联系的紧密程度和评价多种制图对象间的相关性(图 8-7)。

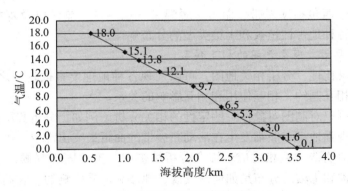

图 8-7　气温随海拔变化关系图

评价两种对象间联系的紧密程度，通常采用计算相关系数或相关比率的方法。两种对象间具有直线相关关系时，可采用相关系数评价；如果两种对象间只具有曲线相关关系时，则采用相关比率来评价。当在分级统计地图上不能得到精确读数，而只有分级数量指标或排序指标，则可用等级相关系数来评价。

评价多种对象间的相关性，通常采用计算复相关系数、偏相关系数等方法。

5. 地图数学模型分析法

地图上表示的各种地理要素和现象，都存在着一定的空间或时间的函数关系，可以根据从地图上采集的各种原始数据，建立起反映各种地理要素或现象的空间数学模型。运用数学模型来分析地图，称为地图数学模型分析法。地图数学模型具有抽象和概括描述制图对象的性质，是进行区域研究、实现预测预报的有效工具。

目前，已经发展了许多地图数学模型。例如，描述某种制图对象和其他制图对象因果制约关系的回归模型；说明多种制图对象中存在的主要要素及其组合的主因子模型；反映制图对象疏密关系程度和分类分级的聚类模型；反映制图对象空间分布总体规律的趋势面模型等。

8.1.2　地图分析的作用

地图分析是阅读地图的深入，是应用地图的重要过程。基于地图分析，可以研究和解决以下几个主要方面的问题(廖克，2003；祝国瑞，2004；毛赞猷等，2010)。

1. 研究各种要素或现象的分布规律

通过分析地图，可以认识和掌握各种地理要素或现象的分布规律，包括一种要素(如地貌、植被、土壤)或现象(如地磁、地震、降水)分布的一般规律和地域差异，或同一要素中某种类型的分布规律和特点，如地貌中黄土地貌的分布、植被中常绿阔叶林的分布、土壤中红壤的分布规律和特点等；自然综合体或区域经济综合体中各要素和现象总的分布规律和特点。例如，通过分析地形图和普通地理图，可以获得水系结构和河网密度变化的规律，地形起伏和形态结构，居民点的类型、密度、分布特点及其与水系、地貌、交通等要素的联系等(图8-8)。分析地质图可获得地质构造的区域特点及矿产分布规律。分析地震图有助于获得地震的发生和分布规律。分析研究各种气候图可以查明太阳辐射、气温、降水的明显地区差异和季节变化。从我国的土壤图和植被图上可以分析出我国植被和土壤自北向南和自东向西包括寒温带、温带、暖温带、亚热带、热带以及森林地带、草原地带，荒漠地带的各种地带性植被和土壤类型的分布规律。

2. 研究各种要素或现象之间的相互联系

利用地图的可比性，分析相关地图，可以发现各种地理要素或现象之间的相互联系，包括相互依存和相互制约，相互作用和相互影响的关系。

利用地图，可以对制图对象作一些定性的相关分析。例如，分析我国的地震图和地质构造图，可以发现强地震一般都发生在活动断裂带的曲折最突出部位、中断部位、汇而不交的地段，与大地构造体系相对应。综合分析植被图、土壤图与气候图、地形图、地质图，可以发现植被和土壤的分布是如何受气候、地形和地质影响的。它们的水平地带性格局首先是由于气候的水平地带性造成的，在一定的气候条件下，形成某种稳定的植被和土壤类型。与地形图相比较，可以找出地形的高度、坡向、坡度对土壤和植被分布的具体影响。与地质图对照，可以找到地质岩性对植物群落和土属的影响。有些岩层上往往只生长某种特殊植物，这种植物称为"指示植物"，通过它们可寻找不同的矿藏。有些岩层的风化壳上往往形成特有的"岩成土壤"，如紫色砂岩地区的紫色土，石灰岩地区的石灰土等。对照植物图和土壤图，更能了解它们之间的相互依存和相互影响的关系。例如，暗针叶林与暗棕壤，干草原植被与栗钙土，荒漠草原与棕钙土，沙漠草原与灰钙土，高山草甸植物与高山草甸土，沼泽植被与沼泽土，等等，其分布范围与轮廓界线联系密切，甚至完全对应。

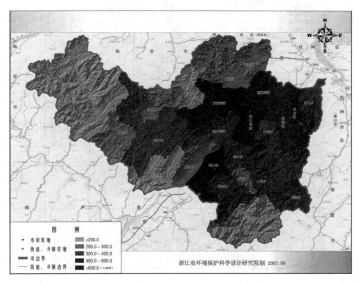

图 8-8　人口密度分布图

（图片来源：http：//hbj. fuyang. gov. cn）

　　通过地图分析，还可以对一些制图现象作相关的定量研究，其方法主要包括分析与绘制相关场图，分析其直线相关性，或计算相关系数，从而获得各要素和现象之间相互关系的具体数量指标。

　　3. 研究各种现象的动态变化

　　通过地图分析，研究各种现象的动态变化，有两种方法：一是利用地图上所表示的同一现象不同时期的分布范围和界线，或采用动线符号法、等变量线、等位移线所表示的制图现象的动态变化进行分析研究；二是利用不同时期同一地区的地图进行分析比较。

　　第一种方法比较简单。例如，水系变迁图上用各种颜色和形状的符号表示不同时期的河道、湖泊、岸线位置、范围，可以很明确地得到河流改道、湖泊展缩、河岸变化的信息，甚至可直接量算变化的幅度和数量（图 8-9）。同样，分析用动线符号法表示的地图，可以直接地看出一些现象的动态变化，如台风路径、动物迁移、人口流动、货物流通、军队行动等。

　　第二种方法是指利用不同时期制作的地图，摄制的航空像片和航天影像，对同一现象的位置、形态、范围、面积进行比较，找出它们的差异和变化。其中不同时期测制的地形图是很重要的对比资料。根据这些地形图可以分析居民点的变化、道路的改建和发展、水系的变迁（如河流的改道，湖泊的退缩，三角洲的伸展）、地貌的变动等（图 8-10）。利用不同时期摄制的航空像片或航天影像，和原有的地形图对照比较可发现更多的动态变化内容，如古河道、古城墟等。

　　研究不同时期的同类地图，不仅可揭示各制图现象变化的总趋势和总规律，还可以确定动态变化的强度、速度。例如，黄土地区沟谷网的发育速度，冰川消长速度，河口三角洲伸展速度等。

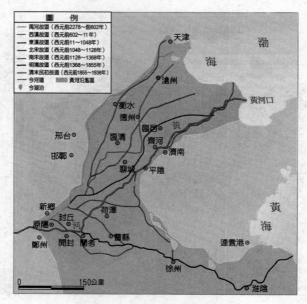

图 8-9 黄河古河道变迁图

（图片来源：http：//www.geocn.net）

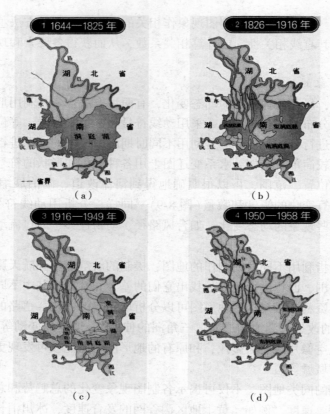

图 8-10 洞庭湖的变迁图

（图片来源：http：//www.qhing.com）

4. 进行地理预测预报

利用地图，根据现象的发生和发展规律，预测现象的空间分布和未来的发展趋势，即随时间的推移而发生的变化。利用地图进行预测预报包括两种情况：一是通过分析地图，提出预测预报方案，编制预测预报地图；二是利用已编好的预测预报地图进行预报。体现了地图既是预测预报研究的重要手段，又是预测预报研究成果的最好表现形式。利用地图进行预测预报的内容大体可分为以下三种：

(1)空间分布的预测预报

预测现象的空间分布情况尤其适合一些潜隐的地下现象，例如，矿藏、石油、地下水等的分布。根据已查明的地段上矿藏和地质构造的联系，采用内插和外推法，对未知地区的地质图表示的构造与岩层进行分析，确定富集矿藏和储油地层的可能性，就可以对矿藏和石油储存进行预测。用同样的方法分析含水层也可预测地下水的分布。

(2)随时间变化而变化的现象的预测预报

有些现象随时间的推移发生具有周期性和规律性的变化，根据不同时期的地图提供的数量特征可以进行预测预报。例如，研究多年来某地年、季、月的降雨量情况，就可以预测该地某个时期的降雨趋势。

(3)随时间推移空间和状态变化的预测预报

许多现象随时间的推移，在空间和状态上发生变化，掌握相应的规律就可以对这些现象提前进行预报。例如，天气预报、天气形势预报、地震预测预报、环境质量的预测预报等，就属于这种类型。把各地气象站台观测资料绘制在事先印好的底图上，编绘出天气形势图，图上标绘出近地表和高空的气压、温度、风向、风速、露点，以及降水、雷电等各种天气现象，绘出等压线和其他气象要素等值线，以此划分天气区，结合卫星云图、数值天气预报图、气象雷达回波图、过去几天的天气形势图，再根据各种天气模式，就可以分析天气变化趋势，作出天气预报和天气形势预报。

在地震预报中，根据各种资料(监测资料、历史上不同时期的地震分布图、地质构造图、活动断层分布图)，分析地震走势，在地图上确定危险区，再逐步逼向临震，然后在地图上画出短期预报地区，再根据各种观测获得的前兆变化幅度，例如，地下水变化，图上反映的地下水大面积的异常变化等各种前兆，判断地震强度并在地图上标出临震预报图，就可以进行地震预报。

5. 进行综合评价

综合评价是指根据一定的目的，对各种因素进行综合分析，得出优劣等级。这种评价包括对区域自然条件、土地资源、环境质量、生产力水平进行的综合评价。例如，对农业自然条件进行综合评价，需要选择对农业起主导作用的自然条件及其主要指标进行综合分析，这些指标包括：热量、水分(农作物需水量、旱涝灾害等)、农业土壤(质地、土层厚度、有机质含量、pH 值，氮、磷、钾含量，盐渍化等)，地貌条件。这些因素都在农业区划图集中以地图的形式表达出来。土地资源评价是在土地类型图的基础上，根据土地的自然属性，对农、林、牧的适宜性和局限性，参考土地利用现状和目前生产水平，采取综合分析和主导因素法进行综合评价，画出宜农、宜林和宜牧土地的范围。环境质量评价是对区域的环境条件的优劣和质量好坏进行综合评价，评价的指标和标准包括环境的污染程度及对生态的危害程度等。

当需要评价的因素较多时，首先需确定主导因素，但也要综合考虑其他因素，最好是建立评价数学模型。评价单元可采取自然地理单元(自然景观单元)、土地单元或一定大小的网格等。根据每个单元内各项指标综合评价所得的评价等级，编制综合评价地图。

6. 进行区划和规划

区划和规划是地理研究的重要内容之一。区划是根据现象内部的一致性和外部的差异性所进行的空间地域的划分。规划是根据人们的需要对未来的发展提出的设想和具体部署。区划和规划都同地图有密切的联系，不但在工作过程中需要进行各种图上作业，而且地图常常作为表达区划和规划成果的必要媒体。

在进行区划时，首先要明确区划的目的和范围，在分析研究区域差异的基础上，确定区划的质量和数量指标以及等级系统，然后将有关要素的类型图、等值线图叠置比较，勾绘区划界线。应使地图上所表示的区划界线尽量准确和尽可能符合客观实际。在制定全国性和地区性单项或整体规划时，可以编制各种近期规划地图或远景规划地图(图 8-11)。地图在表示现状的基础上，应重点反映今后建设与发展的目标、项目及具体指标。

图 8-11   规划图示例

8.2   地图目视分析

8.2.1   目视分析获取地图信息的内容

地图目视分析所能获取的信息内容主要包括地图数学基础信息、地图读图辅助信息、地图图形要素信息等(李满春等，1997)。地图数学基础信息主要包括地图投影、坐标网、比例尺、三北方向线等；地图读图辅助信息主要包括图名、图号、图例、坡度尺、说明资料等；地图图形要素信息主要包括地貌、水系、土质、植被、居民地、交通网、境界政区、独立地物等。

1. 地图数学基础信息

(1)地图投影

地图投影是一幅地图的基本框架，是用以表达地图内容的数学基础。了解地图投影的特点可以帮助读者建立正确的位置和形状概念，增加对地图投影的变形性质和分布的了解，可为进一步分析地图提供数学依据。实际应用中的普通地图，大比例尺地图往往属国家地形图系列，有关地图投影的资料易于查知；而小比例尺地图则要通过阅读经纬网的形态特征，运用地图投影知识来识别所采用的是何种投影，并进一步了解这种投影的特点、变形性质和分布。

（2）坐标网

地图坐标网主要是指经纬网及有关的坐标网。对经纬网的分析除了用于识别地图投影外，还可以通过经纬网上的注记来了解制图区域的范围和地图上任一点的地理坐标。除经纬网外，大于 1∶100 000 比例尺地形图上还绘有高斯-克吕格投影的平面直角坐标网（方里网），方里网是地形图上用以计算点的平面直角坐标的，其格网形状为正方形，以公里为单位，故又称公里网。方里网在图上间隔随地图比例尺的不同而不同。

方里网在地图目视分析中作用颇大，例如，可以利用方里网来估算两点间的水平距离，也可估算某一区域的面积，用简单的工具（如三角尺）还可得到比较正确的数值。

（3）比例尺

比例尺决定着地图图形的大小、地图内容的详细程度和地图的测制精度。同一地区，比例尺愈大，则地图图形愈大，地图内容愈详细，图上量测精度愈高；反之，则地图图形愈小，地图内容愈简略，图上量测精度愈低。地图比例尺主要有以下三种形式：①数字式，如 1∶100 000 或 1/100 000（1∶10 万）；②文字式，如"十万分之一"或"图上 1cm 相当于实地 10km"；③图解式，一般有直线比例尺、斜分比例尺和复式比例尺。

（4）三北方向线

大于 1∶100 000 比例尺的地形图上一般有三北方向线图。在使用地形图时，可根据三北方向线（真北方向线、坐标北方向线、磁北方向线）及偏角（子午线收敛角、磁偏角、磁坐偏角）数值定出地图方向，并可进行子午线收敛角、磁偏角、磁坐偏角的相互换算。

2. 地图读图辅助信息

（1）图名、图号

通过地图图名、图号可了解地图所表示的区域、位置、范围和主题。例如，北京市所在区域的地形图"北京市 J-50-A"，通过图名、图号可知道该幅地图的图幅范围为北纬 38°—40°，东经 114°—117°，比例尺为 1∶50 万。

（2）图例

图例是认知地图内容的一把钥匙，是地图符号的解释。通过阅读图例就能获取许多信息，如地图所表达的主要内容要素，各种地图符号的图形、尺寸、颜色及不同规格注记所代表的具体含义。图例是识别地图符号的工具，也是地图图形化的主要依据。

（3）坡度尺

坡度尺主要是为了方便量测坡度而制作的。在地图目视分析中，地貌的认知就需借助坡度尺。同时，坡度尺也可为地图的深入分析和解释服务。坡度尺一般配置在地图的南图廓外，其底线上所注度数是斜坡的坡度，垂直于底线的直线是依地图比例尺求出的水平距离。使用坡度尺分两种情况，等高线密度大时用量相邻六条等高线的坡度尺，这样可使坡度表现明显；等高线比较稀疏时，则用量相邻两条等高线的坡度尺。

(4)说明资料

说明资料主要有编图单位、成图时间、坐标系与高程系、基本等高距、资料说明及资料略图等。通过对编图单位、成图时间及资料来源的了解，可使读图者知道地图内容的现势性及可信度。对所采用的坐标系和高程系、基本等高距的了解，可帮助对地貌的初步认识，为进一步的量算分析提供科学依据。

3. 地图图形要素信息

(1)地貌

地貌的目视分析主要是为了了解一个地理区域的地势和地形起伏状况。在大中比例尺地图上，地貌一般采用等高线法表示。一般可根据高程系、基本等高距、等高线疏密、高程注记、等高线形态特征来判明地势的起伏状况和地貌类型。高程系和基本等高距，一般在地图上均有注明；对于变距等高距，则有相应的变距高度表供查阅。

地貌除多用等高线图形表示外，有些特殊地貌是无法用等高线表示的，而只能用特殊的地貌符号表示，如溶斗、岩峰、崩崖、滑坡、陡崖、冲沟、陡石山，等等。这些地貌符号的识别在认识制图区域内地貌要素时具有重要意义。因此，地貌也是地图认知不可或缺的内容。

(2)水系

水系是指一定流域范围内，由地表大小水体如河流、湖泊、海洋、水库、沟渠、井泉等构成的脉络相通的系统。水系是地理环境的重要组成部分，水系的阅读是地图目视分析的重要内容。首先识别水陆分界线，并确定河流是常年河还是时令河。其次认知各河段情况，包括性质、数值等，如河宽、河深、流向、流速、跌水、瀑布、河滩、陡岸、水闸、水坝、沙洲等。再次要了解渡河方法，如桥梁(人行桥、车行桥)、渡口(行人渡口、汽车渡口)、徒涉场等。在比例尺较小的地图上，还可了解河系分布状况、河系类型等。

(3)土质、植被

土质、植被的目视分析主要是为了了解通行和通视情况，为工程施工、军事作战提供参考，同时也为农业生产和科学研究提供有关资料。土质的认知主要是了解地表覆盖层的性质。地表覆盖层有沼泽、沙地、沙砾地、戈壁滩、石块地、盐碱地、小草丘地、残丘地和龟裂地等。植被的认知主要是了解地表植物的类型及分布。植被类型主要有森林、矮林、幼林、疏林、灌木林、竹林、芦苇及一些人工植被，如苗圃、果园、茶树地、稻田、旱地及其他经济作物。

土质、植被呈面状分布，在大比例尺地形图上通常采用地类界、底色、说明符号、注记等相互配合表示，在目视分析时要加以识别。

(4)居民地

居民地的目视分析主要包括居民地类型、形状、人口、行政等级、分布密度、分布特点等。在地形图上，居民地采用特殊的符号表示，在分析时主要认识居民地的类型、分布特点。

居民地的类型按行政意义、经济地位、人口数量、居民职业、建筑规模和质量等，一般分为城市、集镇和村庄三种。除从居民地符号可以区分外，一般在图上标有类别不同的注记，城市一般为粗等线体，集镇为中等线体，村庄为宋体。

在大比例尺地形图上，城市和较大集镇的居民地，一方面可了解其内部结构，如街道、街区与外界交通连接情况，另一方面可从整个制图区域范围内了解城市和集镇分布的位置、数量、交通联络情况等。而对以村庄为主的农村居民地，可了解其分布位置、数量、形式(集团式、散列式、特种式)等。

(5)交通网

交通网是连接居民地的纽带，在国民经济、国防和社会生活中是一个不可缺少的重要运输、联络工具。认知交通网主要是了解交通线种类、等级、路面性质、宽度、主要站点、港口等内容，同时了解交通网所联系的居民点，及对该地区工农业生产和人民生活的保障程度。

(6)境界政区

境界政区是重要的政治行政标志，它的目视分析可了解制图区域的政治、行政区划情况。地图认知时，主要包括行政区划的种类、境界线的位置等。

(7)独立地物

独立地物多为文物古迹和工、农业地物，是判断方位和确定位置的重要标志物，特别是在地形图野外应用中，可便捷指示方向和位置。在认知时，主要了解独立地物的种类和确切位置，以及它们与其他地物的方位关系。

8.2.2　目视分析的方法

目视分析是用图者通过视觉感受和思维活动来认识地图上表示的地理环境信息的一种方法。这种方法简单易行，不论制图区域大小、地图内容繁简、单幅地图或多幅地图，一概适用，是用图者常用的基本分析方法。目视分析可分为地图分解法、地图综合法和地图对比法三种方法。

1. 地图分解法

地图分解法又称单项分析法或单要素分析法，它将单幅地图的制图对象分解成若干个单一要素或指标，然后逐一进行分析研究。通过由大到小、由表及里的分析，研究该要素分布规律和内部结构及与其他要素的相互联系。对普通地图阅读分析时，可首先将地图要素分解为水系、地貌、土质、植被、居民地、交通线、境界线、独立地物等几大类进行阅读分析，进而将几大类要素再分类阅读分析，同时也可对地图要素的外部形状、内部结构、分布规律、相互联系等指标进行阅读分析。如地貌要素可分为地貌类型、地势、地面坡度等指标进行分析；水系要素可分为河流、湖泊、水源等类型，分别研究其质量、密度、形态特征。

2. 地图综合法

地图综合法又称综合分析法，是应用地图学及相关专业知识，将地图上的若干种要素或指标联系起来进行综合系统分析。这种综合系统分析，可以是对一幅图上同时反映多种要素的普通图或复合型的专题地图进行综合分析，研究各要素间的相互联系和相互制约的关系，也可以是对多幅地图或地图集进行综合系统分析，全面认识自然综合体或区域经济综合体的结构、体系和总体特征。地图综合法与地图分解法这两种方法相辅相成，可在单项分析的基础上进行综合分析，又在综合分析的指导下进行单项分析，目视分析就是通常的地图阅读分析。

3. 地图对比法

地图对比法是研究同一种要素或现象在空间或时间上的动态变化。这种对比分析，可以是对同一地区同一要素或现象分布范围或轮廓界线进行叠置比较，研究其在时间上的动态变化，也可以对不同地区的同一要素或现象进行对比分析，研究其在空间上分布的差异或规律。

8.2.3 目视分析的步骤

目视分析可按一般阅读、比较分析、综合分析和推理分析的步骤进行。

1. 一般阅读

一般阅读是指刚刚拿到地图所做的一般性阅读。它根据图例识别地图符号，通过地图直接观察了解地区情况。一般性阅读又分两种情况：一种是整幅图的一般性阅读；另一种是指定路线的一般性阅读。

整幅图的一般性阅读，主要是了解图幅范围内的一些最基本的地理概况。如制图区域的地理位置和范围，行政区划的隶属关系及区域内部的具体划分，该区域范围内的地形起伏、水系分布等，居民点和交通网的分布格局，以及全区总的地势倾斜方向，最高点和最低点的位置及高程，地貌的基本形态特征及所属类型等。

指定路线的一般性阅读，主要是为野外考察选线或出差旅行需要而进行的阅读分析。其目的是先概括了解沿线所经过的地形单元、主要河流、湖泊等水系的名称，交通线路及停靠站点、码头或航空港的一般情况，以及所穿越的行政区划单元、界线及所关注的专题要素或现象的类型界线等。

通过一般性的阅读分析，可以得到关于整个制图区域或指定路线的地理要素分布规律和地理环境特点的一般性认识，这些认识大多为定性的概念。要对制图区域或路线有进一步的了解，还需获取有关定量的地图信息。

2. 比较分析

目视比较分析是在一般阅读的基础上，通过地图符号的比较，在认识上构成区域地理各要素或现象的时空差异，找出它们之间的相互联系和相互制约的关系，以便认识一种要素或一个区域的本质特征。例如，目视分析中国行政区划图，比较各省区轮廓形状及面积大小。地图比较分析既可以是不同区域，不同点、线的比较，也可以是同区域、同点同线的不同构成要素，或不同发展阶段的比较。

目视比较分析有以下几种途径：一是图中内容之间的对照分析，即在一幅地图上进行对比分析，搞清楚地图要素之间或区域之间的差异、分布特征和规律；二是用本幅图与相关地图进行对比分析，即在多幅地图上进行对比分析，也可以在地图和航空像片、卫星影像之间进行对比分析；三是本幅图与相关文字资料进行对比分析，研究要素的特征和分布规律。

3. 综合分析

上述分析所获得的有关制图区域的概念是地图内容各要素相互独立的概念，如读图区域的水系情况、地貌特征和类型、居民地和交通线等。而要研究地图上任一要素，都不能孤立地进行，必须联系其他要素，进行综合分析，这样才能了解事物的本质，看出事物发展变化的原因，得出比较正确的结论。

目视综合分析是在上述分析的基础上，应用地图学、地理学及相关专业知识，将图上各类要素、各类指标联系起来进行系统分析，全面认识区域地理特征。例如，水系的分布和地貌的发育情况是密不可分的，一方面地貌的发育制约水系的分布，另一方面水系的发育又反过来塑造地貌，加剧地貌形态的发育。同一地区的同一事物也会随时间的变化而变化，而这种变化往往在不同时期的地图上有所反映。因此，我们在阅读地图时，还需参考不同时期的地图，这对阅读地图、获取正确的地图信息、得出客观的结论是很有帮助的。另如，当通过地图分析获得制图区域有关土地构成要素——地质、地貌、土壤、水文、气候、植被等类型及其时空分布特征后，即可应用综合分析研究区域不同部位农用土地的适宜性及适宜程度。

4. 推理分析

阅读地图并非就事论事，有时需要从地图中得出某些地图上没有直接表示出来的情况，如从地形图上无法获得制图区域的气候情况，这就需要采用推理分析。目视推理分析是依据地理要素或现象之间的相互联系、相互依存、相互制约的关系，利用地理学、地质学、地貌学、水文学等多学科的原理和社会实践经验知识，对地理要素或现象的发展变化进行预测，对未知事物进行推断的分析法。推理分析是获取地图潜在信息的有效途径。例如，上述气候类型的推断，可以通过对制图区域的地理位置、地貌、水系、植被等要素的综合阅读来推断。分析地质图、地貌图、植被图，在了解制图区域岩石、地貌、植被类型后，应用土壤学及相关学科知识进行推理分析，则可推断该区域的土壤类型及其成因；通过居民地、交通网等要素的阅读，可推知该区域的经济发展水平等。

8.3　地图分析的数学方法

数字制图技术的发展使得给用户提供的地图已不再局限于传统的纸质地图，还可以是数字地图，而地图分析的手段与方法也更趋于多样化。

8.3.1　地图要素的量测与计算

地图要素的量测与计算是指对地图上各种地理要素的基本参数进行量算与分析，如地理要素的坐标、距离、周长、面积、体积、曲率、空间形态等。不同维度的地理要素其量测的内容有所不同：

①点状要素(0 维)：坐标；
②线状要素(1 维)：长度、曲率；
③面状要素(2 维)：周长、面积、形状、曲率等。

1. 位置量测

地理要素的空间位置由其特征点的坐标来表达和存储。点状要素的位置在欧氏平面内用单独的一对(x, y)坐标表达，在三维空间中用(x, y, z)坐标表达；线状要素的位置用坐标串表达，在二维欧氏空间中用一组离散化实数点对表示：(x_1, y_1), (x_2, y_2), …, (x_n, y_n)，在三维空间中表示为：(x_1, y_1, z_1), (x_2, y_2, z_2), …, (x_n, y_n, z_n)，其中n是大于 1 的整数；面状要素的位置由组成它的线状要素的位置表达。

2. 长度量测

长度是空间量测的基本参数，它可以代表线状要素的长度、面状要素和体状要素的周长，也可以代表点、线、面等要素间的距离。由于长度参数在空间分析中的重要性，使其成为空间量测的重要内容之一。

（1）长度

线状要素最基本的量测参数之一是长度。在矢量数据结构下，二维空间中的线状要素长度为：

$$L = \sum_{i=1}^{n} l_i = \sum_{i=1}^{n} \sqrt{(x_{i+1} - x_i)^2 + (y_{i+1} - y_i)^2} \tag{8-1}$$

三维空间中的线状要素长度为：

$$L = \sum_{i=1}^{n} l_i = \sum_{i=1}^{n} \sqrt{(x_{i+1} - x_i)^2 + (y_{i+1} - y_i)^2 + (z_{i+1} - z_i)^2} \tag{8-2}$$

其中，n 为线状要素的线段数。

（2）周长

面状要素的周长可以通过围绕要素相互连接的线段来进行计算。其中，第一条线段的起点坐标等于最后一条线段的终点坐标。周长的量算方法与求取线状要素长度的方法一致。

（3）距离

在空间分析中，通常进行距离的定量描述，即测出两个地理要素间的实际距离。由于地理要素有不同的几何形态，因此其距离量测的方法也有所不同。在这里只给出同空间点位相关的欧氏距离。

在数字地图中，地理要素表现为二维或三维地理空间中的地理实体。在二维空间中，获得的是投影到二维平面上的距离，其计算公式为：

$$D = \sqrt{(x_i - x_j)^2 + (y_i - y_j)^2} \tag{8-3}$$

在三维空间中，表达的是两个空间点之间的距离，其计算公式为：

$$D = \sqrt{(x_i - x_j)^2 + (y_i - y_j)^2 + (z_i - z_j)^2} \tag{8-4}$$

3. 面积量测

面积是面状要素最基本的参数。在矢量数据结构下，面状要素以其轮廓边界线构成的多边形表示。对于没有空洞的简单多边形，假设有 n 个顶点，其面积计算公式为：

$$S = \frac{1}{2} \sum_{i=1}^{n} \begin{vmatrix} x_i & y_i \\ x_{i+1} & y_{i+1} \end{vmatrix} \tag{8-5}$$

对于有孔或内岛的多边形，可分别计算外多边形与内岛面积，其差值为原多边形的面积。

4. 质心量测

质心是描述地理要素空间分布的一个重要指标。例如，要得到一个全国的人口分布等值线图，而人口数据统计到县级，所以需在每个县域内定义一个点作为质心，在该点上展现该县的数值，然后插值计算全国人口等值线图。质心通常定义为一个多边形或面的几何中心。但在某些情况下，质心描述的是分布中心，而不是绝对几何中心。还是以全国人口为例，当某个县绝大部分人口集中于一侧时，可以把质心定位于分布中心上，这种质心称为平均中心或重心。如果考虑一些其他因素，可以赋予权重系数，称为加权平均中心，其计算公式为：

$$
\begin{cases}
C_x = \dfrac{\displaystyle\sum_{i=1}^{n} W_i X_i}{\displaystyle\sum_{i=1}^{n} W_i} \\[4mm]
C_y = \dfrac{\displaystyle\sum_{i=1}^{n} W_i Y_i}{\displaystyle\sum_{i=1}^{n} W_i}
\end{cases}
\tag{8-6}
$$

式中：W_i 为第 i 个离散要素的权重，X_i、Y_i 为第 i 个离散要素的坐标。

5. 形态量测

对地理要素的量测除了其基本几何参数外，还需量测其空间形态。地理要素被抽象为点、线、面等三大类，点状要素是零维空间体，没有任何空间形态；而线、面状要素作为超零维的空间体，各自具有不同的几何形态，并且随着空间维数的增加其空间形态愈加复杂。

（1）线状要素

线状要素在形态上表现为直线和曲线两种，其中曲线的形态量测更为重要。曲线的形态描述涉及曲率和弯曲度两个方面。

曲率（K）反映的是曲线的局部弯曲特征，线状要素的曲率是指曲线切线方向角相对于弧长的转动率，设曲线的形式为 $y = f(x)$，则曲线上任意一点的曲率为：

$$
K = \frac{y''}{\left(1 + y'^2\right)^{\frac{3}{2}}}
\tag{8-7}
$$

为了反映曲线的整体弯曲特征，还经常计算曲线的平均曲率。曲率的应用不只限于抽象地描述曲线的弯曲程度，它还具有工程和管理等方面的意义，如河流的弯曲程度将影响到汛期河道的通畅状况；高速公路的修建需要一定的曲率，曲率的大小影响着汽车的行驶速度和行程距离。

弯曲度（S）是描述曲线弯曲程度的另一个参数，是曲线长度（L）与曲线两端点线段长度（l）之比，其计算公式为：

$$
S = L/l
\tag{8-8}
$$

在实际应用中，弯曲度并不主要用来描述线状物体的弯曲程度，而是反映曲线的迂回特性。在交通运输中，这种迂回特性加大了运输成本，降低了运输效率，提高了运输系统的维护难度，成为企业经济研究的一个重点。另外，曲线弯曲度的量测对于减少公路急转弯处的事故具有重要意义。

（2）面状要素

面状要素的形态描述涉及空间完整性和多边形边界特征描述两个方面。

空间完整性是对空间区域内空洞数量的度量，最常用的指标是欧拉函数，用来计算多边形的破碎程度和空洞数目。欧拉函数的计算结果是一个数，称为欧拉数。欧拉函数的计算公式为：

$$欧拉数 = (空洞数) - (碎片数 - 1)$$

对于图 8-12(a)，欧拉数 = 4-(1-1) = 4 或欧拉数 = 4-0 = 4；对于图 8.12(b)，欧拉数 = 4-(2-1) = 3 或欧拉数 = 4-1 = 3；对于图 8.12(c)，欧拉数 = 5-(3-1) = 3。

(a) 欧拉数=4   (b) 欧拉数=3   (c) 欧拉数=3

图 8-12　欧拉数示例

对于多边形边界特征描述的问题，由于面状要素的外观是复杂多样的，很难用一个合适的指标进行描述。最常用的指标包括多边形长、短轴之比，周长面积比，面积长度比等。其中绝大部分指标是基于面积和周长的。

8.3.2　地理要素相关关系分析

1. 地理要素相关分析的概念

相关是指两个或多个变量之间相互关系的密切程度。而地理要素相关则是指两个或多个地理要素之间相互关系的密切程度。地理要素相关分析是指应用数学上的相关分析法来研究地理要素之间相互关系的密切程度和性质的一种数理统计方法。相关分析法是一种简单而有效的定量分析方法，早在 20 世纪 30 年代在地理学研究中就为人们所使用。目前，在地理学研究中已经得到极为广泛的应用。

2. 地理要素相关关系的类型

依据不同的分类方法，可将地理要素相关关系分成不同的类型。

根据地理要素相关所涉及变量的多少，相关关系分为单相关与复相关。两个变量之间的相关关系称为单相关；多个变量之间的相关关系称为复相关。

根据地理要素相关的形式不同，相关关系分为线性相关与非线性相关。如果变量之间的关系近似地表现为一条直线，则称为线性相关；如果变量之间的关系近似地表现为一条曲线，则称为非线性相关或曲线相关。

根据变量相关方向的不同，相关关系分为正相关与负相关。正相关是指两个变量之间的变化方向一致，都是增长或下降趋势，如居民收入增加，居民消费额随之增加，故它们是正相关；负相关是指两个变量变化趋势方向相反，如产品单位成本降低，利润随之增加，则它们是负相关。

根据地理要素相关程度的不同，相关关系分为不相关、完全相关和不完全相关。如果两个变量彼此的数量变化相互独立，这种关系称为不相关；如果一个变量的数量变化完全由另一个变量的数量变化所唯一确定，这种关系称为完全相关；介于不相关与完全相关之间的关系，称为不完全相关。

3. 地理要素相关关系的测定

（1）两要素之间相关程度的测定

1）简单线性相关分析

地理简单线性相关是指两个地理要素间呈直线性变化关系的相关关系。衡量简单线性相关的标准有两个：一是相关程度，表示两个地理要素间的密切程度，可以用数量化指标表示。二是相关性质，表示两个地理要素间的相关性质，如正相关、负相关。正相关表示两个地理要素间呈同方向变化关系，即 x 增加，则 y 随之增加；x 减少，则 y 随之减少。负相关表示两个地理要素间呈反方向变化关系，即 x 增加，则 y 随之减少；x 减少，则 y 随之增加。

两个地理要素间的相关程度通常用相关系数来度量，它又分为定量相关系数和定序相关系数。

① 定量相关系数：定量相关系数是指用来度量简单直线相关程度和性质的数量指标，常用 r 表示，简称相关系数。可由原始数据资料直接求得。

其计算公式一般表示为：

$$r = \frac{\sum_{i=0}^{n} (x_i - \overline{x})(y_i - \overline{y})}{\sqrt{\sum_{i=0}^{n} (x_i - \overline{x})^2 \cdot \sum_{i=0}^{n} (y_i - \overline{y})^2}} \tag{8-9}$$

式中：n 为样本个数；x_i、$y_i(i=1, 2, \cdots, n)$ 为两个要素 x、y 的样本值；$\overline{x}$ 和 $\overline{y}$ 为两要素的平均值。相关系数 r 的取值区间为 $[-1, 1]$。

两变量之间相关性质的判定：

- $r>0$ 时为正相关，$r<0$ 时为负相关；
- $r=0$ 时为完全无关；
- $r=1$ 时为完全正相关，$r=-1$ 时为完全负相关。

两变量之间相关程度的判定：

- 当 $|r|$ 越趋近于 1 时，说明两变量之间相关程度越密切；
- 当 $|r|$ 越趋近于 0 时，说明两变量之间相关程度越差。

② 定序相关系数：定序相关系数又称等级相关系数或顺序相关系数，是指用来度量两个地理要素数据序列与其相应的等级顺序值间呈直线性相关程度和性质的数量指标，常用 r_s 来表示。定序相关系数是将两要素的样本值按数据的大小顺序排列位次，以各要素样本值的位次代替实际数据而求得的一种统计量。

设两个要素 x 和 y 有 n 对样本值，令 T_1 代表要素 x 的序号（位次），T_2 代表要素 y 的序号（位次），$d_i^2 = (T_{1i} - T_{2i})^2$ 代表要素 x 和 y 的同一组样本位次差的平方，则要素 x 和 y 之间的定序相关系数的计算公式为：

$$r_s = 1 - \frac{6 \sum_{i=1}^{n} d_i^2}{n(n^2 - 1)} \tag{8-10}$$

式中：n 为样本个数；d_i 为两个变量的对应等级位次值之差。

定序相关系数的取值区间与定量相关系数的取值区间相同，两变量之间相关性质、相关程度的判定与定量相关系数的判定也相同。

2）简单曲线相关分析

简单曲线相关是指两个地理要素间呈非线性变化关系的相关关系，如二次曲线、幂函数、指数函数、对数函数关系等。

衡量两个地理要素间的相关程度通常用相关指数来度量。相关指数是用来度量非线性相关程度的一种数量指标。相关指数的计算公式为：

$$R = \sqrt{1 - \frac{\sum\limits_{i=1}^{n}(y_i - \hat{y}_i)^2}{\sum\limits_{i=1}^{n}(y_i - \bar{y})^2}} \tag{8-11}$$

式中：n 为样本个数；y_i 为样本的观测值；$\hat{y}_i$ 为样本的预测值；$\bar{y}$ 为样本的平均值。相关指数 R 的取值区间为 $[0，1]$。

两变量之间相关性质的判定：

- $R = 0$ 时为完全曲线无关；
- $R = 1$ 时为完全曲线相关。

两变量之间相关程度的判定：

- 当 R 越趋近于 1 时，说明两变量之间相关程度越密切；
- 当 R 越趋近于 0 时，说明两变量之间相关程度越差。

（2）多要素间相关程度的测定

1）偏相关分析

在多要素所构成的地理系统中，先不考虑其他要素的影响，而单独研究两个要素之间的相互关系的密切程度，这称为偏相关。用以度量偏相关程度的统计量，称为偏相关系数。

偏相关分析是指在地理系统中进行多要素间相关分析时，把其他要素视为常数而专门单独研究其中两个要素之间的相互关系密切程度的相关分析。

① 偏相关系数的概念：偏相关系数是用来度量偏相关程度和性质的数量指标。

当研究两个相关变量 x_1、x_2 的关系时，用直线相关系数 r_{12} 表示 x_1 与 x_2 线性相关的性质与程度。此时固定的变量个数为 0，所以直线相关系数 r_{12} 又叫做零级偏相关系数。

当研究三个相关变量 x_1、x_2、x_3 的相关时，假设把 x_3 保持固定不变，x_1 与 x_2 的相关系数称为 x_1 与 x_2 的偏相关系数，记为 $r_{12\cdot3}$，类似地，还有偏相关系数 $r_{13\cdot2}$、$r_{23\cdot1}$。这 3 个偏相关系数固定的变量个数为 1，所以都叫做一级偏相关系数。

当研究四个相关变量 x_1、x_2、x_3、x_4 的相关时，须将其中的两个变量固定不变，研究另外两个变量间的相关。即此时只有二级偏相关系数才能真实地反映两个相关变量间线性相关的性质与程度。二级偏相关系数共有 $C_4^2 = 6$ 个，即 $r_{12,34}$，$r_{13,24}$，$r_{14,23}$，$r_{23,14}$，$r_{24,13}$，$r_{34,12}$。

一般，当研究 m 个相关变量 x_1，x_2，$\cdots$，x_m 的相关时，只有将其中的 $m-2$ 个变量保持固定不变，研究另外两个变量的相关才能真实地反映这两个相关变量间的相关，即此时只有 $m-2$ 级偏相关系数才能真实地反映出这两个相关变量间线性相关的性质与程度。$m-$

2 级偏相关系数共有 $C_m^2 = m(m-1)/2$ 个。

② 计算方法：常用的是相关系数法，其基本原理是：首先求出各相关系数，然后运用相关系数求一级偏相关系数，再用一级偏相关系数求二级相关系数，依次类推，最后求出所需级别的偏相关系数。

若有 x_1，x_2，x_3 三个变量，则一级偏相关系数为：

$$r_{12,3} = \frac{r_{12} - r_{13}r_{23}}{\sqrt{(1 - r_{13}^2)(1 - r_{23}^2)}}$$

$$r_{13,2} = \frac{r_{13} - r_{12}r_{23}}{\sqrt{(1 - r_{12}^2)(1 - r_{23}^2)}} \qquad (8-12)$$

$$r_{23,1} = \frac{r_{23} - r_{12}r_{13}}{\sqrt{(1 - r_{12}^2)(1 - r_{13}^2)}}$$

若有 x_1，x_2，x_3，x_4 四个变量，则二级偏相关系数为：

$$r_{12,34} = \frac{r_{12,3} - r_{14,3}r_{24,3}}{\sqrt{(1 - r_{14,3}^2)(1 - r_{24,3}^2)}} \qquad r_{13,24} = \frac{r_{13,2} - r_{14,2}r_{34,2}}{\sqrt{(1 - r_{14,2}^2)(1 - r_{34,2}^2)}}$$

$$r_{14,23} = \frac{r_{14,2} - r_{13,2}r_{43,2}}{\sqrt{(1 - r_{13,2}^2)(1 - r_{43,2}^2)}} \qquad r_{23,14} = \frac{r_{23,1} - r_{24,1}r_{34,1}}{\sqrt{(1 - r_{24,1}^2)(1 - r_{34,1}^2)}} \qquad (8-13)$$

$$r_{24,13} = \frac{r_{24,1} - r_{23,1}r_{34,1}}{\sqrt{(1 - r_{23,1}^2)(1 - r_{34,1}^2)}} \qquad r_{34,12} = \frac{r_{34,1} - r_{23,1}r_{24,1}}{\sqrt{(1 - r_{23,1}^2)(1 - r_{24,1}^2)}}$$

于是，可得通式为：

$$r_{12,345\cdots m} = \frac{r_{12,345\cdots(m-1)} - r_{1m,345\cdots(m-1)}r_{2m,345\cdots(m-1)}}{\sqrt{(1 - r_{1m,345\cdots(m-1)}^2)(1 - r_{2m,345\cdots(m-1)}^2)}} \qquad (8-14)$$

③ 偏相关系数的性质：偏相关系数的取值区间为 $[-1, 1]$。相关性质的判定如下：

a. 当 $r_{12,345\cdots m} > 0$ 时，表示在 x_3，x_4，x_5，$\cdots$，x_m 固定的条件下，x_1 与 x_2 间为正相关；

b. 当 $r_{12,345\cdots m} < 0$ 时，表示在 x_3，x_4，x_5，$\cdots$，x_m 固定的条件下，x_1 与 x_2 间为负相关；

c. 当 $r_{12,345\cdots m} = 1$ 时，表示在 x_3，x_4，x_5，$\cdots$，x_m 固定的条件下，x_1 与 x_2 间为完全正相关；

d. 当 $r_{12,345\cdots m} = -1$ 时，表示在 x_3，x_4，x_5，$\cdots$，x_m 固定的条件下，x_1 与 x_2 间为完全负相关；

e. 当 $r_{12,345\cdots m} = 0$ 时，表示在 x_3，x_4，x_5，$\cdots$，x_m 固定的条件下，x_1 与 x_2 间为完全无相关关系。

相关程度的判定：

a. 当偏相关系数的绝对值越趋近于 1 时，说明其偏相关程度越密切；

b. 当偏相关系数的绝对值越趋近于 0 时，说明其偏相关程度越差。

2）复相关分析

复相关是指在地理系统多要素相关分析中，能表示 k 个自变量同时与一个因变量之间相互关系密切程度的相关。用以度量复相关程度的统计量，称为复相关系数。

复相关分析是指在地理系统多要素相关分析中，研究 k 个自变量同时与一个因变量之间相互关系密切程度的相关分析。

① 复相关系数的计算方法：复相关系数的计算方法有多种，例如，相关系数法、回归法、行列式法等。下面仅介绍相关系数法，其基本原理是：首先求出所需的各级偏相关系数，然后再计算复相关系数。

复相关系数的计算通式为：

$$R_{y,\ 12\cdots k} = \sqrt{1 - (1 - r_{y1}^2)(1 - r_{y2,\ 1}^2)\cdots[1 - r_{yk,\ 12\cdots(k-1)}^2]}$$

式中：k 为自变量个数；y 为因变量。

当有两个自变量($k=2$)时，复相关系数为：

$$R_{y,\ 12} = \sqrt{1 - (1 - r_{y1}^2)(1 - r_{y2,\ 1}^2)}$$

当有三个自变量($k=3$)时，复相关系数为：

$$R_{y,\ 123} = \sqrt{1 - (1 - r_{y1}^2)(1 - r_{y2,\ 1}^2)(1 - r_{y3,\ 12}^2)}$$

当有四个自变量($k=4$)时，复相关系数为：

$$R_{y,\ 1234} = \sqrt{1 - (1 - r_{y1}^2)(1 - r_{y2,\ 1}^2)(1 - r_{y3,\ 12}^2)(1 - r_{y4,\ 123}^2)}$$

② 复相关系数的性质：复相关系数的取值区间为[0, 1]。相关性质的判定如下：

a. 当 $R_{y,12\cdots k}=1$ 时，表示多要素间为完全复相关关系；

b. 当 $R_{y,12\cdots k}=0$ 时，表示多要素间为完全无复相关关系。

相关程度的判定：

a. 当复相关系数的绝对值越趋近于 1 时，说明多要素间的复相关程度越密切；

b. 当复相关系数的绝对值越趋近于 0 时，说明多要素间的复相关程度越差。

8.3.3 基于 DEM 的计算与分析

数字地图的高程数据是以 DEM 的形式存储的，基于 DEM 可以进行与高程相关的计算与分析。

1. DEM 简介

DEM(Digital Elevation Model)是指地表起伏变化的三维空间数据对(x，y，z)的有条件的集合，借以用离散平面上的点来模拟连续分布的曲面。DEM 根据其数据存储结构可分为两种类型。

(1)基于规则格网的 DEM

基于规则格网的 DEM 实际上是格网交点处高程值(z)构成的集合(图 8-13)。格网通常采用正方形格网，由于格网是规则的，其交点的坐标(x，y)隐含在 z 值的矩阵中，记为：

$$\text{DEM} = \{z_{ij}\} \quad (i = 1,\ 2,\ \cdots,\ m;\ j = 1,\ 2,\ \cdots,\ n)$$

(2)基于不规则三角网的 DEM

将按地形特征采集的点按一定规则连接成覆盖整个区域且互不重叠的许多三角形，构成一个不规则三角网表示 DEM，通常称之为不规则三角网 DEM 或 TIN(Triangulated Irregular Network)(图 8-14)。

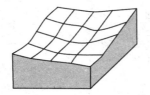
图 8-13　规则格网 DEM

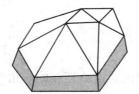
图 8-14　不规则三角网

2. 高程内插

高程内插是指利用已知高程点的高程，根据给定数学模型求解未知点高程的过程。

（1）基于格网 DEM 的高程内插

基于格网 DEM 的高程内插关键步骤有两个，即确定内插点所在格网单元、基于格网单元内插未知点高程（周启鸣等，2006）。

1）确定包含内插点的格网单元

设 DEM 格网的分辨率为 g，DEM 区域西南角点的坐标为 (x_0, y_0)，则内插点 P 所在的格网行列号 (i, j) 为：

$$
\begin{cases}
i = \text{int}\left(\dfrac{x_p - x_0}{g}\right) \\
j = \text{int}\left(\dfrac{y_p - y_0}{g}\right)
\end{cases}
\tag{8-15}
$$

获取内插点 P 所在 DEM 格网的四个网格点坐标及高程，设格网单元四个顶点 1、2、3、4 的坐标及高程分别为 (x_1, y_1, z_1)、(x_2, y_2, z_2)、(x_3, y_3, z_3)、(x_4, y_4, z_4)，如图 8-15 所示。

2）基于格网单元内插未知点高程

在求取内插点 P 所在格网单元后，可采用线性内插、双线性内插、双三次多项式内插等方法计算内插点的高程，在这以线性内插为例说明。

第一步：判断内插点 P 是否与所在 DEM 格网的某个顶点重合，判断依据为式（8-16）。如果第 k 个点满足条件，则 $z_p = z_k$，结束计算；否则，转入下一步。

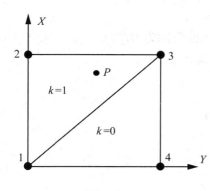
图 8-15　格网线性内插

$$
\begin{cases}
\dfrac{|x_p - x_k|}{g} < \varepsilon \\
\dfrac{|y_p - y_k|}{g} < \varepsilon
\end{cases}
\tag{8-16}
$$

式中：x_k、y_k 为格网第 k（$k = 1, 2, 3, 4$）个点的坐标。

第二步：对内插点 P 坐标进行仿射变换。

$$\begin{cases} \overline{x_p} = \dfrac{x_p - x_1}{g} \\[3mm] \overline{y_p} = \dfrac{y_p - y_1}{g} \end{cases} \tag{8-17}$$

第三步：确定内插点 P 所在的三角形。

$$k = \begin{cases} 1, & \overline{x_p} \geqslant \overline{y_p} \\ 0, & \overline{x_p} \leqslant \overline{y_p} \end{cases} \tag{8-18}$$

第四步：确定内插点 P 的高程值 z_p。

$$z_p = k\left[z_1 + (z_3 - z_2)\overline{x_p} + (z_2 - z_1)\overline{y_p}\right] + (1 - k)\left[z_1 + (z_4 - z_1)\overline{x_p} + (z_3 - z_4)\overline{y_p}\right] \tag{8-19}$$

（2）基于 TIN 的高程内插

基于 TIN 的高程内插关键步骤也有两个，即确定内插点所在的三角形、基于三角面内插未知点高程（周启鸣等，2006）。

1）确定包含内插点的三角形

给定内插点 P 及其平面坐标 x_p，y_p，要基于 TIN 内插出该点的高程值 z_p，首先要确定内插点 P 落在 TIN 的哪个三角形内。一般的做法是通过计算距离，得到离 P 点最近的点，设为 Q_1。然后就要确定 P 所在的三角形。依次取出 Q_1 为顶点的三角形，判断 P 是否落在该三角形内。可利用 P 是否与该三角形每个顶点均在该顶点所对边的同侧加以判断。若 P 不在以 Q_1 为顶点的任意一个三角形内，则取离 P 点次最近的格网点，重复上述处理，直至确定 P 所在的三角形，即检索到用于内插 P 点高程的三个格网点。

2）基于三角面内插未知点高程

若 $P(x_p, y_p)$ 所在的三角形为 $Q_1 Q_2 Q_3$，三个顶点的坐标为 $Q_1(x_1, y_1, z_1)$、$Q_2(x_2, y_2, z_2)$、$Q_3(x_3, y_3, z_3)$，则由 Q_1、Q_2 与 Q_3 确定的平面方程为：

$$\begin{vmatrix} x_p & y_p & z_p & 1 \\ x_1 & y_1 & z_1 & 1 \\ x_2 & y_2 & z_2 & 1 \\ x_3 & y_3 & z_3 & 1 \end{vmatrix} = 0 \tag{8-20}$$

令

$$\begin{cases} x_{21} = x_2 - x_1; & x_{31} = x_3 - x_1 \\ y_{21} = y_2 - y_1; & y_{31} = y_3 - y_1 \\ z_{21} = z_2 - z_1; & z_{31} = z_3 - z_1 \end{cases} \tag{8-21}$$

则 P 点的高程为

$$z_p = z_1 - \frac{(x_p - x_1)(y_{21}z_{31} - y_{31}z_{21}) + (y_p - y_1)(z_{21}x_{31} - z_{31}x_{21})}{x_{21}y_{31} - x_{31}y_{21}} \tag{8-22}$$

3. 坡度和坡向计算

坡度和坡向是重要的地形因子。坡度表示地面的倾斜程度，而坡向反映斜坡所面对的方向，它们通常与确定的点有关。

226

（1）坡度计算

1）正方形格网上的坡度计算

对于正方形格网，常采用拟合曲面法求解坡度。拟合曲面法是以格网点为中心的一个窗口，拟合一个曲面。图 8-16 表示一个 3×3 的窗口。

图 8-16　3×3 窗口计算坡度

基于窗口的坡度计算公式为：

$$\text{Slope} = \arctan\sqrt{\text{Slope}_{we}^2 + \text{Slope}_{sn}^2} \tag{8-23}$$

其中，Slope_{we}、Slope_{sn} 分别为水平方向、垂直方向上的坡度。它们可采用以下几种算法计算（其中 g 为格网间距）：

算法 1：

$$\begin{cases} \text{Slope}_{we} = \dfrac{e_1 - e_3}{2g} \\[3mm] \text{Slope}_{sn} = \dfrac{e_4 - e_2}{2g} \end{cases} \tag{8-24}$$

算法 2：

$$\begin{cases} \text{Slope}_{we} = \dfrac{(e_8 + 2e_1 + e_5) - (e_7 + 2e_3 + e_6)}{8g} \\[3mm] \text{Slope}_{sn} = \dfrac{(e_7 + 2e_4 + e_8) - (e_6 + 2e_2 + e_5)}{8g} \end{cases} \tag{8-25}$$

算法 3：

$$\begin{cases} \text{Slope}_{we} = \dfrac{(e_8 + \sqrt{2}e_1 + e_5) - (e_7 + \sqrt{2}e_3 + e_6)}{(4 + 2\sqrt{2})g} \\[3mm] \text{Slope}_{sn} = \dfrac{(e_7 + \sqrt{2}e_4 + e_8) - (e_6 + \sqrt{2}e_2 + e_5)}{(4 + 2\sqrt{2})g} \end{cases} \tag{8-26}$$

算法 4：

$$\begin{cases} \text{Slope}_{we} = \dfrac{(e_8 + e_1 + e_5) - (e_7 + e_3 + e_6)}{6g} \\[3mm] \text{Slope}_{sn} = \dfrac{(e_7 + e_4 + e_8) - (e_6 + e_2 + e_5)}{6g} \end{cases} \tag{8-27}$$

整个格网的平均坡度可以通过计算格网点位坡度的平均值获得。

2）三角形格网上的坡度计算

对于三角形格网，若每个格网用线性多项式 $z = ax + by + c$ 即平面逼近，则该平面上的坡度处处相等，可由式(8-28)得出坡度值，该坡度值可作为该格网的坡度值。

$$\text{Slope} = \arccos (a^2 + b^2 + 1)^{-\frac{1}{2}} \tag{8-28}$$

（2）坡向计算

坡向定义为过格网单元所拟合的曲面片上某点切平面的法线正方向在平面上的投影与正北方向的夹角，即法方向水平投影向量的方位角，如图8.17中的β。

设有曲面$z = f(x, y)$，在点$P_0(x_0, y_0, z_0)$处切平面方程为：

$$z = ax + by + c = f_x(x_0, y_0)x + f_y(x_0, y_0)y + c$$

则该点的坡向为：

$$\beta = 180° - \arctan \frac{f_y}{f_x} + 90° \frac{f_x}{|f_x|} \tag{8-29}$$

在实际计算时，坡向值取值有如下规定：正北方向为0°，按顺时针方向计算，取值范围为(0°，360°)。由于式(8-29)求出坡向有与x轴正向和x轴负向夹角之分，因此需要根据f_x和f_y的符号来进一步确定坡向值(表8-1)。

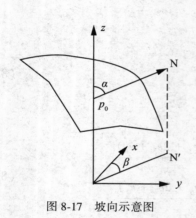

图 8-17　坡向示意图

表 8-1　　　　坡向值综合表

f_y	f_x	$\alpha = \arctan(f_x/f_y)$	β
	>0	—	90°
0	=0	—	0°
	<0	—	270°
	>0	0°～90°	α
>0	=0		0°
	<0	−90°～0°	360°+α
	>0	−90°～0°	180°+α
<0	=0		180°
	<0	0°～90°	180°+α

4. 表面积和体积计算

数字地形表面的表面积表示对应区域上空间曲面的面积，体积则是指空间曲面与基准平面之间的空间的容积。地形表面的表面积和体积与空间曲面拟合的方式，及数据结构(规则网或不规则三角网)有关。实际计算时，通常将曲面表面积的计算转化为分块曲面表面积的计算(朱长青等，2006)。

（1）表面积计算

1）三角形格网上的表面积计算

由于三角形格网是由一系列三角形组成的，因此，基于三角形格网的 DEM 的表面积计算可以转化为单个三角形表面积的计算，即一个三角形格网对应的 DEM 的表面积是其单个三角形对应的表面积之和。

设任意一个三角形格网$P_1P_2P_3$，三点的坐标分别为(x_1, y_1, z_1)、(x_2, y_2, z_2)和

(x_3, y_3, z_3)，三点对应的边长分别为 a、b 和 c，如图 8-18 所示。

通常三角形格网的表面用如下的线性多项式表示：

$$z = ax + by + c$$

则对应的三角形格网上的表面是个平面，于是对应的表面积实际上为相应的三角形平面的面积。

由三角形面积公式，三角形的面积为

$$S = \sqrt{P(P-a)(P-b)(P-c)} \tag{8-30}$$

式中：

$$P = (a+b+c)/2$$
$$a = \sqrt{(x_2-x_3)^2 + (y_2-y_3)^2 + (z_2-z_3)^2}$$
$$b = \sqrt{(x_1-x_3)^2 + (y_1-y_3)^2 + (z_1-z_3)^2}$$
$$c = \sqrt{(x_2-x_1)^2 + (y_2-y_1)^2 + (z_2-z_1)^2}$$

因此，根据三角形格网三个点的坐标，可以计算其对应的表面积。

2）正方形格网上的表面积计算

对于正方形格网，可以将正方形格网对角划分为两个三角形格网，如图 8-19 所示。然后，利用三角形格网的表面积计算公式计算两个三角形格网的表面积。

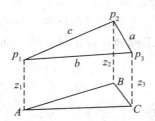

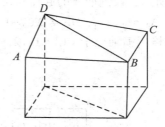

图 8-18　三角形上的表面积计算　　图 8-19　正方形格网剖分为三角形格网

（2）体积计算

1）三角形格网的体积计算

对于三角形格网，若其表面用线性多项式 $z = ax + by + c$ 表示，则对应的三角形格网的体积为：

$$V = \iint\limits_{A} (ax + by + c)\,\mathrm{d}x\mathrm{d}y \tag{8-31}$$

其中，A 为三角形格网底面。

在实际求解三角形格网的体积时，为计算方便，一般采用近似公式计算，其近似公式为：

$$V \approx S(z_1 + z_2 + z_3)/3 \tag{8-32}$$

其中，S 为三角形格网的底面面积。

2）正方形格网的体积计算

对于正方形格网，若其表面模型为双线性多项式 $z = a_1 + a_2x + a_3y + a_4xy$ 表示，则对应的体积为：

$$V = \int_0^a \int_0^a (a_1 + a_2x + a_3y + a_4xy)\,\mathrm{d}x\mathrm{d}y \qquad (8\text{-}33)$$

在实际求解时，可采用如下近似公式计算：

$$V \approx a^2(z_1 + z_2 + z_3 + z_4)/4 \qquad (8\text{-}34)$$

5. 剖面分析

剖面是一个假想的垂直于海拔零平面的平面与地形表面相交，并延伸其地表与海拔零平面之间的部分。从几何上看，剖面就是一个空间平面上的曲边梯形，如图 8-20 所示的 ABCD。

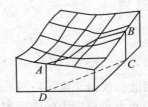

由于剖面线是地形表面与一个平面的交线，它由起点 A 与终点 B 的位置决定。由图 8-20 可见，求剖面实际上可转化为求剖面线与 DEM 格网交点的平面和高程坐标（朱长青等，2006）。

（1）基于正方形格网的剖面分析

设基于正方形格网的 DEM 的格网坐标点为 $\{z_i, j\}$，格网间距为 d，DEM 表面表达函数为如下的双线性多项式：

图 8-20　剖面示例

$$z = a_1 + a_2x + a_3y + a_4xy$$

如图 8-21 所示，设剖面线的起点与终点的坐标分别为 (x_1, y_1, z_1)、(x_2, y_2, z_2)，且设 $\Delta x = x_2 - x_1$，$\Delta y = y_2 - y_1$，并设 $\Delta x \geqslant 0$，$\Delta y \geqslant 0$。又设剖面线与格网纵轴交于 $t_l(l = 1, 2, \cdots, n)$，与格网横轴交于 $s_k(k = 1, 2, \cdots, m)$。下面分几种情况计算剖面线上的点的坐标。

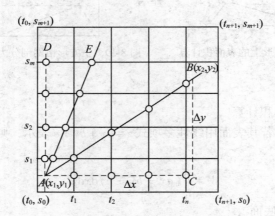

图 8-21　剖面计算示例

① $\Delta x = 0$ 时；

此时，剖面线与格网纵轴方向一致。如图 8-21 中的线段 AD，只要计算剖面线与格网横轴的交点。由于剖面线的方程为 $x = x_1$，于是剖面线交点平面坐标为：

$$(x_1, s_k) \quad (k = 1, 2, \cdots, m)$$

(x_1, s_k) 左、右两格网点平面坐标是 (t_0, s_k)、(t_1, s_k)，容易得到它们对应的高程坐标，设分别为 z_{kl}、z_{kr}，则双线性表面在边界上是线性表示，于是可得高程坐标

$$z_k = \frac{z_{kr} - z_{kl}}{d}(x_1 - t_0) + z_{kl}$$

②$\Delta y = 0$ 时；

此时，剖面线与格网横轴方向一致。如图 8-21 中的线段 AC，于是只要计算剖面线与格网纵轴的交点。由于剖面线的方程为 $y = y_1$，于是剖面线交点坐标为：

$$(t_l, y_1) \quad (l = 1, 2, \cdots, n)$$

(t_l, y_1) 的上、上两格网点平面坐标是 (t_l, s_0)、(t_l, s_1)，容易得到它们对应的高程坐标，设分别为 z_{td}，z_{tu}，则可得高程坐标

$$z_l = \frac{z_{tu} - z_{td}}{d}(y_1 - s_0) + z_{td}$$

③$|\Delta y / \Delta x| \leqslant 1$，$\Delta x \neq 0$ 时；

如图 8-21 的线段 AB，应求剖面线与格网纵轴的交点，即求线段 AB 的方程与格网纵轴方程的公共解。线段 AB 的方程可写为：

$$y = \frac{\Delta y}{\Delta x}(x - x_1) + y_1$$

线段 AB 与格网水平线 $x = t_l$ 的交点纵坐标为：

$$y_l = \frac{\Delta y}{\Delta x}(t_l - x_1) + y_1$$

交点平面坐标为：

$$(t_l, y_l) \quad (l = 1, 2, \cdots, n)$$

设 $s_j \leqslant y_l < s_{j+1}$，则 (t_l, y_l) 的下、上两格网点平面坐标是 (t_l, s_j)、(t_l, s_{j+1})，容易得到它们对应的高程坐标，设分别为 $z_{t,j}$，$z_{t,j+1}$，则可得高程坐标

$$z_l = \frac{z_{t,j+1} - z_{t,j}}{d}(y_l - s_j) + z_{t,j}$$

④$|\Delta y / \Delta x| > 1$，$\Delta x \neq 0$ 时；

如图 8-21 的线段 AE，应求剖面线与格网横轴的交点，即求线段 AE 的方程与格网横轴方程的公共解。线段 AE 的方程可写为：

$$y = \frac{\Delta y}{\Delta x}(x - x_1) + y_1$$

线段 AE 与格网水平线 $y = s_k$ 的交点横坐标为：

$$x_k = \frac{\Delta x}{\Delta y}(s_k - y_1) + x_1$$

交点平面坐标为：

$$(x_k, s_k) \quad (k = 1, 2, \cdots, m)$$

设 $t_j \leqslant x_k < t_{j+1}$，则 (x_k, s_k) 的左、右两格网点平面坐标是 (t_j, s_k)、(t_{j+1}, s_k)，容易得到它们对应的高程坐标，设分别为 $z_{k,j}$，$z_{k,j+1}$，则可得高程坐标

$$z_k = \frac{z_{k,j+1} - z_{k,j}}{d}(x_k - t_j) + z_{k,j}$$

（2）基于 TIN 的剖面分析

TIN 是由一系列空间坐标点列按三角形组成的 DEM 格网。设其坐标点列为 $\{x_i, y_i, z_i\}$ $(i=1, 2, \cdots, n)$，其表面可用如下线性多项式表示：

$$z = ax + by + c$$

基于 TIN 的剖面线的求法思想与基于格网的剖面线求法类似，只是这里是求过起点与终点的垂面与 DEM 表面的交线，实际上是计算垂面与相交三角形边的交点，如图 8-22 所示。

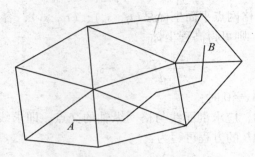

图 8-22　基于 TIN 的剖面线

求基于 TIN 的剖面线的基本方法是：

①建立过起点与终点的垂面；

②求垂面与 DEM 表面格网交线的交点坐标；

③顺序连接交点坐标，内插交点间的点，将交点与内插点顺序相连，即得到剖面线。

6. 可视性分析

可视性分析又称通视分析，属于对地形分析进行最优化处理的范畴，如设置雷达站、电视台的发射站、布设阵地（如炮兵阵地、电子对抗阵地）、设置观察哨所、铺架通信线路等。

可视性分析的基本因子有两个，一个是两点之间的通视性（intervisibility），另一个是可视域（viewshed），即对于给定观察点所能观察到的区域，而这两个基本因子的算法原理都是基于点点之间的通视性判断。

判断两点间能否通视的方法很多，如直接判断法、图解判定法、断面图判定法、计算判定法等。在采用计算机进行通视判定时，采用的是计算判定的方法，其通视判定的原理如下：

如图 8-23 所示，设 G、M、Z 分别为观察点、目标点和遮蔽点，它们的高程分别为 H_G、H_M、H_Z，观察点与遮蔽点的距离为 D_1，目标点与遮蔽点的距离为 D_2。

设遮蔽点 Z 沿铅垂线向上延长与展望线交于 Z' 点，并把这一点称为假想遮蔽点。如果求得其高程为 H'_Z，则当 $H'_Z > H_Z$ 时，必定通视；当 $H'_Z < H_Z$ 时，必不通视。

由图可知：

$$\because \triangle GOM \backsim \triangle Z'O'M$$

$$\therefore H'_Z = H_M + \frac{D_2}{D_1 + D_2}(H_G - H_M) \tag{8-35}$$

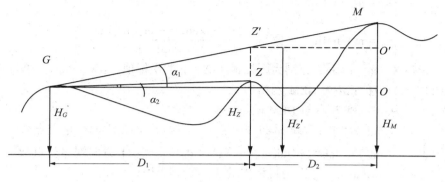

图 8-23　通视与遮蔽示意图

假设在观察点与目标点之间可能有 $n-1$ 个遮蔽点，此时，除观察点外，共有 j 个点（$j=1$，2，$\cdots$，n）；在观察点与目标点间有 i 个遮蔽点（$i=1$，2，$\cdots$，$n-1$）。式（8-35）中的 D_1+D_2 应为 $\sum\limits_{j=1}^{n}D_j$；而 D_2 应相应地改为 $\sum\limits_{j=i+1}^{n}D_j$，于是对第 i 个遮蔽点 Z_i 的通视判定公式为：

$$H_i' = H_M + \frac{\sum\limits_{j=i+1}^{n}D_j}{\sum\limits_{j=1}^{n}D_j}(H_G - H_M) \tag{8-36}$$

式（8-36）为使用计算机判定时的应用公式。

在实际的通视分析中，它以 DEM 为分析依据，其具体实现步骤如下：

在图 8-24（a）中：A 点为观察点（Watch），B 点为目标点（Object）。

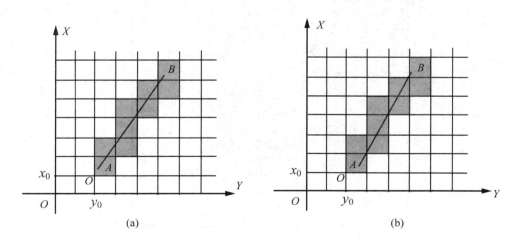

图 8-24　射线法通视分析示意图

步骤 1：求出起始点 O 的坐标。

$$\begin{cases} x_0 = m\_ nMinX + \left((\text{long}) \left(\dfrac{pWatch.\,x - m\_\,nMinX}{d} \right) \right) \times d \\[4mm] y_0 = m\_ nMinY + \left((\text{long}) \left(\dfrac{pWatch.\,y - m\_\,nMinY}{d} \right) \right) \times d \end{cases} \tag{8-37}$$

式中：m_nMinX，m_nMinY 分别为图幅最小 X，Y 的坐标值；$pWatch.x$，$pWatch.y$ 分别为观察点的 X，Y 坐标；d 为 DEM 网格边长。

步骤 2：求从 A 点到 B 点与 DEM 网格的交点数。

$$\begin{cases} m = (\text{int})\,(\text{fabs}\,(pObject.x - x_0)\,/\,d) \qquad //X\,\text{方向网格交点数} \\[2mm] n = (\text{int})\,(\text{fabs}\,(pObject.y - y_0)\,/\,d) \qquad //Y\,\text{方向网格交点数} \end{cases} \tag{8-38}$$

式中：$pObject.x$，$pObject.y$ 分别为目标点的 X，Y 坐标；

步骤 3：求与 X、Y 方向 DEM 网格交点。

因 X、Y 方向单独计算，故应根据距离对其排序，并删除求交时可能出现的重复点（如图 8-24(b)的情况下与 X、Y 方向的交点存在重复）。

步骤 4：通视概率的计算。依据通视原理，对每个点判断通视与否，若通视则赋值为 1，不通视则赋值为 0。若总点数为 S 个，而通视属性值为 1 的点的个数为 L，则观察点的通视概率为：

$$P(G) = f(G) = L/S \cdot 100\%$$

基于 DEM 模型进行通视分析计算时，分析的精度受 DEM 格网边长的影响较大，如果 DEM 格网边长较大，则步骤 2 中的网格交点数就少，假想遮蔽点也相应变少，分析计算的量就变少，相应的精度就会变低。在实际应用中，为了提高分析精度，可以在屏幕上将两点连线栅格化为若干屏幕点（直线栅格化算法可参考 Bresenham 画线算法），将两点连线上的每个屏幕点作为假想遮蔽点，利用公式(8-36)进行通视分析，其分析精确度得到很大程度的提高。图 8-25 为采用直线扫描算法进行通视分析的一个样图。

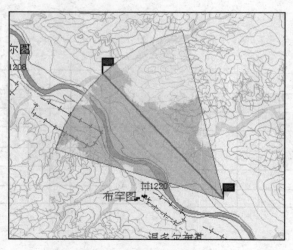

图 8-25　通视分析样图

8.3.4　数据挖掘与知识发现分析

由于近年来空间信息技术领域内对地观测技术、数据库技术、网络技术的飞速发展，以及观测台站建设的普及和不断完善，包括资源、环境、灾害等在内的各种空间数据呈指数级数增长，出现了"数据丰富，知识贫乏"的现象，有人甚至认为目前存储在大型空间数据库中的数据已经变成了"数据坟墓"（Jiawei Han 等，2001）。怎样将"数据坟墓"变成"知识金块"呢？

空间数据挖掘作为数据挖掘的一个新的分支，就是在这样的背景下提出和发展起来的，实质上是空间信息技术发展的必然结果。

1. 空间数据挖掘的概念

空间数据挖掘（Spatial Data Mining，SDM），也称基于空间数据库的数据挖掘和知识发现，是数据挖掘的一个新的分支学科。它是指从空间数据库中提取用户感兴趣的空间模式与特征、空间与非空间数据的普遍关系及其他一些隐含在数据库中的普遍的数据特征。简单地讲，空间数据挖掘是指从空间数据库中提取隐含的、用户感兴趣的空间和非空间的模式、普遍特征、规则和知识的过程（邸凯昌，2001）。由于 SDM 的对象主要是空间数据库，而空间数据库中不仅存储了空间事物或现象的几何数据、属性数据，而且存储了空间事物或现象之间的空间关系（包括空间拓扑关系、空间方位关系等），因此其处理方法有别于一般的数据挖掘。

由于空间数据的复杂性，空间数据挖掘不同于一般的事务数据挖掘，它有如下一些特点：

①数据源十分丰富，数据量非常庞大，数据类型多，存取方法复杂；

②应用领域十分广泛，只要与空间位置相关的数据，都可对其进行挖掘；

③挖掘方法和算法非常多，而且大多数算法比较复杂，难度大；

④知识的表达方式多样，对知识的理解和评价依赖于人对客观世界的认知程度。

2. 空间数据挖掘的体系结构与基本过程

空间数据挖掘系统大致可以分为三层结构，如图 8-26 所示。其中，第一层是数据源，指利用空间数据库或数据仓库管理系统提供的索引、查询优化等功能获取和提炼与问题领域相关的数据，或直接利用存储在空间数据立方体中的数据，这些数据可称为数据挖掘的数据源或信息库。在这个过程中，用户直接通过空间数据库（数据仓库）管理工具交互地选取与任务相关的数据，并将查询和检索的结果进行必要的可视化分析，多次反复，提炼出与问题领域有关的数据，或通过空间数据立方体的聚集、上钻、下翻、切块、旋转等分析操作，抽取与问题领域有关数据，然后再开始进行数据挖掘和知识发现过程。第二层是挖掘器，利用空间数据挖掘系统中的各种数据挖掘方法分析被提取的数据，一般采用交互方式，由用户根据问题的类型以及数据的类型和规模，选用合适的数据挖掘方法，但对于某些特定的专门的数据挖掘系统，可采用系统自动地选用挖掘方法的方式。第三层是用户界面，使用多种方式（如可视化工具）将获取的信息和发现的知识以便于用户理解和观察的方式反映给用户，用户对发现的知识进行分析和评价，并将知识提供给空间决策支持使用，或将有用的知识存入领域知识库内。在整个数据挖掘过程中，用户能够控制每一步。一般说来，数据挖掘和知识发现的多个步骤相互连接，需要反复进行人机交互，才能得到最终满意的结果。所以，在启动空间数据挖掘系统之前，用户往往直接通过空间数据库管理系统交互地选取与问题有关的数据，用户看到可视化的查询和检索结果后，逐步细化与问题有关的数据，然后再开始数据挖掘过程。在整个数据挖掘过程中，良好的人机交互用户界面是顺利进行数据挖掘并取得满意结果的基础。

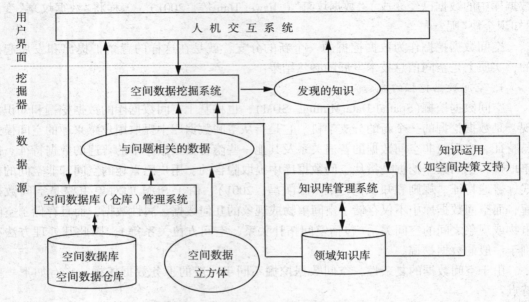

图 8-26 空间数据挖掘系统的体系结构

空间数据挖掘的过程与大多数数据挖掘和知识发现的过程相同，一般可分为：数据选取、数据预处理、数据变换、数据挖掘、模式解释和知识评估等阶段（周海燕，2003），如图 8-30 所示。数据选取即定义感兴趣的对象及其属性数据；数据预处理一般是滤除噪声、处理缺值或丢失数据等；数据变换是通过数学变换或降维技术进行特征提取，使变换后的数据更适合数据挖掘任务；空间数据挖掘是整个过程的关键步骤，它从变换后的目标数据中发现模式和普遍特征；模式的解释和知识评估采用人机交互的方式进行，尽管挖掘出的规则和模式带有某些置信度、兴趣度等测度，通过演绎推理可以对规则进行验证，但这些模式和规则是否有价值，最终还是由人来判断，若结果不满意则返回到前面的步骤。可以看出，在整个空间数据挖掘过程中，人的作用贯穿始终。从图 8-27 可以看出，空间数据挖掘是一个人引导机器、机器帮助人的交互理解数据的过程。

3. 空间数据挖掘的内容

数据挖掘所能发现的知识最常见的有广义知识、关联知识、分类知识、聚类知识和预测型知识五种类型。此外，还可发现其他类型的知识，如偏差型知识，它是对差异和极端特例的描述，揭示事物偏离常规的异常现象。这些类型的知识同样适用于空间数据挖掘。在已建立的空间数据库中隐藏着大量的知识，这些知识中有的属于"浅层知识"，如某区域有无高速公路、河流的长度和最大宽度等，这些知识一般通过 GIS 的查询功能就能提取出来；还有一些知识属于"深层知识"，如空间位置分布规律、空间关联规则、形态特征

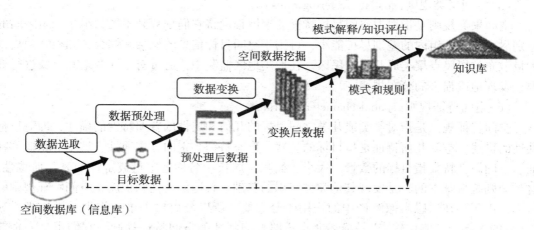

图 8-27　空间数据挖掘的基本过程

区分规则等，它们没有直接存储于空间数据库中，必须通过运算和挖掘才能发现。

通过空间数据挖掘能发现的知识类型主要有：

（1）普遍的几何知识（general geometric knowledge）

普遍的几何知识是指某类目标的数量、大小、形态特征等普遍的几何特征。可将目标分成点状目标（如独立树、小比例尺地图中的居民点）、线状目标（如河流、道路等）和面状目标（如居民地、湖泊、广场、地块等）三大类。用统计方法可容易地统计各类目标的数据和大小，以及空间目标几何特征量的最小值、最大值、均值、方差、众数等，还可统计出特征量的直方图。在足够多的样本的情况下，直方图数据可转换为先验概率使用。在此基础上，可根据背景知识归纳出高水平的普遍几何知识。

（2）空间分布规律（spatial distribution regularities）

空间分布规律，是指地理目标（现象）在地理空间的分布规律，分为在水平向、垂直向、水平和垂直向的联合分布规律以及其他分布规律。水平向分布指地物（现象）在水平区域的分布规律，如不同区域农作物的差异、公用设施的城乡差异等；垂直向分布即地物沿高程带的分布，如高山植被沿坡度、坡向分布规律；水平向和垂直向的联合分布如不同的区域中地物沿高程分布规律。另外，许多现象在空间都具有复杂的分布特征，它们常常呈现为不规则的曲面。欲研究这些现象的空间分布趋势，得用适当的数学模型将现象的空间分布及其区域变化趋势模拟出来。

（3）空间关联规则（spatial association rules）

在自然和人文界中，各种地理要素（现象）的分布并不是孤立的，它们相互影响，相互制约，彼此之间存在着一定的联系。空间关联规则，主要指空间目标之间相离、相邻、相连、共生、包含、被包含、覆盖、被覆盖、交叠等规则，也可称为空间相关关系。例如，居民地（城镇）与道路相连，道路与河流的交叉口是桥梁等。

（4）空间分类规则（spatial classification rules）

空间分类规则是指根据目标的空间或非空间特征将目标划分为不同类别的规则。空间分类是有导师（supervised）的，并且事先知道类别数和各类的典型特征。

（5）空间聚类规则（spatial clustering rules）

空间聚类规则是指根据空间目标特征的聚散程度将它们划分到不同的组中，组之间的差别尽可能大，组内的差别尽可能小，可用于空间目标信息的概括和综合，如根据距离将大量散布的居民点聚类成几个居民区。在地震地区监测中，通过对不同的空间对象进行聚类，发现地震损害的分布规律。

（6）空间特征规则（spatial characteristic rules）

空间特征规则是指对某类或几类空间目标的几何和属性的普遍特性的描述，即对目标共性的描述。空间几何特征是指目标的位置、形态特征、走向、连通性、坡度等普遍的特征。空间属性特征指目标的数量、大小、面积、周长、名称等定量或定性的非几何特性。这类规则是最基本的，是发现其他类型知识的基础。普遍的几何知识属于空间特征规则的一类，由于它在遥感影像解译中的作用十分重要，所以分离出来单独作为一类知识。如"北京的大部分道路比较直"是描述北京道路普遍特征的空间特征规则，它们也是一种普遍的几何知识。

（7）空间区分规则（spatial discriminate rules）

空间区分规则指两类或几类空间目标之间几何的或属性的不同特性，即可以区分不同类目标的特征，是对个性的描述。如"城镇居民地十分密集，而乡村居民地十分稀疏"是两条描述居民地总体分布特征差别的区分规则。

（8）空间演变规律（spatial evolution rules）

如果空间数据库（数据仓库）中存有同一地区不同时期数据的快照（snapshot），将这些不同时间的数据进行挖掘处理，就可以发现地理要素（现象）的依时间的动态发展规律，即目标的空间演变规律。换言之，空间演变规律是指空间目标依时间的变化规则，如哪些地区易变，哪些地区不易变，哪些目标易变、怎么变，哪些目标固定不变，等等，人们可以利用这些规律进行预测预报。

（9）面向对象的知识（object oriented knowledge）

面向对象的知识是指某类复杂对象的子类构成及其普遍特征的知识。

（10）空间偏差型知识（spatial deviation rules）

空间偏差型知识是对空间目标之间的差异和极端特例的描述，揭示空间目标或现象偏离常规的异常情况，如空间聚类中的孤立点和空洞。

这些知识和规则从信息内涵上讲是有区别的，但从形式上讲又是密切联系的，对于空间分布的图形描述既传递了空间分布信息，又传递了空间趋势和空间对比信息。例如，从中国人口分布图上，既可以了解人口分布情况，又可以感受到人口分布的基本趋势，同时，各区域之间的人口密度对比也反映得一清二楚。这些不同类型的知识之间不是相互孤立的，在解决实际问题时，经常要同时使用多种规则。

4. 空间数据挖掘的方法

由于空间数据挖掘并不是某一种具体的全新的方法，它的许多方法在地理信息系统、地理空间认知、地图数据处理、地学数据分析等领域内早已被广泛应用。因此，可以说空间数据挖掘和知识发现是多学科和多种技术交叉融合的新兴边缘学科，汇集了机器学习、数据库、专家系统、模式识别、统计、管理信息系统、基于知识的系统、可视化等学科与领域的相关成果，空间数据挖掘和知识发现的方法是丰富多彩的。空间数据挖掘的方法主要有以下 16 种。

（1）空间分析方法（spatial analysis approach）

利用 GIS 的各种空间分析模型和空间操作对空间数据库中的数据进行深加工，从而产生新的信息和知识。目前，常用的空间分析方法有综合属性数据分析、拓扑分析、空间缓冲区分析、密度分析、距离分析、叠置分析、网络分析、地形分析、趋势面分析、预测分析等，可发现目标在空间上的相连、相邻和共生等关联规则，或发现目标之间的最短路径、最优路径等辅助决策的知识。空间分析方法常作为预处理和特征提取方法与其他数据挖掘方法结合使用。

（2）统计分析方法（statistical analysis approach）

统计方法一直是分析空间数据的常用方法，着重于空间物体和现象的非空间特性的分析。统计方法有较强的理论基础，拥有大量成熟的算法，包括很多优化技术。在运用统计方法进行数据挖掘时，一般并不将数据的空间特性作为限制因子加以考虑，空间数据所描述的事物的具体空间位置在这类挖掘中也并不起制约作用。尽管此种挖掘方式与一般的数据挖掘并无本质的差别，但其挖掘后发现的结果都是以地图形式来描述的，对发现结果的解释也必然要依托地理空间进行，挖掘的结果揭示和反映的必然是空间规律。但是，统计方法难以处理字符型数据。而且，应用统计方法需要有领域知识和统计知识，一般由具有统计经验的领域专家来完成。统计方法的最大缺点是要假设空间分布数据具有统计不相关性。这在实际应用中会出现问题，因为很多空间数据是相互关联的。

（3）归纳方法（induction approach）

归纳方法是从大量的经验数据中归纳抽取出一般的规则和模式，其大部分算法来源于机器学习领域。归纳法一般需要背景知识，常以概念树的形式给出。在 GIS 数据库中，有属性概念树和空间关系概念树两类。背景知识由用户提供，在有些情况下也可以作为知识发现任务的一部分自动获取。

（4）空间关联规则挖掘方法（spatial association rule mining approach）

挖掘关联规则首先由 Agrawal 等人提出，主要是从超级市场销售事务数据库中发现顾客购买多种商品时的搭配规律。最著名的关联规则挖掘算法是 Agrawal 提出的 Apriori 算法，其主要思路是统计多种商品在一次购买中共同出现的频数，然后将出现频数多的搭配转换为关联规则。空间数据库同事务型数据库一样，也可进行空间关联规则的挖掘。如 K. Koperski 提出了一种逐步求精的空间关联规则挖掘算法。

（5）聚类方法（clustering approach）和分类方法（classification approach）

聚类方法是按一定的距离或相似性系数将数据分成一系列相互区分的组，它与归纳法不同之处在于不需要背景知识而直接发现一些有意义的结构与模式。经典统计学中的聚类方法对于属性数据库中的大数据量存在速度慢、效率低的问题，对图形数据库应发展空间聚类方法。

分类就是假定数据库中的每个对象（在关系数据库中对象是元组）属于一个预先给定的类，从而将数据库中的数据分配到给定的类中。研究者根据统计学和机器学提出了很多分类算法。大多数分类算法用的是决策树方法，它用一种自上而下分而治之的策略将给定的对象分配到小数据集中，在这些小数据集中，叶节点通常只连着一个类。

分类和聚类都是对目标进行空间划分，划分的标准是类内差别最小而类间差别最大。

分类和聚类的区别在于分类事先知道类别数和各类的典型特征，而聚类则事先不知道。

（6）神经网络方法（neural network approach）

神经网络是由大量神经元通过极其丰富和完善的连接而构成的自适应非线性动态系统，并具有分布存储、联想记忆、大规模并行处理、自学习、自组织、自适应等功能。大量神经元集体通过训练来学习待分析数据中的模式，形成描述复杂非线性系统的非线性函数，适于从环境信息复杂、背景知识模糊、推理规则不明确的非线性空间系统中挖掘分类知识。神经网络对计算机科学、人工智能、认知科学以及信息技术等都产生了重要而深远的影响，在空间数据挖掘中可用来进行分类、聚类、特征挖掘等操作。此外，神经网络与遗传算法相结合，也能优化网络连接强度和网络参数。

（7）决策树方法（decision tree approach）

决策树根据不同的特征，以树形结构表示分类或决策集合，产生规则和发现规律。在空间数据挖掘中，首先利用训练空间实体集生成测试函数；其次根据不同取值建立树的分支，在每个分支子集中重复建立下层节点和分支，形成决策树；然后对决策树进行剪枝处理，把决策树转化为据以对新实体进行分类的规则。

（8）粗集理论（rough sets theory）

粗集理论是波兰华沙大学 Z. Pawlak 教授在 1982 年提出的一种智能数据决策分析工具，被广泛研究并应用于不精确、不确定、不完全的信息的分类分析和知识获取。粗集理论为空间数据的属性分析和知识发现开辟了一条新途径，可用于空间数据库属性表的一致性分析、属性的重要性、属性依赖、属性表简化、最小决策和分类算法生成等。粗集理论与其他知识发现算法结合可以在空间数据库中数据不确定的情况下获取多种知识。

（9）模糊集理论（fuzzy sets theory）

模糊集理论是 L. A. Zadeh 教授在 1965 年提出的。它是经典集合理论的扩展，专门处理自然界和人类社会中的模糊现象和问题。利用模糊集合理论，可对实际问题进行模糊判断、模糊决策、模糊模式识别、模糊簇聚分析。系统的复杂性越高，精确能力就越低，模糊性就越强，这是 Zadeh 总结出的互克性原理。模糊集理论在遥感图像的模糊分类、GIS 模糊查询、空间数据不确定性表达和处理等方面得到了广泛应用。

（10）云理论（cloudy theory）

这是李德毅院士提出的用于处理不确定性的一种新理论，包括云模型（cloud model）、虚拟云（virtual cloud）、云运算（cloud operation）、云变换（cloud transform）和不确定性推理（reasoning under uncertainty）等主要内容。云模型将定性定量转换中的模糊性和随机性集成在一起，克服了模糊集理论中隶属函数的固有缺陷，加上虚拟云、云变换等新方法，使云理论为空间数据挖掘和知识发现中的许多基础性关键问题提供了新的解决方法，有着广泛的应用。运用云理论进行空间数据挖掘，可进行概念和知识的表达、定量和定性的转化、概念的综合与分解、从数据中生成概念和概念层次结构、不确定性推理和预测等。

（11）图像分析和模式识别（image analysis and pattern recognition）

空间数据库（数据仓库）中含有大量的图形图像数据，一些图像分析和模式识别方法可直接用于挖掘数据和发现知识，或作为其他挖掘方法的预处理方法。用于图像分析和模式识别的方法主要有：决策树方法、神经元网络方法、数学形态学方法、图论方法等。

为了在空间数据库中发现知识，特别是在发现普遍的几何知识时，需要把空间目标的几何特征纳入数据挖掘算法。线状目标的长度，面状目标的面积、周长、几何中心等在GIS 数据库中建立拓扑结构时可自动计算获得，线状目标的宽度一般作为其属性存储。空间目标的形态特征有一些可以用面积、周长等值派生，而更多的形态特征需要用专门的图形图像算法计算，此时图像分析和模式识别方法就成为空间数据挖掘的不可或缺的预处理手段。

（12）证据理论（evidence theory）

由 Schafer 发展起来的证据理论是经典概率论的扩展，证据理论又称 Dempster-Schafer 理论，其重要贡献在于严格区分不确定和不知道的界线。证据理论将实体分为确定部分和不确定部分，可以用于基于不确定性的空间数据挖掘。利用证据理论的结合规则、可以根据多个带有不确定性的属性进行决策挖掘。证据理论发展了更一般性的概率论、却不能解决矛盾证据或微弱假设支持等问题。

（13）遗传算法（genetic algorithms）

遗传算法（简称 GA）是模拟生物进化过程的算法，最先由美国的 John Holland 教授于20 世纪 60 年代初提出，其本质是一种求解问题的高效并行全局搜索方法，它能在搜索过程中自动获取和积累有关搜索空间的知识，并自适应地控制搜索过程以求得最优解。遗传算法已在优化计算、分类、机器学习等方面发挥了显著作用。数据挖掘中的许多问题，如分类、聚类、预测等知识的获取，可以表达或转换成最优化问题，进而可以用遗传算法来求解。

（14）数据可视化方法（data visualization approach）

可视化是一种将数据（特别是多维数据）以图形的方式显示的计算机技术。人类对图形的空间认知分析能力是非常强大的、很容易从各种图形表示中直接发现规律或异常，并远远超过现有的任何模式识别和异常检测的计算机技术。海量的数据只有通过可视化技术变成图形或图像，才能激发人的形象思维——从表面上看来是杂乱无章的海量数据中找出其中隐藏的规律。数据可视化技术将大量数据以多种形式表示出来，帮助人们寻找数据中的结构、特征、模式、趋势、异常现象或相关关系等。从这个角度讲，数据可视化技术不仅仅是一种计算方法，更是看见不可见事物或现象的一种重要手段和方法。总之，数据可视化更重要的是为人们提供一种认知的工具。数据可视化可以大大提高数据的处理能力，使时刻都在产生的海量数据得以有效利用；可以在人与数据、人与人之间实现信息传输，从而使人们能够观察到数据中隐含的信息，为发现和理解科学规律提供有力的工具；可以实现对计算和编程过程的引导和控制，通过交互手段改变过程所依据的条件，并观察其影响。

数据可视化的软件产品在近几年中发展很快，出现了许多新的可视化算法和可视化图形显示技术，如产生了平行坐标（parallel coordinates）、带状图（ribbons）、多维堆垛（demensional stacking）等多种多维可视化技术；也涌现出许多功能强大的可视化工具系统，可以对多维数据进行可视化，并观看不同层次的细节。典型产品有 IBM 的 Visualization Data Explorer，SGI 的 Explorer，Information Technology Institute 的 WinViz，AVS/Express 开发版、IDL（包括 VIP、ION）、PV-WAVE，Khoros，SciAn 等。它们可以提供多平台的交互式多维可视化软件开发和集成环境，但它们的分析功能很弱。如果将数据挖掘技术集成到可视化软件系统中，将促进可视化技术的发展和应用。例如，可以利用挖掘算法中的降维技术先将多维空间中的一些次要的、不重要的维去掉，只保留那些重要的、隐含高质量有用信息的维，然后再利用可视化技术将其表现出来，其效率将大大提高。

（15）地学信息图谱方法（geo-informatic graphic methodology）

地学信息图谱是地球信息的重要表现形式与研究手段，也是地球信息科学的重要组成部分。它是在20世纪后期提出并逐步发展起来的，经过近半个世纪的探讨，终于形成了地学信息图谱理论的雏形。地学信息图谱综合了景观综合图的简洁性和数学模型的抽象性，是现代空间技术与我国传统研究成果结合的产物，可反演过去、预测未来。图是指地图、图像、图解，谱是指不同类别事物特征有规则的序列编排。图谱是指经过深入分析与高度综合，反映事物和现象空间结构特征与时空序列变化规律的图形信息处理与显示手段。地球信息图谱是由遥感、地图数据库与地理信息系统（或数字地球）的大量地球信息，经过图形思维与抽象概括，并以计算机多维动态可视化技术显示地球系统及各要素和现象的宏观、中观与微观的时空变化规律；同时经过中间模型与地学认知的深入分析研究，进行推理、反演与预测，形成对事物和现象更深层次的认识，有可能总结出重要的科学规律。在此基础上为经济与社会可持续发展的宏观规划决策与环境治理、防灾减灾对策的制定，提供重要的科学依据与明确的具体结论。也就是说，地学信息图谱不仅应用于数据挖掘，而且服务于科学预测与决策方案的虚拟。地学信息图谱具有以下四个重要功能：①借助图谱可以反演和模拟时空变化，即可反演过去、预测未来；②可利用图的形象表达能力，对复杂现象进行简洁的表达；③多维的空间信息可展示在二维地图上，从而大大减小了模型模拟的复杂性；④在数学模型的建立过程中，图谱有助于模型构建者对空间信息及其过程的理解。

地学信息图谱是形、数、理的有机结合，是试图从形态来反演空间过程的一种研究复杂系统的方法论。地学信息图谱中的空间图形思维、分形分维等方法均可直接用于空间数据挖掘领域。目前，地学信息图谱的基本理论及其方法体系还不完善，还有待于进一步研究。

（16）计算几何方法（computer geometry methods）

计算几何作为理论计算机科学领域中一个极有生命力的子领域，其研究成果已在计算机图形学、化学、统计分析、模式识别、空间数据库以及其他许多领域得到了广泛的应用。计算几何研究的典型问题包括几何基元、几何查找和几何优化等。其中，几何基元包括凸壳和Voronoi图、多边形的三角剖分、划分问题与相交问题；几何查找包括点定位、可视化、区域查找等问题；几何优化包括参数查找和线性规划。如计算机图形学、空间数据库中的区域查找及地理图形中的点定位等都是几何查找中的典型例子。

空间数据挖掘领域中的空间拓扑关系、数据的多尺度表达、自动综合、空间聚类、空间目标的势力范围、公共设施的选址、最短路径等问题都可以利用Voronoi图进行解决。

上述每一种方法都有一定的适用范围。在实际应用中，为了发现某类知识，常常要综合运用这些方法。空间数据挖掘方法还要与常规的数据库技术充分结合。例如，在时空数据库中挖掘空间演变规则时，可利用GIS的叠置分析等方法首先提取出变化了的数据，再综合统计方法和归纳方法得到空间演变规则。总之，空间数据挖掘利用的技术越多，得出的结果精确性就越高，因此，多种方法的集成也是空间数据挖掘的一个有前途的发展方向。此外，空间数据挖掘除了发展和完善自己的理论和方法，还要充分借鉴和吸取数据挖掘和知识发现、数据库、机器学习、人工智能、数理统计、可视化、地理信息系统、遥感、图形图像学、医疗、分子生物学等学科领域的成熟的理论和方法。

思　考　题

1. 什么是地图分析？地图分析的方法有哪些？
2. 地图分析有什么作用？
3. 地图目视分析所能获取的地图信息包括哪些？
4. 简述地图目视分析的方法和步骤。
5. 试述地理要素相关分析的概念及类型。
6. 如何进行地理要素相关分析的测定。
7. 如何根据 DEM 进行地面的坡度和坡向分析？
8. 如何基于 DEM 进行剖面分析？
9. 如何基于 DEM 进行视域可视性分析？
10. 什么是空间数据挖掘？空间数据挖掘有什么特点？
11. 简述空间数据挖掘的体系结构和基本过程。
12. 空间数据挖掘的主要方法有哪些？

参 考 文 献

[1]艾廷华. 动态符号与动态地图[J]. 武汉科技大学学报，1998，23(1)：47-51.

[2]A. H. Robinson，J. Morrison. 地图学原理[M]. 北京：测绘出版社，1985.

[3]陈述彭，鲁学军，周成虎. 地理信息系统导论[M]. 北京：科学出版社，2001.

[4]陈毓芬，陈永华. 地图视觉感受理论在电子地图设计中的应用[J]. 解放军测绘学院学报，1999，16(3)：218-221.

[5]崔文宏. 计算机制图技术对传统地图编辑的影响与要求[J]. 测绘标准化，2000，46(16)：16-18.

[6]邸凯昌. 空间数据发掘与知识发现[M]. 武汉：武汉大学出版社，2001.

[7]杜清运. 数字地图学发展的现状与趋势[J]. 地理空间信息，2003，1(4)：3-5，14.

[8]樊红，张祖勋，杜道生. 地图线状要素自动注记的算法设计与实现[J]. 测绘学报，1999(1)：24-27.

[9]范亦爱. 地图的数学基础[J]. 地图，1990，04：56-59.

[10]高俊. 欧洲关于地图学基础理论的探讨[J]. 军事测绘，1982(2)：52-55.

[11]高俊. 地图感受与地图设计的实验方法[R]. 郑州：中国测绘学会《地图制图学新技术》讲学班，1984.

[12]高俊. 地图编辑设计[内部讲义]. 郑州：解放军测绘学院，1986.

[13]高俊. 数字地图——21 世纪测绘业的支柱[R]. 宁波：庆祝中国测绘学会成立 40 周年大会，1999.

[14]高俊，夏运均，游雄. 虚拟现实在地形环境仿真中的应用[M]. 北京：解放军出版社，1999.

[15]高俊. 地理空间数据可视化[J]. 测绘工程，2000，(3)：1-7.

[16]高俊. 地图学四面体——数字化时代地图学的诠释[J]. 测绘学报，2004(1)：6-11.

[17]高晖. 谈地图电子出版系统在生产中的应用[J]. 测绘标准化，1998，39(14)：35-38.

[18]管泽霖，宁津生. 地球形状及外部重力场[M]. 北京：测绘出版社，1981.

[19]郭庆胜. 地图自动综合理论与方法[M]. 北京：测绘出版社，2002.

[20]胡毓钜. 数学制图学原理[M]. 北京：中国工业出版社，1964.

[21]胡毓钜，孙剑文. 地图投影[M]. 北京：测绘出版社，1992.

[22]胡圣武. 地图学[M]. 北京：清华大学出版社，2008.

[23]华一新，吴升，赵军喜. 地理信息系统原理与应用[M]. 北京：解放军出版社，2001.

[24]黄国寿，季明月. 地图编制[M]. 北京：测绘出版社，1984.

[25]黄仁涛，庞小平，马晨燕. 专题地图编制[M]. 武汉：武汉大学出版社，2003.

[26] J. S. 基茨. 地图设计与生产[M]. 林言成, 译. 北京: 测绘出版社, 1983.

[27] Jiawei Han, Michline Kamber. 数据挖掘: 概念与技术[M]. 范明, 孟小峰, 等, 译. 北京: 机械工业出版社, 2001.

[28] 焦健, 曾琪明. 地图学[M]. 北京: 北京大学出版社, 2005.

[29] 李满春, 徐雪仁. 应用地图学纲要: 地图分析、解释与应用[M]. 北京: 高等教育出版社, 1997.

[30] 李维庆. CTP 系统应用于基础测绘地图印刷的工艺研究[J]. 测绘, 2011, 34(2): 77-79, 83.

[31] 李晓玲. 基于 Preps 和 CTP 的地图制印工艺设计与应用[J]. 测绘, 2012, 35(1): 20-21, 38.

[32] 廖克. 现代地图学[M]. 北京: 科学出版社, 2003.

[33] 凌善金. 地图注记设计研究[J]. 安徽师范大学学报, 2007(5): 603-606.

[34] 刘芳. 网络地图设计的理论与方法研究 [D]. 郑州: 信息工程大学, 2011.

[35] 龙毅, 温永宁, 盛业华, 等. 电子地图学[M]. 北京: 科学出版社, 2001.

[36] 马永立. 地图学教程[M]. 南京: 南京大学出版社, 1998.

[37] 毛赞猷, 朱良, 周占鳌, 等. 新编地图学教程[M]. 北京: 高等教育出版社, 2010.

[38] 孟丽秋. 地图学技术发展中的几点理论思考[J]. 测绘科学技术学报, 2006(2): 89-100.

[39] 莫瑞开. 数字地图制图技术的发展[J]. 测绘与空间地理信息, 2005, 28(6): 48-49, 60.

[40] P. Milgram, F. Kishin. A Taxonomy of Mixed Reality Visual Display [J]. IEICE Trans. Inf. & Sysvol, 1994, E77-D (12): 1321-1329.

[41] 萨师煊, 王珊. 数据库系统概论[M]. 北京: 高等教育出版社, 2005.

[42] 萨里谢夫 K. A. 地图制图学概论[M]. 李道义, 王兆彬, 译. 北京: 测绘出版社, 1982.

[43] 孙达, 蒲英霞. 地图投影[M]. 南京: 南京大学出版社, 2008.

[44] 汤国安. 地理信息系统[M]. 北京: 科学出版社, 2010.

[45] 田德森. 现代地图学理论[M]. 北京: 测绘出版社, 1991.

[46] 特普费尔 F. 制图综合[M]. 江安宁, 译. 北京: 测绘出版社, 1982.

[47] 王光霞, 游雄, 於建峰, 等. 地图设计与编绘[M]. 北京: 测绘出版社, 2011.

[48] 王家耀, 邹建华. 地图制图数据处理的模型方法[M]. 北京: 解放军出版社, 1992.

[49] 王家耀. 普通地图制图综合原理[M]. 北京: 测绘出版社, 1993.

[50] 王家耀, 武芳. 数字地图自动综合原理与方法[M]. 北京: 解放军出版社, 1998.

[51] 王家耀. 关于数字地图制图综合中的人机协同问题[J]. 解放军测绘学院学报, 1999, 16(2): 121-125.

[52] 王家耀, 孙群, 王光霞, 等. 地图学原理与方法[M]. 北京: 科学出版社, 2006.

[53] 王家耀. 关于信息化地图学的特征和理论与技术体系的构想[G]//信息化测绘论文集. 北京: 中国测绘出版社, 2008.

[54] 王家耀. 地图制图与地理信息工程学科发展趋势[J]. 测绘学报, 2010(2): 115-119.

[55]毋河海．地图综合基础理论与技术方法研究[M]．北京：测绘出版社，2004．

[56]武芳．协同式地图自动综合的研究与实践[D]．郑州：解放军信息工程大学，2000．

[57]武芳，钱海忠，邓红艳，等．面向地图自动综合的空间信息智能处理[M]．北京：科学出版社，2008．

[58]乌伦，刘瑜，张晶，等．地理信息系统——原理、方法与应用[M]．北京：科学出版社，2001．

[59]熊介．椭球大地测量学[M]．北京：解放军出版社，1988．

[60]许德和，史瑞芝，朱长青．数字地图制图与出版模式的研究[J]．测绘通报，2008，2：38-40，43．

[61]杨启和．地图投影变换原理与方法[M]．北京：解放军出版社，1990．

[62]游雄．视觉感知对制图综合的作用[J]．测绘学报，1992(3)：224-232．

[63]游雄．空间数据可视化(内部讲义)．郑州：信息工程大学测绘学院，2008．

[64]袁勘省，张荣群，王英杰，等．现代地图与地图学概念认知及学科体系探讨[J]．地球信息科学，2007，9(4)：100-108．

[65]袁勘省．现代地图学教程[M]．北京：科学出版社，2007．

[66]张荣群，袁勘省，王英杰．现代地图学基础[M]．北京：中国农业大学出版社，2005．

[67]周海燕．空间数据挖掘的研究[D]．郑州：信息工程大学测绘学院，2003．

[68]周启鸣，刘学军，等．数字地形分析[M]．北京：科学出版社，2006．

[69]祝国瑞，尹贡白．普通地图编制[M]．北京：测绘出版社，1983．

[70]祝国瑞，苗先荣，陈丽珍．地图设计[M]．广州：广东省地图出版社，1993．

[71]祝国瑞，尹贡白．地图设计与编绘[M]．武汉：武汉大学出版社，2001．

[72]祝国瑞．地图学[M]．武汉：武汉大学出版社，2004．

[73]祝国瑞．地图学[M]．武汉：武汉大学出版社，2010．

[74]朱长青，史文中．空间分析建模与原理[M]．北京：科学出版社，2006．

[75]朱江．增强现实与增强虚境中若干关键技术的研究[D]．上海：上海交通大学，2009．

[76]周傲英，杨彬，金澈清，等．基于位置的服务：架构与进展[J]．计算机学报，2011，34(7)：1155-1171．